数学核心素养研究丛书

中国学生发展 数学核心素养概论

理想的学校数学教育能给学生带来什么

Introduction to the Development of Chinese
Students' Mathematical Core Literacies
— What Can Ideal School Mathematics
Education Bring to Students

孔凡哲
史宁中　著

华东师范大学出版社

·上海·

图书在版编目(CIP)数据

中国学生发展数学核心素养概论:理想的学校数学教育能给学生带来什么/孔凡哲,史宁中著. —上海:华东师范大学出版社,2021

(数学核心素养研究丛书)

ISBN 978 - 7 - 5760 - 1481 - 5

Ⅰ.①中…　Ⅱ.①孔…②史…　Ⅲ.①数学教学－教学研究　Ⅳ.①O1 - 4

中国版本图书馆 CIP 数据核字(2021)第 061617 号

中国学生发展数学核心素养概论
——理想的学校数学教育能给学生带来什么

著　　者　孔凡哲　史宁中
总 策 划　倪　明
责任编辑　倪　明　汤　琪
责任校对　时东明
装帧设计　卢晓红

出版发行　华东师范大学出版社
社　　址　上海市中山北路 3663 号　邮编 200062
网　　址　www.ecnupress.com.cn
电　　话　021 - 60821666　行政传真 021 - 62572105
客服电话　021 - 62865537　门市(邮购)电话 021 - 62869887
地　　址　上海市中山北路 3663 号华东师范大学校内先锋路口
网　　店　http://hdsdcbs.tmall.com

印 刷 者　常熟高专印刷有限公司
开　　本　787 毫米×1092 毫米　1/16
印　　张　20.5
字　　数　311 千字
版　　次　2021 年 7 月第 1 版
印　　次　2023 年 5 月第 2 次
印　　数　5101 - 7200
书　　号　ISBN 978 - 7 - 5760 - 1481 - 5
定　　价　63.00 元

出 版 人　王　焰

(如发现本版图书有印订质量问题,请寄回本社客服中心调换或电话 021 - 62865537 联系)

内容提要

为了落实立德树人根本任务,把教育目标落实到数学学科教学中,需要构建为学生的可持续发展和终身学习创造条件的数学核心素养体系。

本书借鉴中国学生发展核心素养的指标体系,从数学学科和学校教育的自身属性出发,基于学生发展的需要,从多个维度构建中国学生发展数学核心素养体系。

中国学生发展数学核心素养,作为学生发展核心素养在数学学科中的具体体现,既具有学生一般发展所必需的素养,又具有数学发展所必需的成分,后者的权重更大。

在宏观视角下,数学核心素养就是,会用数学眼光观察世界,会用数学思维思考世界,会用数学语言表达世界,这是超越具体数学内容的数学课程教学目标,是每位公民在工作和生活中可以表现出来的数学特质,是每位公民都应当具备的素养。

在微观视角下,数学核心素养包含三种成分:一是学生经历数学化活动而习得的数学思维方式,二是学生的发展所必需具备的关键能力,三是学生经历数学化活动而习得的数学品格及健全人格的养成。其中,关键能力包括数学抽象能力、逻辑推理能力、数学建模能力、直观想象能力、数学运算能力、数据分析观念。数学核心素养是学生经历数学化活动之后所积淀和升华的产物,对学生的全面、和谐、可持续发展起到关键作用。

数学核心素养是数学课程目标的集中体现,是在数学学习的过程中逐步形成的。"四基"[①]是发展学生数学学科核心素养的有效载体,学生只有亲身经历数学化活动,才能真正形成数学核心素养。

---

① "四基"即基础知识、基本技能、基本思想和基本活动经验。

数学核心素养的培养需要课程教材载体。教材编写应遵循学生认知规律，创设合适的问题情境，设计有效的数学学习活动，展示数学概念、结论、应用的形成发展过程，帮助学生在获得必要的基础知识和基本技能、感悟数学基本思想、不断积累数学基本活动经验的过程中，逐步提高发现和提出问题的能力、分析和解决问题的能力，促进学生数学学科核心素养的发展。

数学核心素养的培养需要教学载体。为此，教学目标的制定、情境的创设和问题的设计，都要有利于发展数学核心素养。在数学教学中，教师应该把握数学的本质，创设合适的教学情境、提出合适的数学问题，引发学生思考与交流，从而形成和发展数学学科核心素养。

中国学生发展数学核心素养的培养需要特定的师资要求。为了培养学生的数学核心素养，数学教师必须具备一定的通识素养和良好的数学专业素养，养成用数学的眼光发现和提出问题、用数学的思维分析和解决问题、用数学的语言表达和交流问题的习惯，丰富和完善数学教育理论素养和实践素养，积极提升自身的评价素养和评价能力。

Abstract

In order to implement the fundamental tasks of morality education and put the educational goals into mathematical teaching, it is necessary to construct a mathematical core literacy system for students' sustainable development and lifelong learning.

This book sets up a multi-dimentional development system for students' mathematical core literacies, starting from the mathematics discipline and school education's own attributes and based on the needs of students' development with reference to the index system of Chinese students' development of core literacies.

As the concrete embodiment of students' development of core literacies in the subject of mathematics, Chinese students' development of mathematical core literacies contains not only the compulsory literacies for students' general development, but also the necessary components for their mathematical development, with the latter having more weights.

From a macro perspective, mathematical core literacies mean observing the world with mathematical vision, thinking about the world with mathematical thinking and expressing the world with mathematical language. It is beyond the goals of mathematics curriculum related to the specific mathematical content, mathematical characteristics shown by each citizen in work and life, and necessary literacies equipped by each citizen.

From a micro perspective, mathematical core literacies consist of three components: the first is the mathematical thinking ways acquired by students through mathematical activities; the second is the key competencies that are necessary for students' development; and the third is the mathematical characters and sound personality cultivation acquired by students through mathematical activities. Among them, the key competencies include mathematical abstraction ability, logical reasoning ability, mathematical modeling ability, intuitive imagination ability, mathematical operation ability, and ideas of data analysis. The mathematical core literacies are the product of the accumulation and sublimation after students experienced mathematical activities, which plays a pivotal role in students' comprehensive, harmonious and sustainable development in mathematics.

Mathematical core literacies are the concentrated expressions of mathematical curriculum objectives, which are developed gradually during the mathematics learning. "Four basics"① is an effective carrier for developing students' mathematical core literacies. Only by experiencing mathematical activities can students really develop the mathematical core literacies.

The cultivation of mathematical core literacies needs to be implemented through course materials. Textbook writing should follow students' cognitive rules, create appropriate problem contexts, design effective mathematical learning activities, and demonstrate the formation and development of mathematical concepts, conclusions, and applications, help students gradually improve their ability to discover and ask questions, analyze and solve problems, and promote the development of students' mathematical core literacies, in the process of obtaining the necessary basic knowledge and basic skills, realizing the basic ideas of mathematics, and accumulating experience in basic mathematics activities.

The cultivation of mathematical core literacies needs to be implemented by teaching. Therefore, teaching objectives' setting, contexts' creation and problem

---

① "Four basics" are basic knowledge, basic skills, basic ideas and basic activity experiences.

setting should be favorable to develop mathematical core literacies. In mathematics teaching, teachers should grasp the essence of mathematical nature, create proper teaching contexts, raise proper mathematical problems, trigger students' thinking and communication, and then form and develop mathematical subject core literacies.

The cultivation of Chinese students' mathematical core literacies requires specific qualification of teachers. In order to cultivate students' mathematical core literacies, mathematics teachers must be equipped with a certain level of general literacies, good mathematics proficiency, the capabilities of using mathematics thinking to identify and ask questions, to analyze and solve problems and to express and communicate. They must enrich and improve their theoretical knowledge and practice ability, and actively improve their literacy and ability of evaluation.

目 录

Contents

总　序

　　为了落实十八大提出的"立德树人"的根本任务,教育部 2014 年制定了《关于全面深化课程改革落实立德树人根本任务的意见》文件,其中指出:"教育部将组织研究提出各学段学生发展核心素养体系,明确学生应具备的适应终身发展和社会发展需要的必备品格和关键能力……依据学生发展核心素养体系,进一步明确各学段、各学科具体的育人目标和任务。"并且对正在进行中的普通高中课程标准的修订工作提出明确要求:要研制学科核心素养,把学科核心素养贯穿课程标准的始终。《普通高中数学课程标准(2017 年版)》(以下简称《标准》)于 2017 年正式颁布。

　　作为教育目标的核心素养,是 1997 年由经济合作与发展组织(OECD)最先提出来的,后来联合国教科文组织、欧盟以及美国等国家都开始研究核心素养。通过查阅相关资料,我认为,提出核心素养的目的是要把以人为本的教育理念落到实处,要把教育目标落实到人,要对培养的人进行描述。具体来说,核心素养大概可以这样描述:后天形成的、与特定情境有关的、通过人的行为表现出来的知识、能力与态度,涉及人与社会、人与自己、人与工具三个方面。因此可以认为,核心素养是后天养成的,是在特定情境中表现出来的,是可以观察和考核的,主要包括知识、能力和态度。而人与社会、人与自己、人与工具这三个方面与北京师范大学研究小组的结论基本一致。

　　基于上面的原则,我们需要描述,通过高中阶段的数学教育,培养出来的人是什么样的。数学是基础教育阶段最为重要的学科之一,不管接受教育的人将来从事的工作是否与数学有关,基础教育阶段数学教育的终极培养目标都可以描述为:会用数学的眼光观察世界;会用数学的思维思考世界;会用数学的语言表达世界。本质上,这"三会"就是数学核心素养;也就是说,这"三会"是超越具体数学内容的数学课程目标。[①] 可以看到,数学核心素养是每个公民在工作和生活中可以表现出来的数学特质,是每个公民都应当具备的素养。在《标准》的课程性质中进一步描述为:"数学在形成人的理性思维、科学精神和促进个人智力发展的过程中发挥着不可替代的作用。数学素养是现代社会每一个人应该具备的基本素养。数学教育承载着落实立德树人根本任务、发展素质教育的功能。数学教育帮助学生掌握现代生活和进一步学习所必需的数学知识、技能、思想和方法;提升学生的数学素养,引导学生会用数学眼光观察世界,会用数学思维思考世界,会用数学语言表达世界……"[②]

上面提到的"三会"过于宽泛,为了教师能够在数学教育的过程中有机地融入数学核心素养,需要把"三会"具体化,赋予内涵。于是《标准》对数学核心素养作了具体描述:"数学学科核心素养是数学课程目标的集中体现,是具有数学基本特征的思维品质、关键能力以及情感、态度与价值观的综合体现,是在数学学习和应用的过程中逐步形成和发展的。数学学科核心素养包括:数学抽象、逻辑推理、数学建模、直观想象、数学运算和数据分析。这些数学学科核心素养既相对独立、又相互交融,是一个有机的整体。"[③]

数学的研究源于对现实世界的抽象,通过抽象得到数学的研究对象,基于抽象结构,借助符号运算、形式推理、模型构建等数学方法,理解和表达现实世界中事物的本质、关系和规律。正是因为有了数学抽象,才形成了数学的第一个基本特征,就是数学的一般性。当然,与数学抽象关系很密切的是直观想象,直观想象是实现数学抽象的思维基础,因此在高中数学阶段,也把直观想象作为核心素养的一个要素提出来。

数学的发展主要依赖的是逻辑推理,通过逻辑推理得到数学的结论,也就是数学命题。所谓推理就是从一个或几个已有的命题得出新命题的思维过程,其中的命题是指可供判断正确或者错误的陈述句;所谓逻辑推理,就是从一些前提或

---

① 史宁中,林玉慈,陶剑,等.关于高中数学教育中的数学核心素养——史宁中教授访谈之七[J].课程·教材·教法,2017(4):9.
② 中华人民共和国教育部.普通高中数学课程标准(2017年版)[S].北京:人民教育出版社,2018:2.
③ 同②4.

者事实出发,依据一定的规则得到或者验证命题的思维过程。正是因为有了逻辑推理,才形成了数学的第二个基本特征,就是数学的严谨性。虽然数学运算属于逻辑推理,但高中阶段数学运算很重要,因此也把数学运算作为核心素养的一个要素提出来。

数学模型使得数学回归于外部世界,构建了数学与现实世界的桥梁。在现代社会,几乎所有的学科在科学化的过程中都要使用数学的语言,除数学符号的表达之外,主要是通过建立数学模型刻画研究对象的性质、关系和规律。正是因为有了数学建模,才形成了数学的第三个基本特征,就是数学应用的广泛性。因为在大数据时代,数据分析变得越来越重要,逐渐形成了一种新的数学语言,所以也把数据分析作为核心素养的一个要素提出来。

上面所说的数学的三个基本特征,是全世界几代数学家的共识。这样,高中阶段的数学核心素养就包括六个要素,可以简称为"六核",其中最为重要的有三个,这就是:数学抽象、逻辑推理和数学建模。或许可以设想:这三个要素不仅适用于高中,而且应当贯穿基础教育阶段数学教育的全过程,甚至可以延伸到大学、延伸到研究生阶段的数学教育;这三个要素是构成数学三个基本特征的思维基础;这三个要素的哲学思考就是前面所说的"三会",是对数学教育最终要培养什么样人的描述。义务教育阶段的课程标准正在进行新一轮的修订,数学核心素养也必将会有所体现。

发展学生的核心素养必然要在学科的教育教学研究与实践中实现,为了帮助教师们更好地解读课程改革的育人目标,更好地解读数学课程标准,在实际教学过程中更好地落实核心素养的理念,华东师范大学出版社及时地组织了一批在这个领域进行深入研究的专家,编写了这套《数学核心素养研究丛书》。

华东师范大学出版社以"大教育"为出版理念,出版了许多高品质的教育理论著作、教材及教育普及读物,在读者心目中有良好的口碑。

这套《数学核心素养研究丛书》包括:中学数学课程、小学数学课程以及从大学的视角看待中小学数学课程,涉及课程教材建设、课堂教学实践、教学创新、教学评价研究等,通过不同视角探讨核心素养在数学学科中的体现与落实,以期帮助教师更好地在实践中对高中数学课程标准的理念加以贯彻落实,并引导义务教育阶段的数学教育向数学核心素养的方向发展。

　　本丛书在立意上追求并构建与时代发展相适应的数学教育,在内容载体的选择上覆盖整个中小学数学课程,在操作上强调数学教学实践。希望本丛书对我国中小学数学课程改革发挥一定的引领作用,能帮助广大数学教师把握数学教育发展的基本理念和方向,增强立德树人的意识和数学育人的自觉性,提升专业素养和教学能力,掌握用于培养学生的"四基""四能""三会"的方式方法,从而切实提高数学教学质量,为把学生培养成符合新时代要求的全面发展的人才作出应有贡献。

史宁中

2019 年 3 月

第一章
教育与学生发展

如何理解发展？教育与人的发展有什么关系？理想的教育是怎样的？这些问题，是研究中国学生发展数学核心素养首先必须回答的。

教育产生于生存的需要。教育是为了促进学生发展。14岁之前的教育在本质上应当是基本思维能力的教育。

第一节　发展与学生发展

学生要发展。如何理解发展？如何理解学生发展？教育能促进学生的发展吗？这是研究学生发展的前提。

一、发展的内涵

教育旨在促进人的发展。

发展是一个哲学名词，是事物不断前进的过程，由小到大、由简到繁、由低级到高级、由旧物质到新物质的运动变化过程。

人的发展是指人在生命过程中所发生的一系列生理、心理和社会适应的变化过程。

中华人民共和国公民有受教育的权利和义务。国家培养青年、少年、儿童在品德、智力、体质等方面全面发展。[①]

马克思(K. H. Marx，1818—1883)[②]明确指出，"人的全面发展意味着自己真正获得解放"[③]，"每个人的自由发展是一切人的自由发展的条件"[④]。

人的全面、自由发展，是指每个社会成员的体力、智力获得全面发展和自由运

---

① 全国人民代表大会. 中华人民共和国宪法[Z].《中华人民共和国宪法修正案》第四十六条 2018 年 3 月 11 日第十三届全国人民代表大会第一次会议通过[2019 - 05 - 04]. http://www. moe. edu. cn/s78/A02/moe_905/201805/t20180508_335334. html.

② 卡尔·马克思，全名卡尔·海因里希·马克思，马克思主义的创始人之一，第一国际的组织者和领导者，马克思主义政党的缔造者，全世界无产阶级和劳动人民的革命导师，无产阶级的精神领袖，国际共产主义运动的开创者。

③ 马克思，恩格斯. 马克思恩格斯全集：第 3 卷[M]. 中共中央马克思恩格斯列宁斯大林著作编译局，译. 北京：人民出版社，1960：286.

④ 马克思，恩格斯. 马克思恩格斯选集：第 1 卷[M]. 中共中央马克思恩格斯列宁斯大林著作编译局，译. 北京：人民出版社，1972：273.

用,个人的全部智慧、力量和潜能素质都能全面自由地尽量发挥,每个社会成员可以按照自己的兴趣、爱好、意愿以及社会的需要自由地选择职业。

作为社会中的一员,学生的发展具体表现在德、智、体、美、劳的全面发展。

人的发展的最高境界是人的自由全面发展。作为个体的人,只有人的生理素质、心理素质、思想道德素质和科学文化素质等得到发展和完善,每个人都可以按自己的天赋、特长、爱好,自由选择活动领域、自由选择生活空间、自由选择发展方向,既能够从事体力劳动,又可以从事脑力劳动,既能够参加物质生产劳动,又可以参加精神文化活动,促进每个人的主体活动都成为自己本身的主人,才是自由发展的真谛。[1]

二、 发展的基本规律

人的发展遵循特定的规律。规律具有普遍性、必然性,人的发展自然不能例外。

1. 人的发展依赖于人的先天的存在

人的发展依赖于先天的存在,以遗传获得的生理组织为前提,没有这个前提条件,任何发展都是不可能的。遗传因素对人的身心发展有重要的制约作用。

分子表征遗传学表明,人的发展的物质基础确实是存在的,这种东西至少以两种方式存在:基因和大脑。[2] 现代科学的研究表明,人具有由遗传基因携带的本能,其中包括人得以认知的先天本能,这些本能的表达借助大脑和神经的活动予以激活,这样的激活依赖于人的后天经验。[3]

2. 基因是先天的存在,需要后天适度的刺激才能充分表达

20世纪的末叶,生物学出现了一个被称为表观遗传学的新兴学科,虽然所有的研究还只是处于基因表达的阶段,但可以宏观认为,这个学科的研究基于这样

---

[1] 李明. 新时代"人的全面发展"的哲学逻辑[N]. 光明日报,2019-02-11.

[2] 史宁中. 数学思想概论(第2辑)图形与图形关系的抽象[M]. 长春:东北师范大学出版社,2009:222,223,224.

[3] 史宁中. 试论人的基于本能的认知[J]. 东北师大学报(哲学社会科学版),2020(05):1-8,192.

一个基本事实：

虽然每一个生物体都携带了从祖先那里传递下来的遗传基因，但是，如果得不到后天的适时且适当的刺激，有些遗传基因将得不到充分表达。这个基本事实可以延伸到人，如果在孩提时代不创造环境让孩子练习说话，那么长大以后再学习就困难了。这样，表观遗传学就明确告诉我们，人的经验是重要的，但是，人的经验不是从"白板"开始的；后天有目的的经验过程，能够激活人自身携带的、先验的（或者说祖先经验过的）遗传基因，使得这些遗传基因得到充分表达。[①]

进入21世纪以来，脑科学和认知神经科学得到迅猛发展，全力研究人脑关于感知、记忆、联想、判断、决策等与行为科学有关的生物物理学机理和生物化学机理，得到了一系列重要的研究成果，这些研究成果与人脑的构造有关，也与遗传基因有关。这样，表观遗传学、脑科学和认知神经科学的研究就告诉我们，思维的起点是存在的，这个起点存在于人的本能，这个本能是地球生物四十多亿年进化的结果，这个结果是依赖遗传基因传承下来的。[②] 因此，14岁之前的教育，其根本在于开发大脑而不是使用大脑，传授知识不是这个阶段教育的根本，传授知识的目的是感悟思想、积累经验思维的经验和实践的经验。

人的身心发展是遗传与环境交互作用的结果。在作为个体的人的发展过程中，生理、心理和社会实践三种活动及其作用是共时、交融的。生理活动和心理活动既渗透在人的一切社会活动之中，又为社会实践活动的开展提供必要的支持。社会实践活动涵盖了人类的政治、经济、文化等各种社会生产领域，人们在这些社会活动中结成各种不同性质的社会关系，个体在这些社会关系中承担着不同的社会角色，运用各种活动工具，实现相应的发展目标和任务。

3. 人的发展具有很强的阶段性和时节性，一旦错过，往往不可修复

（1）人的发展是低水平向高水平的连续发展，呈现出一定的顺序性。

身体的发展是由头部到下肢和由中心向边缘进行的，人的动作发展也是先由较大、较粗的动作向较小、较精细的动作的顺序进行的。

---

① 史宁中.试论人的基于本能的认知[J].东北师大学报(哲学社会科学版),2020(5):1-8,192.
② 同①.

心理的发展也是这样,诸如记忆的发展总是由机械识记到意义识记,思维的发展是由形象思维到抽象逻辑思维,情感的发展则是由喜、怒、哀、乐等一般情绪到道德感、理智感、美感等高级情感。

人的身心发展又具有阶段性,现代心理学将人的发展的顺序与阶段概况为婴儿期(0—3 岁)、幼儿期(3~6 岁)、儿童期(6~11、12 岁)、少年期(11、12~14、15 岁)、青年初期(14、15~17、18 岁)、青壮年期和老年期。这前后相邻的阶段有规律地联系着,每一发展阶段都是前一阶段的继续,又是后一阶段的准备。

(2) 人的发展呈现出不均衡性与差异性。

个体的身心发展在经历由低级向高级的顺序发展时,其速度和水平都呈现出不均衡的特点。一方面,不同年龄阶段身心发展的速度和水平是不均衡的。例如,大脑重量的 90% 是在 6 岁之前发育完成的,只有 10% 是在 6 岁以后发育长成的。另一方面,身心发展在发展的速度和水平上也是不同的。例如,与神经系统的发展相比,生殖系统的发展表现为发展的先慢后快,从青年发育期才开始有明显的发育变化。

脑科学研究表明:人的脑智发展是一个连续的且具有个体差异的过程,受到基因和环境的不断相互作用影响,并存在一些发展关键期[1]或者敏感期[2];脑有敏感期。无论是语言的发展,还是运动的发展,都是有敏感期的。在敏感期里做这些事情,可能会起到事半功倍的效果[3],一旦错过这一时期,同样的刺激仅仅能产生很小的影响或几乎没有影响,或者将可能永远无法弥补。

以方位感为例。方位感作为空间观念的重要组成部分之一,也称方位认知,是人体对物体所处方向的感觉,如对东西南北、前后左右上下等方向的感觉。很多人对方向感的感觉并不明显。心理学研究表明:方向感的发生和发展受到了先

---

[1] 根据人的发展的不平衡性,心理学家康拉德·劳伦兹提出人的发展"关键期"概念,在此期间,个体对某种刺激特别敏感,一旦错过这一时期,同样的刺激仅仅能产生很小的影响或几乎没有影响,或者将可能永远无法弥补。
康拉德·劳伦兹(K. Lorenz, 1903—1989),奥地利动物学家、动物心理学家、鸟类学家,1973 年诺贝尔生理或医学奖得主。

[2] 禹东川. 如何将脑科学研究成果转化应用于教育实践? [J]. 中小学教育管理,2018(5):17 - 20.

[3] 王允庆. 脑科学对教育的启示[J]. 中小学教育管理,2014(6):14 - 16.

天遗传和后天环境的影响……大脑是实现方向感加工的载体[1]；儿童的方位感大约从五岁左右起才开始能最初地、并且固定化地辨别自己的左右方位，而真正掌握具有相对性的灵活性的左右概念，大约要到 10 岁左右才有可能[2]；4 岁幼儿开始萌发空间前后和上下方位的传递性推理能力；从 4 岁到 6 岁，"上下"方位传递性推理能力的发展优于"前后"方位；4—6 岁幼儿还不能完全摆脱知觉干扰因素的影响，形成稳定的传递性推理能力。[3] 而且，方位感的发展具有明显的阶段性，一旦错过，以后很难修复。

以直观想象为例，虽然学生的直观想象有先天的成分，但是，直观并不是一成不变的，随着经验的积累，其功能可能逐渐加强，只有把"先天的存在与后天的经验"有机结合起来，才能形成人的直观能力。[4] 高水平的几何直观的养成主要依赖于后天，依赖于个体参与其中的几何活动，包括观察、操作（特别诸如折纸、展开、折叠、切截、拼摆等）、判断、推理等等。

教师必须善于捕捉和抓住人的发展的关键期，不失时机地对学生实施最佳的教育，以获得最佳的教育效果。

与不均衡性相联系的是在同年龄阶段的不同儿童个体之间存在着一定的差异性。由于遗传素质、家庭和环境的差异以及所受教育的不同，同龄儿童的发展速度和水平会有很大的差异。发展的差异性还表现在心理品质和个性倾向等方向的多样性和复杂性上。

4. 数学为学生的发展提供了可能[5]

现代科学的研究表明，人具有由遗传基因携带的本能，其中包括人得以认知的先天本能，这些本能的表达借助大脑和神经的活动予以激活，这样的激活依赖于人的后天经验。对于数学的认知而言，人的本能是对数量多少的感知和对距离远近的感知，基于这两个本能，以及人所具有的抽象能力和想象能力这两个特殊

---

① 许琴,罗宇,刘嘉. 方向感的加工机制及影响因素[J]. 心理科学进展,2010(8):1208 - 1221.
② 吴笑平. 浅谈幼儿方位知觉的发展[J]. 心理学探新,1981(2):98 - 99.
③ 毕鸿燕,方格. 4—6 岁幼儿空间方位传递性推理能力的发展[J]. 心理学报,2001(3):238 - 243.
④ 史宁中. 数学思想概论(第 2 辑)——图形与图形关系的抽象[M]. 长春:东北师范大学出版社,2009:222,223,224.
⑤ 史宁中. 试论人的基于本能的认知[J]. 东北师大学报(哲学社会科学版),2020(5):1 - 8,192.

的能力,使得人的数学抽象成为可能,进而使得人的数学认知成为可能。

数学认知的先验起点不仅存在,并且对所有的人是共同的。正是因为人们从共同的思维起点出发,遵循相同的思维逻辑,去认识相同的自然客体,因此,才可能得到大体一致的数学认知。也正是因为这样的大体一致,才使得数学得以产生和发展,使得数学的传承成为可能。

人之所以能够进行数学抽象,其思维前提是人所具有的两个先天本能,从这两个先天本能出发,通过人所特有的两个基本思维能力,使得人的数学抽象成为可能,进而使得人的数学认知成为可能。

第二节　教育与人的发展[①]

教育一词出自《孟子·尽心上》,其曰:"得天下英才而教育之,三乐也。"由此可见,孟老先生是一位充满热情的教育家。而在英语、法语和德语中,教育一词均源于拉丁词语 educare,含有引出和引导之意。当然,名词本身的溯源是没有实质意义的,重要的还在于这个词所表述的现象和过程。

教育与人对世界的感觉和认知是紧密相连的。从教育所涉及的内容考虑,人对世界的感觉和认知大概可分为三个层次:经验、知识和智慧。经验和知识是可表述的,我们可以认为是实体。智慧潜于经验和知识之中,又作用于其上。三者之间是你中有我,我中有你的关系,是无法截然分开的。另一方面,教育是一个信息传递的过程。这种信息传递的最大特点是,信息的发射体和接收体都是动态的,因此,信息的增容、衰减以及失真是普遍存在的。原则上,这种传递是有目的,是单向的,我们从先哲们最初对这个词的创造中,也能体会到这一点。这种信息传递的反馈是比较久远的,正如《管子·权修》所说:"十年树木,百年树人。"

与上面谈到的三个层次相对应,我们分别考虑经验信息的传递,知识信息的传递和智慧信息的传递。为了讨论的方便,分别称之为原始教育,现代教育和未来教育。可以看到,我们的兴趣并不在于讨论教育的时代划分,而是在于探讨教育与信息传递的关系,探讨教育的自身发展过程。

一、原始教育：经验信息的传递

要追溯教育的原本,就必须从生物的生存意识谈起。因为教育不可能是凭空

---

① 本节选自史宁中已发表过的一篇论文,这里略有修改:史宁中.关于教育的哲学[J].教育研究,1998 (10):9-13,44.

产生的,必然要有其雏形,其雏形孕育在生物进化之中,而生物进化的根本动力在于生物的生存意识。这种生存意识应当是存在的,因为我们似乎感觉到了这种存在。斯宾诺莎(B. de Spinoza,1632—1677)[①]是感觉到了,但还不十分清晰。他说:"任何物体,只要它还是它自身,都会尽力延续自身的存在,而一个物体所做的延续自身存在的努力,就是这个物体实际的本质。"

叔本华(A. Schopenhauer,1788—1860)[②]明确把这种生存意识称为意志。他强调了种族的意志,建立了关于意志的哲学。"大部分生物是不具备意识的,但它们按本性行事,即它们的意志。"而对于人,他认为意志是人的本质,甚至肉体和大脑都是意志的产物。人们自以为被自己看到的东西引向前,可实际上,他们是被自己的感觉——朦胧、下意识的本能所驱使。曾有一首流行歌曲"跟着感觉走",听众们或许感觉到了一些召唤,用叔本华的观点来说:"实际上,他们是从后面被推着走。"一个更高的境界应当是,认知功能的发展远远大于意志的需求,最大的奇迹不是征服世界,而是征服人自己。叔本华是一个悲观主义者,他认为最高的智慧在于涅槃,因为世界的意志比我们的意志更加强大,我们应当屈从。于是只有知识留下,意志完全消失。这是天大的矛盾,人的本质最终消失了,那么残留下躯体干什么呢?

叔本华以后的哲学家几乎都谈论了这种生存意识。为了解释意志,善于机械思维的斯宾塞(H. Spencer,1820—1903)[③]把问题搞得更为复杂,他说,意志是一个抽象术语,表示我们主动的冲动之总和。意志是行动的起始,行动是意志的终结。在他看来,理智与本能、思维与生命,皆为一体。他的假设和推理是令人困惑不解的,于是杜兰特(W. Durant,1885—1981)[④]评价,斯宾塞在这方面的论述是白费了笔墨。疯狂的尼采(F. W. Nietzsche,1844—1900)[⑤]把意志论推到了顶峰,

---

① 巴鲁赫·德·斯宾诺莎,犹太人,近代西方哲学公认的三大理性主义者之一,与笛卡儿和莱布尼茨齐名。

② 亚瑟·叔本华,德国哲学家,开创了唯意志主义及生命哲学流派。

③ 赫伯特·斯宾塞,英国哲学家、社会学家、教育家,被誉为"社会达尔文主义之父",所提出的一套的学说,即把适者生存进化理论应用在社会学上,尤其是教育及阶级斗争。

④ 威尔·杜兰特,美国著名学者,普利策奖(1968)和自由勋章(1977)获得者,主要著作《世界文明史》等。

⑤ 弗里德里希·威廉·尼采,德国著名哲学家、思想家。

他认为人类最好的素质就是意志、毅力和永恒的激情,最后的结论便是超人。尼采没有论证任何东西,他只是在揭露,在抨击,在宣告。研究自然科学出身的柏格森(H. Bergson,1859—1941)①更为深刻,他几乎说出了问题的本质:"本能是现成的,能够对世世代代都会碰到的那些情况作出决定性的,通常也是成功的反应。"经验主义的杜威(J. Dewey,1859—1952)②不相信叔本华的意志和柏格森的冲动,他说了老实话:"这些东西可能存在,但是没有必要崇拜它们。"

不管怎么说,自叔本华以后,人们似乎清晰地感觉到这种生存意识的存在,甚至有时还会感觉到这种意识的强大和激烈。那么这种生存意识到底存在于哪里呢? 它是像康德(I. Kant,1724—1804)③的先验那样,飘荡在虚无之中,还是飘荡在生物体内? 更进一步,这种生存意识为什么会出现? 它是变化的还是永恒的?

首先飘荡的假设是不成立的,生存意识必须有一个载体。这就像要分析运动一样,爱因斯坦(A. Einstein,1879—1955)④告诉我们,首先要确定一个惯性系,否则将定义不了"同时"这个概念。如果说明不了同时,就说明不了过去与将来,那么一个有序的时间将不存在。没有了有序的时间,这个世界将会是多么的混乱。

生命显然是一种运动。牛顿(I. Newton,1643—1727)⑤已经清楚地告诉我们,一个物体在不受外力的作用时,要保持原来的运动状态,这便是惯性定律。如果我们给这个物体赋予生命,那么原来的状态就意味着顽强地活下去。可惜的是,生命有其诞生,也必将有其死亡。取而代之,种族的繁衍战胜了死亡,表现了永生。因此,从物的角度来考虑,生存意识是自然规律在生命中的反映。事实上,生命来自于大自然,必然也能够体现对自然某些准则的复制。

那么生存意识是怎样存在的呢? 为了生存,先祖的生存经验是极为宝贵的,

---

① 亨利·柏格森,法国哲学家,文笔优美,思想富于吸引力,曾获诺贝尔文学奖。
② 约翰·杜威,美国哲学家、教育家,实用主义的集大成者。
③ 伊曼努尔·康德,出生和逝世于德国柯尼斯堡,德国哲学家、作家,德国古典哲学创始人,其学说深深影响近代西方哲学,并开启了德国古典哲学和康德主义等诸多流派。
④ 阿尔伯特·爱因斯坦,出生于德国符腾堡王国乌尔姆市,毕业于苏黎世联邦理工学院,犹太裔物理学家。爱因斯坦为核能开发奠定了理论基础,开创了现代科学技术新纪元,被公认为是继伽利略、牛顿以来最伟大的物理学家。1999 年 12 月 26 日,爱因斯坦被美国《时代周刊》评选为"世纪伟人"。
⑤ 艾萨克·牛顿,爵士,英国皇家学会会长,英国著名的物理学家,百科全书式的"全才",著有《自然哲学的数学原理》《光学》。

其中包括的不仅仅是生存意识,更主要的是对生存环境的适应,这是种群不灭绝的根本保证。于是这些经验就作为信息记忆下来,通过遗传密码储存在 DNA 中。DNA 是一种核酸,是地球上的生物经过 40 亿年的进化才产生出来的高级分子。这些分子储存着生物体应当怎样活动的全部信息。DNA 具有复制功能,能够把储存的信息传递给后代,这是一种经验信息的传递。新的信息产生于突变,是因为 DNA 在复制过程中出现的差错,哪怕这种差错出现的概率是极小的。新的信息是否能够传递下去依赖于自然选择,如果一个生物个体的遗传基因产生了突变,那么就看这种突变是否适于生存,是则保留,否则灭绝。因此,在地球上一定存在过生存意识薄弱的生物,但是后来灭绝了。

可以看到,生存意识确确实实存在,它作为先祖的生存经验存在于 DNA 中,并且能够传递下去,通过突变和自然选择不断进化。

这种经验信息的传递过程显然说不上是教育,因为这种信息传递是盲目的,是无方向性的,并且在本质上是一种无失真的传递。而我们是否可以在其中体会到教育的韵味,是否可以看到教育的雏形呢?

不难想象,这种传递的无目的性,必然导致信息系统的庞杂和重复。越是高级的生物,其 DNA 储存的信息量越多。病毒的信息非常简洁,只有 10^4 个信息单位,相当于一页书稿所传递的信息量。而人身体的每一个细胞中,都携带着一个庞大的先祖经验的信息系统,其信息量为 5×10^9 个信息单位,可以折合成 1000 册 500 页的书。为此,人能够应付许多危难。虽然绝大多数信息是用不上的,但是这些信息是无法消除的,在无目的的原则下,消除比产生困难,且更危险。另外,这种无目的性的传递有一个致命的弱点,生物后天的经验完全是外在之物,是得不到保留和传递的。无论是波澜壮阔的,还是温情脉脉的生活过程,将随着时间的流逝而消失,丰富的生活经历将随着个体的死亡而消亡。于是,一个有目的的,后天经验也能传递的过程,是必要的,是更加适合在我们这个地球上生存的。或许是偶然的原因,或许是受大自然的启迪,在偶然中产生了必然,地球上出现了脊椎动物,被赋予了脑,出现了哺乳类动物,被赋予了大脑皮层,最后演变出能够思维的动物——人。

自从有了大脑,教育也随之产生。此时,尽管是单一的经验信息的传递,但是这种传递已经是有目的，有方向的了，我们称这种教育为原始教育。这种教育的传递方式或者通过语言，或者通过动作，或者通过某些只能意会不能言传的心灵感应。我们能够明确地观察到动物中的这种教育，有捕食的经验，有逃敌的方法，有筑巢的技巧，其中有许多是令我们人类叹为观止的。可以想象，人类最初的教育，比动物也高明不了多少。至今为止，在原始部落中还能看到类似的教育。

当然，对于现代来说，这种教育实在是简单，几乎不应当费任何笔墨。可是这种教育经历的年头，比人类的文明历史要长久得多，要深远得多。特别是在信息大爆炸，知识大爆炸的今天，在全球范围内实施全民教育的今天，我们应当回过头来想当初，我们是否能够在其中找到朴素的因而可能是合理的内核呢？我们当然希望返璞归真成为必然。

二、　现代教育：知识信息的传递

语言是在生存斗争中产生的，是为了更好地传递经验信息而产生的。在出现语言之前，原始教育所传递的信息是几代先祖经验的积累，还是个体实践的结果，我们并不清楚，但无论如何，有了语言之后原始教育才进入了教育的实质。

语言具有抽象能力，信息一旦脱离了经验而独立存在，就产生了知识。语言是个体大脑之间的桥梁，于是个体的经验融于种族的经验，一代的经历汇于万代的经历之长河，生存的形式变得丰富多彩，辉煌的时刻代代传颂，出现了古代中国盘古开天地的神话，古希腊荷马史诗，地中海沿岸伊甸园的传说等。

即使如此美妙，这个水平的教育依然是原始教育，哪怕教育的内容已经不仅仅局限于生存经验的传递。这是因为语言不是信息的可靠载体，关于这一点，很多人有过深刻的体会，因此，这种载体上的知识是支离破碎的，甚至是经不起推敲的。只有出现了文字，信息的储存才有了保障。在此基础上，信息才能够系统地被加工和整理，甚至创造，最后形成规律。规律反过来又能指导人们的实践，这些规律就是系统的知识。知识来源于经验，但比个体的经验更具有一般性，在大多数的情况下，又具有超前性。由于文字的出现，教育内容必将发生本质的变化，由经验信息传递过渡到知识信息传递，我们称这种教育为现代教育。当然，知识信息的传递要借助于经验信息的传递。

教育必然要走向社会的教育。我想强调的是，不是因为社会的需要才产生了教育，而是教育产生于生物的生存意识。教育成熟为现代教育之后，就自然而然地要走向社会的教育。教育不是被动的，恰恰相反，教育是生机勃勃的，是主动的行为。

数学中的数理统计方法可以证明，在自然选择的原则下，集团行为是最为安全可靠的，虽然惰性也最强。游离的被称为异常值，甚至可能被认为不在这个总体之内。新的东西，很可能就产生在这些异常值上。柏格森告诉我们："总的来说，生命的进化也和人类社会及个人命运的发展一样，最大的冒险才能换得更大的成功。"但是每一个单独的个体，总是不情愿去冒这个风险。这种集团行为在信息社会的今天，表现得更为明显，各种莫名其妙的流行就是其佐证。而精明的商人，则抓住这一点大做文章。

因此，在集团行为下，现代教育走向社会的教育是不可避免的。显然，按照自然的逻辑推理，社会教育的本质是每一个人都应当受到现代教育。可惜的是，这个逻辑的推理被阶级社会粉碎了，这个逻辑推理是需要条件的。

在这一定的生产力下，集团行为导致阶级的出现也是必然的。事实上，由数学中的拓扑学方法可以证明，在一定的条件下，生产资料的相对集中是资源分配的最佳方案，因为这时存在稳定点。如果生产资料相对集中在个人手中，便会出现阶级。因此，实质意义上的社会教育被粉碎是必然的，正如马克思和恩格斯（F. Engels, 1820—1895）[①]所说："一个阶级是社会上占统治地位的物质力量，同时也是社会上占统治地位的精神力量。支配着物质生产资料的阶级，同时也支配着精神生产的资料。"于是就出现了这种情况：一部分人得到了现代教育，而另一部分人得到的依然是原始教育。这种现代教育最终要变为政府行为，正如柏拉图（Platon, 前427—前347）[②]和亚里士多德（Aristoteles, 前384—前322）[③]希望的那

---

① 弗里德里希·恩格斯，德国思想家、哲学家、革命家、教育家、军事理论家，全世界无产阶级和劳动人民的伟大导师，马克思主义创始人之一。

② 柏拉图，古希腊伟大的哲学家，整个西方文化最伟大的哲学家和思想家之一。

③ 亚里士多德，古代先哲，古希腊人，世界古代史上伟大的哲学家、科学家和教育家之一，堪称希腊哲学的集大成者。他是柏拉图的学生，亚历山大的老师。

样。这种政府行为,在西方是通过国家或者财团办的学校来实现,而在古代中国,更大程度上是通过科举制度来实现。

有趣的是,至少到文艺复兴时期为止,政府行为的教育没有留下多少佳话,而恰恰是私学创下了辉煌的业绩。那是从公元前 500 年左右开始,历经三百余年。

或许是历史的巧合,在那个时代,在爱琴海沿岸和黄河之滨这两个相隔遥远的地域,同时创造了影响深远的思想文化,而且都是与教育有关,并且是私学。

苏格拉底(Socrates,前 469—前 399)①可能没有真正办过学校,他是一个懒散的人。但是有一群人跟着他,并且自称是他的弟子,其中包括柏拉图。吸引这些人的是苏格拉底的智慧和深刻的思想。柏拉图办起了自己的学园,致力于数学、思辨及政治哲学的教育。据说亚里斯多德在柏拉图门下学习了 20 年。亚里斯多德的学校名为吕克昂,是他在 53 岁时办起来的,倾向于自然科学,包括生物学。这三所学校,或者说这三位哲人的信仰和文化影响之深远,是不可比拟的。用罗素(B. A. W. Russell, 1872—1970)②的话说,整个中世纪是亚里斯多德的思想,而文艺复兴的思想基础则是从对柏拉图的重新认识开始的。

比起爱琴海沿岸的哲人,黄河之滨的孔子(前 551—前 479)③办学更为认真。他有弟子三千,可见盛大。他主要教授伦理学、道德和政治。他有成形的教材,特别是有一套完整而实用的教育思想,这些思想直到现在仍深深地影响着中国以及使用汉字的国家,他创立的儒学是东方伦理道德的经典。与孔子同时代的还有老子(约前 571—前 471)④、庄子(约前 369—前 286)⑤和孟子(约前 372—前 289)⑥等

---

① 苏格拉底,古希腊著名的思想家、哲学家、教育家、公民陪审员。苏格拉底和他的学生柏拉图,以及柏拉图的学生亚里士多德并称为"古希腊三贤",被后人广泛地认为是西方哲学的奠基者。

② 伯特兰·阿瑟·威廉·罗素,英国哲学家、数学家、逻辑学家、历史学家、文学家,分析哲学的主要创始人,世界和平运动的倡导者和组织者。

③ 孔子,名丘,字仲尼,古代中国春秋战国时期的鲁国人,大思想家,创立了儒家学派。

④ 老子,姓李名耳,字聃,一字伯阳,或曰谥伯阳。春秋末期人,大约出生于公元前 571 年春秋晚期陈(后人楚)国苦县(古县名)。中国古代思想家、哲学家、文学家和史学家,道家学派创始人和主要代表人物。

⑤ 庄子,战国中期思想家、哲学家、文学家。姓庄,名周,宋国蒙人。他是继老子之后道家学派的代表人物,创立了华夏重要的哲学学派——庄学。庄子与老子并称"老庄"。

⑥ 孟子,名轲,字不详(子舆、子居等字表皆出自伪书,或后人杜撰),战国中期鲁国邹人(今山东省邹城市东南部人),距离孔子故乡曲阜不远。是著名的思想家、政治家、教育家,孔子学说的继承者,儒家的重要代表人物。

哲人。

中国古代的哲学一直没有得到西方的重视,一方面是因为中国人从古代起就比较务实,对形而上学和认识论不感兴趣;另一方面,我们的先哲们过于言简意赅,常常简单到没有定义,没有推理,只有结论,使人难于理解。其实中国古代哲学是博大精深的。据说莱布尼茨(G. W. Leibniz, 1646—1716)[1]看到《易经》后兴奋不已,后来发明了二进制,这是现代计算机的语言,也是现代信息的计量标准。不知道黑格尔(G. W. F. Hegel, 1770—1831)[2]是否看过《易经》,他的辩证法:"思维或事物的每一状态必然导致其对立面,然后与对立面结合,成为更高级、更复杂的整体"这一思想,与老子"道生一,一生二,二生三,三生万物。万物负阴而抱阳,冲气以为和"的思想几乎同出一辙。

上述的私学,之所以能够在教育史上写下如此光辉的篇章,是有着合理的内核的:无论是教育者还是被教育者,都是自愿组合到一起,这保证了学习过程中的兴趣和热情;是以自学为主,而讲授过程更多的是自由讨论甚至辩论,于是在自由的气氛中产生了深刻的思想。但是他们的教育过程都有一个致命的弱点,就是脱离实践。或许那时,人们刚刚体会到思维脱离经验的快感,于是想脱离得更远一些。可是脱离了实践,思想虽可能是深刻的,但不一定是正确的。无论怎样,上述私学,是人类教育最初的最为成功的尝试,是我们今天教育的一面镜子。

曾经说过,现代教育走向实质意义上的社会的教育是需要条件的,这个条件就是生产力的发展。在生产力还较为低下的情况下,许多人依然接受原始教育这一事实,它并没有深刻地影响种族的生存危机,也没引起种族内部不可调和的矛盾。

但是,生产资料相对集中的原则,并不是指必须集中在少数人手中,这只是一个极端的情况。另一个极端情况,便是集中在国家。那会怎么样呢?事实上,很可能会导致两种情况,一是无人管理,体现不出集中的原则;二是转为少数人的垄断。中庸的办法,也就是现在普遍实践着的办法,就是生产资料的集团集中,其表

---

① 戈特弗里德·威廉·莱布尼茨,德国哲学家、数学家,历史上少见的通才,被誉为十七世纪的亚里士多德。他本人是一名律师,经常往返于各大城镇,他许多的公式都是在颠簸的马车上完成的。
② 格奥尔格·威廉·弗里德里希·黑格尔,德国哲学家。

现形式便是股份制，是一种不等权的集体所有制。在现阶段，这可能是一个较好的方法。在这种情况下，阶级阵线将不十分明显，因此实质意义上的社会的教育是有可能的。

更为重要的原因是生产力的发展将会带来大量的就业机会，并且对劳动者的素质提出较高的要求，这些要求靠原始教育是根本实现不了的。因此，生产力的发展决定了教育地位的提高，也决定了教育的社会性。现在几乎所有国家都认识到：全面提高国民的素质是国富民强的根本，也是这个国家能够生存的根本。这种素质的提高，只能依赖于实质意义上的社会的教育。我们的社会，应当走到这一步了。

三、未来教育：智慧信息传递

教育是一种信息传递过程，信息的接受体是人。与机器不同，人是有思维的，是处于运动状态的。信息接收的程度依赖于个体，依赖于每一个人的特性。如果信息传递的频率与人自身的频率协调，则接收正常，否则将会接收不正常。因此，调频工作或者说调频的设计是极为重要的。那种事先做好一个模子，硬性地来塑造人的办法是不自然的，也是不合逻辑的。

对于教育，人的特性中有一点是共同的，就是人都有教育的欲望，也都有受教育的欲望。受教育的欲望最初可能表现在模仿上，这是经验的学习；然后就是怀疑和思考，想搞清楚自己的生存环境。孩子们的好奇心，经常会使大人难堪就充分说明了这一点。这种求知欲望是先天就有的，不是后天教化的结果。因为教育是主动的，教育产生于生存意识。因此，这些人所共同的特性应当是教育调频的基本准则。

如果不注意到这一点，就容易走向两个极端：严加管教和利益诱惑，教育就成为被动的了。必要的管教是应当的，但核心还是引导，特别是在儿童阶段。棍棒出人才的说法是没有道理的，往往会适得其反。教育者会说，这是为孩子着想。可是不尊重规律，好心可能反而带来恶果。同时，过早地引入竞争机制也是不合适的，容易损伤孩子的自尊心和自信心。一个人如果失去了自尊心和自信心，其后果是不堪设想的。如果真是为孩子着想，就应当站在人的特性的角度来考虑问题。对孩子也是一样，理解才是最大的幸福。

因此，在教育过程中，必须考虑到受教育者的主动性，必须考虑到受教育者自身的学习欲望和能量。协调的教育，应当能引导这种欲望并且激发其能量。另外，从现代信息论的角度考虑，行为的结果越是接近目标，则信息量越大。所以，学习的根本动力在于个人的兴趣与学习内容的和谐，在于奋斗的激情与阶段性目标的和谐，在于个人的需要与生存环境的和谐。

同时，注意到受教育者的主动性，可以利于受教育者树立信心和责任感，利于受教育者的独立思考。在信息社会中，有大量的各种信息，其中有一部分被强制性或者娱乐性地传播着，它们严重地分散人的注意力，增加其依赖性，使人懒于思考。这种依赖性不仅仅影响到穿着打扮的流行，更影响到对艺术和美的欣赏，对道德和风俗的评价，甚至影响到人的自制力和价值观的形成。因此，在信息社会，必须注意到受教育者的主动性。

人的特性的差异表现在运动机能、性格和对事物的反应等。每一个人自身的频率都不相同，逻辑上应当是因人施教。但这在现阶段是不可能的，因为花费太大，投入与产出不成比例。针对这种情况，数学教育上通常的处理方法是归类。归类的原则是，在归类数一定的情况下，尽可能使类内的差别小一些，而类与类之间的差别可以大一些。参照各类的频率进行调频是切实可行的，这便是孔子所说的因材施教。

从人的特性我们至少看到两点：学习欲望是共同的，因材施教是可行的。

下面谈教学内容。现在我们的教育，本质上是知识信息的传递，教科书上传授的是各种各样的知识，从小学开始，我们就记忆和理解这些知识。我们的先辈们太聪明，把这些知识像搭积木一样组合起来，形成体系。不学好前面的，就难于理解后面的，而不学习后面的，又往往不知道前面为什么要讲那么多内容。

我们已经感受到过分重视知识这一包袱的沉重。中国发明的纸和印刷术，曾经为知识的传播和创造注入了活力。现在，由于各种新兴传媒的出现与发展，知识和信息就像爆炸一样，四处散开。一条有价值的新闻，一个新的发现，瞬间就会被全世界知道。于是知识就像滚雪球一样越滚越大。与此同时，新的学科、新的分支不断出现，一个比一个精细，使人目不暇接。知识再也不是一个整体，每一个学科都遵照循序渐进的原则，建立了自己深厚的基础。为了要掌握一个学科的知识，就不得不舍去其他学科哪怕是常识性的知识，这种状况走出了大学，来到了中学，似乎还在不断深化。这真像走在崎岖的小路上，越走越窄。这种知识灌输得越多，包袱就越重。更为严重的是，并不是每一个人，我们的社会也不需要每一个人，都在这条小路上走到底。那么已经走到半路的人该怎么办呢？

我们应当重新思考以传递知识信息为主体的现代教育。知识是什么？知识在本质上是一种结果，可以是经验的结果，也可以是思考的结果。因此，现代教育的核心是使受教育者掌握和理解一些结果。那么，书本作为其信息的主要载体是合适的，以课堂为主，以教师为主也是合适的。在这个意义上，出现上面所谈到的现象也是可以理解的。为了改变这种现象，我们认真地分析计算机所带来的活力，是有益处的，或许会引出我们新的思路。计算机，特别是建立在计算机之上的多媒体，传递的是什么信息？是知识信息吗？不是，是升华了的经验信息。多媒体集音、像、文字于一身，与语言不一样，与书籍也不一样，所传递的信息是能被感官直觉所接收的，是立体的，是有背景的。这方面的未来发展，就是尽可能地使人进入到计算机设计的世界中去，因此，这里的信息传递量之大是前所未有的，一个多媒体软件所携带的信息量，可以远远地超过一本辞海的信息量。信息的传递已经回归，回归到一个更高的层次。由于文字的出现，教育从原始走向现代，从经验走向知识。现在信息的传递已经回归，我们的教育是不是也应当回归，或者说是升华？教育应当从知识信息的传递，走向智慧信息的信递，我们称这种教育为未来教育。

对于智慧，教育家谈的不多，甚至哲学家也没有过多的论述。智慧不是实体，智慧体现在过程之中。在本质上，智慧并不表现在经验的结果上，也不表现在思考的结果上，而是表现在经验的过程上，表现在思考的过程上。再究其原本，在生存过程中，智慧表现于对问题的处理、对危难的应付、对实质的思考以及实验的技巧等等。与教育有关的，智慧也表现于对信息的获取。恰恰是这些，体现了在生存过程中人与其他动物最为深刻的区别，生产力的发展必然会把人的实质表现得更加充分。

　　如果上述过程都可以称为实践的话,那么智慧是经验的一种升华。因为实践应当是有目的、有计划的经验过程。当然,智慧在很大程度上依赖于知识,本质上不依赖于知识的多少,而依赖于对知识的理解,依赖于对各种知识之间相互关联的掌握,依赖于利用知识指导实践的经验,依赖于动手实验的能力。因此,在传递智慧信息的教育过程中,经验与知识将同等重要,也就是说,通过感官直觉接收与通过书本讲解接收将同等重要。这当然要充分利用现代化手段,充分利用实验和实践。知识内容本身,将过渡到知识产生的过程;知识体系的把握,将过渡到知识的关联和共性;对知识的记忆和理解,将过渡到对知识的思考和创新。当然,这个过渡是艰难的,这个过渡也将是智慧的体现。

　　进一步,从性格方面考虑,智慧的学习与知识的学习也有本质的不同。知识的学习依赖于结果,因而更多依赖于耐力和理解;智慧的学习依赖于过程,因而更多依赖于活力和创造。因此,未来教育不仅仅是一个进步的过程,更表现为一个变化的过程。现在人们经常谈到教育的超前性。从上面的分析可以看到,知识的超前性根本体现不了教育的超前性。我们回到教育最初的产生,再看未来教育,可以发现,这不是简单的回归,这是一个大跨度的升华,是与生产力的发展相适应的,也是与信息的发展相适应的升华。教育不仅是为了使人能够适应社会的发展,而且反过来,又对社会做出了应有的贡献。

第三节 理想的教育[①]

教育产生于生存的需要,这个生存包括个体的,也包括种族的,并且在动物那里能够找到教育的原始形态。[②] 近代哲学的特征之一就是强调人性的自然回归,这是从叔本华开始的,正如罗素在《西方哲学史》中对叔本华的评价:"强调意志是19世纪和20世纪许多哲学的特征,这是由他开始的。"[③]这种关于意志的学说强调的是人与动物的共性,这个学说多多少少也影响了现代教育理论。但为了勾画出一个科学的教育,就必须从讨论人与动物的区别开始,因为理想的教育必然是能够高度彰显"人之所以成为人"的那些东西。这里所说的动物是指除了人以外的所有动物。

一、人与动物的区别

每个人都会赞同这样的命题:人是可以区分于其他所有动物的。但是,如何区分人和动物呢? 最基本的标志是什么呢? 至今为止,对这个问题并没有一个统一的说法。

传统的说法认为:人与动物最大的区别是人会劳动。可是,我们很难对"劳动"给出一个明确的定义。人们通常称一类蚂蚁为工蚁,这不就意味着这是一类"工作"的蚂蚁吗? 工作不是劳动吗? 有一首非常流行的儿歌说得更明确:小蜜蜂爱劳动。如果认为这种劳动没有使用工具,是低级的[④],那么,猩猩会把细枝条插到蚂蚁洞穴中"钓"蚂蚁,这不是在使用工具吗? 去年,笔者到宁夏,游览了银川附

---

① 本节内容最早发表于:史宁中. 试论教育的本原[J]. 教育研究,2009(8):3-10.
② 史宁中. 关于教育的哲学[J]. 教育研究,1998(10):9-13,44.
③ 罗素. 西方哲学史[M]. 北京:商务印书馆,1997:303.
④ DNA测试表明,在一个蚁群中工蚁与兵蚁的基因是不同的,因此,很可能是本能和习性左右着它们各自的行为。

近的沙湖,那里有一种被称为"长脖老等"的水鸟①,总是站在浅水沙滩上一动不动,当地人告诉我,有许多长脖老等的爪下踩着蚯蚓之类的小虫子,它们在等鱼儿来吃虫子时吃掉鱼,这不就是在钓鱼吗? 这不就是劳动吗? 更让人吃惊的是,在一本书中记载了这样的事情:

美洲有数百种以培养真菌为生的蚂蚁,每个培养真菌的蚂蚁部落都有各种精细分工的工蚁来养护真菌。最早的蚂蚁"种植者"出现于大约 5 000 万年前。蚂蚁们在巢穴中种植小蘑菇,为蘑菇清除杂草,甚至喷涂"除草剂"。当待婚的女王蚁举行婚礼时,为了为未来建立自己的新部落做准备,"出嫁"时,她会携带上一片"娘家"的真菌种,将来播种在自己巢穴的真菌温床。②

如果这个记载是真实的,那么,远在人类出现以前很长的时间,蚂蚁就已经会"种植"了,种植应当是不折不扣的劳动,因此,用劳动来区别人和动物是不可以的。

还有一种相当普遍的说法认为:人与动物最大的区别是人会思维。

可惜的是,是否会思维这件事也是很难界定的,对于许多行为,我们很难界定是因为思维的结果,还是由于本能、习性或者模仿的结果。达尔文(C. R. Darwin, 1809—1882)③在 1871 年出版的著作《人类的由来》中记载了这样的事情:

猎人射猎两只野鸭,这两只野鸭都被击中了翅膀掉在河的对岸,他的猎狗游过河取回,但它不可能把两只野鸭都活着衔回来,那只狗犹豫了一下,咬死一只放在那里,把另一只活着衔回,然后再回去取那只被咬死的。④

我们如何判断这只猎狗的行为呢? 它所表现的行为是不是思维的结果呢?

---

① "长脖老等",学名苍鹭,遍及我国各地,在南方繁殖的种群为留鸟,在北方繁殖的种群为候鸟。
② 琼斯. 达尔文的幽灵[M]. 李若溪,译. 北京:中国社会出版社,2004:159.
③ 查尔斯·罗伯特·达尔文,英国生物学家,进化论的奠基人。曾经乘坐贝格尔号舰作了历时 5 年的环球航行,对动植物和地质结构等进行了大量的观察和采集。出版《物种起源》,提出了生物进化论学说,从而摧毁了各种唯心的神造论以及物种不变论。除了生物学外,他的理论对人类学、心理学、哲学的发展都有不容忽视的影响。恩格斯将"进化论"列为 19 世纪自然科学的三大发现之一(其他两个是细胞学说、能量守恒转化定律),对人类有杰出贡献。
④ 达尔文. 人类的由来[M]. 潘光旦,胡寿文,译. 北京:商务印书馆,2008:68,117.

行为科学家普遍认为，如果意识到自我的存在，那么，这种意识应当是思维的结果。美国心理学家盖洛普(G. Gallup)①一天早晨刮胡子时，突然想到了下面的实验：

给动物的额头上涂一个红点，然后让这个动物照镜子，如果动物把镜子中的映像看做另一个个体，那么，这个动物会感到奇怪并且去摸镜子；如果这个动物认识到映像是自己，那么，这个动物就会摸自己额头上的红点。

于是，盖洛普用一只黑猩猩做实验，黑猩猩的行为表明，它认识到了自己的存在。② 后来，这个只有两页的实验报告成为动物心智能力研究的里程碑。

研究古人类学著名的利基家族中的理查德·利基(R. Leakey)写了一本很有影响的书《人类的起源》，其中谈道：许多灵长类学者在南非考察时发现，狒狒具有欺骗行为。③ 欺骗的行为当然要依赖思维，因此，用思维来区别人和动物也是不可以的。

在《人类的由来》这本著作中，达尔文认为，两足行走、脑容量增大和劳动技能是协调产生和发展的。人之所以能在世界上达成今天的主宰地位，主要是由于他能够运用双手，它们能如此适应于人的意向，敏捷灵巧，动止自如。手提供了一切工具，又因其与理智表里一致，给人带来了统治天下的地位。如果手和手臂只是习惯地用来支撑体重或者特别适合攀树，那么，手和手臂就不能变得足够完善以制造武器或者有目的地投掷石块和矛④。不言而喻，在人的形成过程中，强调"两足行走和手的功能"的重要性无疑是正确的，但达尔文在强调手的功能的同时也强调了脑的功能，认为相互之间是协调发展的，特别是强调了石器的制造是推动两足行走和脑扩充的重要原因，因此，达尔文的这种观点被称为"一揽子"论点。基于这个论点，可以认为，古猿变为人经历了漫长的历史，至少有几千万年的时间，后来人们普遍接受了这个论点。

到了 20 世纪 60 年代后期，美国的两位生物化学家威尔逊(A. C. Wilson)和

① 美国纽约州立大学奥尔巴尼分校心理学家戈登·盖洛普。
② GALLUP G. Chimpanzees：Self-Recognition [J]. Science，1970(2)：86－87.
③ 利基 R. 人类的起源[M]. 吴汝康，吴新智，林圣龙，译. 上海：上海科学技术出版社，2007.
④ 达尔文. 人类的由来[M]. 潘光旦，胡寿文，译. 北京：商务印书馆，2008：68，117.

萨里奇(V. M. Sarich)的研究则完全改变了人们的看法。这两位学者不是通过化石,而是比较现代人和非洲猿的血红蛋白、白蛋白、转铁蛋白的结构,通过结构上的差别程度,计算突变的速率。①②　显然,人与猿分离的时间越久,则突变积累的次数就越多,因此,可以用血液蛋白的资料作为一种分子钟。他们通过实验得到结论是:最早人类物种的出现,大约距今 500 万年(后来推前到 700 万年)。

按照达尔文"一揽子"的论点,如图 1.3.1 中的 A 所示,大约 3 000 万年以前(图中的时间单位是百万年),由古猿物种(ANCESTOR)分化为非洲猿(APE)、人科物种(MAN)和亚洲猿(MONKEY)。根据威尔逊和萨里奇的"分子钟"分析,如图 1.3.1 中的 B 所示,大约 3 000 万年以前(后来缩到 1 500 万年以前),人和非洲猿的共同祖先与亚洲猿分化,大约 500 万年前,人类物种才与非洲猿物种分化。近些年来的考古发现,验证了威尔逊和萨里奇的结论是正确的。因此,用两足行走来区别人和动物也是不可以的。

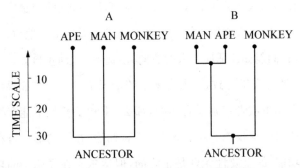

图 1.3.1　两足直立行走动物分化图

事实上,归纳现代的研究成果,我们可以认为:人之所以能够成为现代的人,有两个重要的物质基础,那就是扩充了脑容量的大脑和喉位较低的发音器官,以及在这个基础上的行为变化。

通过对化石的研究表明,直到原始人出现之前,所有的两足行走的古猿的脑

①　SARICH V M, WILSON A C. Immunological time scale for hominid evolution [J]. Science, 1967: 1200 - 1203.

②　SARICH V M, WILSON A C. A molecular time scale for human evolution [J]. Proceeding of the National Academy of Sciences of the United States of America, 1969, 63(4): 1088 - 1093.

都比较小,以吃植物性食物为主。也就是说,大约在 500 万~700 万年前生活在非洲的南方古猿只是行走方式像人,除此之外,则没有一点是像人的。大约在 250 万年前,在东部非洲出现了脑容量增大了一倍以上的原始人,其成人脑容量已经达到 800 毫升,接近现代人的成人平均脑容量 1 350 毫升。无独有偶,至今发现的最早的制造石器也是在大约 250 万年前,因此,可以推测,是这些脑容量增大了的原始人制造了这些石器,由此,人类学家断定:最早的人类出现在 250 万年前,其器官标志是脑容量达到了 800 毫升,其行为标志是制造石器。① 顺便说一句,至今为止,除了非洲之外,在地球的其他地方还没有发现 200 万年以上的原始人化石和石器,因此,人类学家普遍认为,地球其他地方最初的人类都是在距今 200 万年开始,陆续从非洲走出来的。②

　　制造工具是一件非常了不起的事情,动物会使用工具,但动物不会制造工具。人类学家曾经长时间训练黑猩猩制造工具,但至今它们③打造出来的东西也不能与原始人制造的石器媲美。制造石器是需要想象力的,需要挑选形状合适的石头,然后根据石头的形状决定正确的角度进行打击,因此,在石器制作之前,就必须想象出成品的样式。关于这个问题,马克思有精辟的论述:最蹩脚的建筑师从一开始就比最灵巧的蜜蜂高明的地方,是他在用蜂蜡建筑蜂房以前,已经在自己的头脑中把它建成了。劳动过程结束时得到的结果,在这个过程开始时就已经在劳动者的表象中存在着,即已经观念地存在着。④ 由此可以认为,人之所以成为人,第一要点是有扩充脑容量的大脑和基于大脑的工具制造。如上所述,制造工具是需要想象能力的,因此,"想象"就应当是人类区别于其他动物的最基本的、因

① 利基 R. 人类的起源[M]. 吴汝康,吴新智,林圣龙,译. 上海:上海科学技术出版社,2007.
② 近些年来,通过线粒体 DNA 分析女性,通过 Y 染色体分析男性,一部分人类遗传学家认为,现代人大约在 10 多万年前出现在非洲,大约在五六万年前其中的一部分人群离开非洲走向世界各地,并且逐渐取代了当地的人类。参见 Gary Stix, Traces of a distant past, Scientific American, 2008 年第 7 期。当下这个说法很流行。但是,笔者认为,这个说法很可能是不对的,因为许多散布在世界各地的 500 万年前离开非洲的各种猿类没有灭绝,为什么偏偏是智商更高的 200 万年前离开非洲的原始人类反而全部灭绝了呢?
③ 同①.
④ 马克思,恩格斯. 马克思恩格斯全集:第 23 卷[M]. 中共中央马克思恩格斯列宁斯大林著作编译局,译. 北京:人民出版社,1972:202.

而是最普遍的思维形态。

任何人都不会否认，人与动物最大的区别之一就是人会说话。传统的说法认为，是因为日常生活和生产劳动的需要使得人类学会了说话。但事实并非如此，人会说话的一个重要原因是人类的发声器官与其他动物有本质的区别。利基在《人类的起源》中论述：除了人以外的所有哺乳动物，喉位于喉咙的高处，因此，这些动物可以同时饮水和呼吸，但只具有简单的发音功能；人的喉位于喉咙的低处，使得人类大大地提高了发音功能，但不能同时饮水和呼吸，因为会引发窒息。特别有意义的是，人类婴儿却像哺乳动物一样，喉在喉咙的高处，所以，婴儿能够一边吃奶一边呼吸，但到了 18 个月以后，喉开始向喉咙的下部移位，大约到了 14 岁的时候，到达成年人的位置。[①] 正因为人类有了扩充了脑容量的大脑，又有了很好的发音功能的器官，使得人类能够进行复杂的语言交流。显然，大脑的逐渐发达与语言能力的逐渐提高是相互依赖、相辅相成的，正如美国神经学家特伦斯·迪肯(T. Deacon)[②]认为：语言能力是在大脑和语言相互作用下，经过一个漫长时间（至少 200 万年）的持续选择过程逐渐进化而来的。[③]

但是，至今为止的考古发现，还不能确认人类的发音器官是在什么时候形成的，从上面的引文知道，迪肯关于时间的判断略晚于人类的大脑开始扩充的时间。能够进行复杂的语言交流对于人类的成长是极为重要的，其作用怎么估量都不过分。如符号美学的创始人、德国哲学家恩斯特·卡西尔(E. Cassirer, 1874—1945)[④]所说：尽管语言无法以其自身的手段产生科学知识，甚至也无法触及科学知识，但是，语言却是通往科学知识之途的必经阶段，语言是对事物知识得以生成和不断增长的唯一中介。命名行为是不可或缺的首要步骤和条件，而科学的独特工作就是建立在这种明确限定行为之上。[⑤]

因此，可以认为：人之所以成为人，第二要点是有完备的发音器官和基于这些

① 利基 R. 人类的起源[M]. 吴汝康，吴新智，林圣龙，译. 上海：上海科学技术出版社，2007.

② 美国马萨诸塞州贝尔蒙特医院的神经学家特伦斯·迪肯(Terrence Deacon)。

③ DEACON T. The neural circuitry underlying primate calls and human language [J]. Human evolution,1989(4):367－401.

④ 恩斯特·卡西尔，德国著名哲学家和哲学史家。

⑤ 卡西尔. 人文科学的逻辑[M]. 沉晖，海平，叶舟，译. 北京：中国人民大学出版社，2004:53.

器官的语言交流。语言交流最重要的作用就是使得人类具有了抽象能力。关于"想象"和"抽象"之间的关系可以做这样的推测：人类最初的想象是基于实物的，也就是说，人类最初能够想象出来的东西只是一些具体的东西。后来，人们能够进行语言的交流了，为了进行语言交流就必须把实物抽象为概念，而有了概念，人类的想象就会变得更加丰富，这又促进了语言的交流能力，进而促进了人类的抽象能力。当然，在这个过程中，也促进了大脑和发音器官的不断完善。

综上所述，人与动物最大的区别在于：人有两个特别的生理器官，即扩充了脑容量的大脑和喉位较低的发音器官；两种特别的行为方式，即工具制造和语言交流；两个特别的思维能力，即想象能力和抽象能力。很显然，生理器官、行为方式和思维能力这三者之间是互相促进、相辅相成的，如果必须要分出层次的话，大概可以说：生理器官是基础，行为方式是表象，思维能力是本质，这三者是一个统一体。精神和身体可以分离是不对的：生理学与心理学是不可分割的。①

二、 智力如何形成

自从人类有了扩充了脑容量的大脑之后，其智力就要远远地超过其他动物。就大脑的构造而言，智力的功能主要体现在大脑皮层，而大脑的实体大部分是绝缘物质，这些厚厚的绝缘物质把联结大脑各部分的"导线"很好地包裹起来：绝缘越好则信号传递越快。大脑皮层是薄薄的，大约只有两毫米厚，比橘子皮还要薄。大脑皮层像核桃肉那样布满了深浅不一的褶皱，如果把成人的大脑皮层铺开，大约有四张 A4 纸那么大。与人类渊源最亲的黑猩猩的大脑皮层大约有一张 A4 纸那么大，猴子的大脑皮层则像明信片那么大，而老鼠的大脑皮层只有邮票那么大。大脑皮层上布满细网格，每个网格中神经元的个数大体相同。②

近代脑科学的研究告诉我们，大脑的不同部位的功能是不同的。法国外科医

---

① 史宁中. 数学思想概论(第 2 辑)——图形与图形关系的抽象[M]. 长春：东北师范大学出版社，2009：222 - 223.
② 卡尔文. 大脑如何思维[M]. 杨雄里，梁培基，译. 上海：上海科学技术出版社，2007：13，21.

生、人类学家皮埃尔·保罗·布洛卡(P. P. Broca,1824—1880)发现了这样一个病人:可以理解语言,但不能说话。这个病人可以发出个别的词和哼曲调,但不能说完整的句子。通过尸体解剖发现,病人大脑的左半球额叶后部有一个鸡蛋大小的损伤区,但右半球正常。后来,布洛卡相继研究了 8 个病人,情况相同。1864年,布洛卡发表了他的研究成果,并提出了一条著名的脑机能原理:我们用左半球说话。这是第一个具有说服力的研究说明大脑皮层中特定区域具有特定功能,后来人们称这个区域为布洛卡表达性失语区,或者简称布洛卡区。① 现在,人们已经在大脑皮层逐渐发现了各种功能区域,比如视觉区、听觉区、体觉区,等等。

现代脑科学的研究就更加仔细了,甚至发现:不同的思维模式使用大脑皮层的不同部位。法国认知神经学家德阿纳(S. Dehaene)采用磁共振成像技术,对于人在进行精确计算和估计计算时脑激活状况进行研究时发现:精确计算主要激活左额叶下部,这与大脑的语言区有明显重叠;估计计算主要激活双侧顶叶下部,这与躯体、特别是手指运动知觉区联系密切。② 甚至,仅就语言而言,激活大脑的区域也可能是不同的。2002 年以来,香港大学和北京师范大学等单位利用脑成像等技术进行合作研究发现:以中文为母语的人对于英语的辨别更多地激活大脑的右半球,而以英语为母语的人对于英语的辩别则更多地激活大脑的左半球。因为汉字是象形文字、英语是拼音文字,因此,这个研究成果意味着:前者更多地激活了形象思维能力,后者更多地激活了抽象思维能力。③

上述的研究成果启发我们思考:理想的教育除却要传授知识以外,还必须有意识地、有针对性地激活大脑的各个部位,使得受教育者在知识、能力等诸方面都得到发展。

那么,什么时候进行这样的教育最为合适呢?

从前面的讨论中我们知道,人的脑容量要比灵长类动物的脑容量大 3 倍以上,在这个意义上,人的每一个婴儿都是"早产儿",因为比照其他灵长类动物出生

① BAARS B J, GAGE N M. 认知、脑与意识-认知神经科学导论[M]. 北京:科学出版社,2008:18 - 19,424 - 425.

② DEHAENE S. The organization of brain activations in number comparison: Event-related potentials and the additive factors method [J]. Journal of cognitive neuroscience, 1996(8):47 - 68.

③ 尼斯贝特. 思维的版图[M]. 李秀霞,译. 北京:中信出版社,2006:2.

的成熟期,平均脑容量在 1 350 毫升的人类的妊娠期应当是 21 个月,只是由于人类骨盆大小等原因,怀胎 10 个月生产才是最安全的。① 这样,就造成了人类婴儿出生时的脑容量只有 385 毫升,还不到成人脑容量的三分之一,而其他动物都要超过一半。因此,人类婴儿发育期比其他动物都长,并且首先发育的是大脑,然后才是骨骼、肌肉等身体的其他部位,到了 6 岁左右,儿童的脑容量已经达到成人脑容量的 90%,到了 14 岁就基本成型了(人的发音器官的成型是在 14 岁;事实上,人的性成熟期也在 14 岁),当然即使是到了成人期以后大脑也都保持着持续的动态变化。②

上面的研究成果告诉我们:教育应当是有规律的,这个规律要服从人的身心发展规律,特别是服从大脑的发育规律。

正像我们曾经讨论过的那样,脑容量的增加是人与其他动物的根本区别,并且,大脑是接受教育的根本载体。为讨论问题的方便,我们称 14 岁(或者 10 岁)之前的教育为早期教育。

针对大脑的发育规律,理想的早期教育的基本理念应是:注重智力开发而不是注重知识传授。当然,在智力的开发过程中,必然要涉及知识,但无论如何,知识的传授不是本质的。

在冯·诺伊曼(J. von Neumann, 1903—1957)③参与计算机设计以前,计算机也是具有计算功能的,但每一次计算都是个案的,甚至每一次计算以前都必须输入针对这一次计算的、从头至尾的计算程序,因此,这样的计算机至多起到了计算器的作用。后来,冯·诺伊曼构建了现在仍然在使用的计算机的框架,这种新型计算机由五个部分构成:CA(计算器)、CC(逻辑控制装置)、M(储存器)、I(输入)、O(输出),其中关键是加入了逻辑控制装置和储存器,这就使得新型计算机具有了"智能"的功能,也就是说,如果要进行新的运算,只需要启动逻辑控制装置和储存

---

① 利基 R. 人类的起源[M]. 吴汝康,吴新智,林圣龙,译. 上海:上海科学技术出版社,2007.

② BAARS B J, GAGE N M. 认知、脑与意识-认知神经科学导论[M]. 北京:科学出版社,2008:18 - 19,424 - 425.

③ 冯·诺伊曼,美籍匈牙利数学家、计算机科学家、物理学家,20 世纪最重要的数学家之一,布达佩斯大学数学博士;现代计算机、博弈论、核武器和生化武器等领域内的科学全才之一,被后人称为"计算机之父""博弈论之父"。

器就可以了。

受此启发,我们认为,早期教育的主要任务应是儿童的智力开发,其主要目的是帮助儿童构建未来学习、思考、判断、行动所需要的各种功能。形象地说,就是帮助儿童激活大脑的各个功能部位,并且打通各个部位之间的联络。如果这个分析是正确的,那么,早期教育对于一个人一生的发展就是非常重要的了。下面通过两个例子来进一步说明这个问题。

【案例 1.3-1】　既然在精算和估算的过程中激活脑的部位不同,那么,这两种运算都必须教给儿童,并且在教育的过程中必须注意这两种运算的不同和联系。在现在的教学中,有时候会让学生先精算,然后四舍五入得到估算,这完全违背了估算的要义。我们必须清楚估算与精算的不同,估算虽然也是数的运算,但在本质上是一种数量的运算,也就是说,估算要涉及计算的现实背景。对于运算而言,现实背景的差异主要表现在空间范围不同或者时间间隔不同,具体表现在计数单位的不同,我们称这样的计数单位为量纲。比如,我们要讨论地球与太阳的距离,就要用光年;讨论北京与纽约的距离,就要用万公里;讨论一个县城到省会城市之间的距离,就要用公里;讨论校园里建筑物之间的距离,就要用百米;讨论教室里的物或者人之间的距离,就要用米;而在学生的作业本上讨论几何问题时,就要用厘米。由此可以看到,在进行与距离问题有关的估算时,是与计算者的空间感觉有关联的,这与脑科学研究的成果是一致的,因为估算过程激活的脑部位与控制人行动的脑部位联系密切。显然问题不只涉及距离,对于购买东西、设计活动、时间安排等许多日常生活中的问题,都是类似的。当然,估算与精算之间也有一致性,那就是,在具体计算过程中都是针对抽象了的数进行的,也就是说,在具体计算过程中不需要带着量纲。

【案例 1.3-2】　我们知道,早期教育的第一要务是关于语言的教育,现在的问题是,是不是可以同时教授两种语言。我们以为,既然脑科学的研究表明,中文学习与英语学习激活脑的部位不同,那么,最好的办法就是把这两种语言同时教给儿童。我们相信,人的本能能够使学生清楚在什么样的场合、针对什么样的问题,应当用什么样的语言进行表达，并且这种本能的激活必将使得一个人终身受益。在这个意义下，虽然教师在教育的过程中，要注意这两种语言规律的不同，但一定不要强调两种语言之间的相互翻译，因为儿童对于语言的掌握在本质上是模仿和记忆，而不是理解。汉字与英语的书写也是重要的，因为脑科学的研究表明，汉字的本体是象形文字，与形象思维有关，而英语的本体是拼音文字，与抽象思维有关。一个人如果能把形象思维与抽象思维打通，那将是非常有益的。

三、基本思维能力的教育

现代科学研究的趋势是越来越精细。这样的研究带来的好处是对事物的探究越来越深入，带来的坏处是使得整体越来越支离破碎，因为一个事物往往是不可能分割成为不相交的几个部分的。比如，对于人的智力测试，人们想出了各种指标加以度量：记忆能力、空间能力、言辞能力、表达能力、理解能力、数字能力、归纳能力、演绎能力，等等，并且认为这样的测试是多维目标的，因而测试的结果是更加全面的，于是人们称这样的测试结果为智商，并且普遍认为智商高的人就有智慧。

但是，上面所说的智商似乎与想象能力和抽象能力无关，也就是说，智商的高低与一个人的智慧之间似乎并没有必然联系。因为对于所有的测试，用于评价的都是测试以后的结果，甚至要把这些结果给予量化，但是，一个人是否具有智慧，往往并不表现于行为的结果，而是表现于行为的过程。[①] 比如一个人的智慧，表现在对于重大问题的判断与决策之中，表现在应付危难的沉着与机敏之中，表现在安排实验的想象与设计之中，表现在解题的直觉与逻辑之中。正如神经生物学家威廉·卡尔文（W. H. Calvin）在他的著作《大脑如何思考》中所谈到的那样：

我曾经对一群高智商的人做过一次餐后讲演，虽然每一位听众在智商的测试中都得到高分，但他们中的一位想象力之差实在令我惊诧。那时我突然意识到，

① 史宁中. 关于教育的哲学[J]. 教育研究，1998(10)：9-13，44.

以前我一直以为智商与想象力是并行的,但是想象力只是在形成某些高质量的东西时才对智力有所贡献……其实,智商只能度量那些被普遍理解为智力行为的某些方面,本质上并不包括对计划能力的测试。①

所以,在智商的测试中,也出现了"高分低能"的现象,这里所说的"能"主要是指实践的能力,主要包括"动手"的能力和"动脑"的能力。当然,这里的动手能力并不是指技巧类的能力,而是在日常生活和生产实践中发明新产品、设计新工艺的能力,或者为了验证结果而开发和规划新实验的能力,如曾经谈到的,这些行为都需要想象能力;这里的动脑能力除了上面谈到的,还包括发现并提出新问题的能力,或者分析并且创造新方法的能力,也如曾经谈到的,这些行为都需要抽象能力。所以,在理想教育中,把智商的考核指标作为教育的目的是不可以的。

智商考核中所涉及的那些能力过分庞杂,这对于教育是不可行的,因为教育不能、也不应当面面俱到,教育只能顾及最为基本的能力,而其他能力是因人而异的,其他能力的教育应当实施孔子所说的因材施教。所以,为了理想的教育的需要,我们应当去寻找那些支撑智商所涉及的各种能力的更底层的东西,因为智商只是那些底层东西的表象,所有表象都是具体的而不是一般的。

为了讨论问题的方便,暂称那些底层的东西为基本思维能力(或称之为关键能力)。我们认为,所说的基本思维能力是存在的,这就是反复谈到的想象能力和抽象能力,因为我们可以做这样的推断:如果想象能力和抽象能力是人与动物的关于思维方面的最根本的区别,那么,人所独有的其他的思维能力就必然是这两个基本能力的派生。因此,除却生活习惯和价值判断的教育之外,早期教育在本质上应当是基本思维能力的教育。也就是说,在早期教育中,要特别关注培养学生的想象能力和抽象能力。如果这个说法是成立的,那么,我们就需要在早期教育中构想出各种教育内容和方法,用以培养学生的这两种能力。在这里,我们只想就本质问题谈一些想法。

关于想象能力。无论是艺术类的教学还是科学类的教学都能够进行想象能力的培养,这里所说的艺术是广义的,是指那些结论可以是因为时间、地点、人物

---

① 卡尔文.大脑如何思维[M].杨雄里,梁培基,译.上海:上海科学技术出版社,2007:13,21.

不同而不同的那些东西,比如语言学、社会学、伦理学、政治学、美学,等等。我们知道,大多数哲学家都强调直观对于认识世界的重要,比如康德认为:人类的一切知识都是从直观开始,从那里进到概念,而以理念结束。① 因为教育必然要涉及具体的学科,那么,就教育而言,可以把直观理解为关于学科的想象,进而,直观能力就是基于学科的想象能力。

想象的基础是观察,是对于事物之间的联想。针对数学,早期教育的想象能力主要表现在空间想象能力,就像人类最初制作石器那样。关于空间的想象能力的早期教育,应当从立体开始而不是从平面开始,因为在日常生活中遇到的图形都是立体的而不是平面的,甚至可以认为,过早的关于平面的教育可能会削弱学生的空间想象能力。在这种教育中,要引导学生观察各种立体图形的形状特征,想象出同样物体被表面遮掩的部分;想象那些自己能够做出来的东西,并且用实物验证自己的想象;观察物体之间的相互位置,不仅知道从"我"的角度判断"他"的方位,并且知道从"他"的角度判断"我"的方位;知道并且能够预测通过平移、旋转和反射变换,物体可能发生的位置变化规律。与此相关,折纸、橡皮泥、拼图、积木以及对现实生活的观察等都是很好的教学工具和方法。关于数量的想象能力的培养是重要的,也是困难的,因为数量的想象需要借助生活的阅历,但可以通过估算等教育内容进行适当的补偿。另外,需特别强调关于棋类的教育,因为下棋需要想象出一步或者几步以后的情况。下棋对于厘清思路也是有好处的。

关于抽象能力,抽象大概可以分为两个层次:第一个层次,搭建感性具体和理性具体之间的思维桥梁;第二个层次,搭建此理性具体与彼理性具体之间的思维桥梁。② 早期教育涉及的是第一个层次的抽象,这种抽象紧紧地依赖于具体背景,也就是说,这种抽象的对象是学生看得见、摸得着的具体,是那些可以直接想象的具体。为了实现这种抽象,学生必须学会观察事物的特性,从一类事物的特性中抽象出共性。

针对数学,早期教育的抽象主要涉及两方面的内容:一是抽象出所要思考问

① 康德. 纯粹理性批判[M]. 李秋零,译. 北京:人民出版社,2004:544.
② 史宁中. 数学的抽象[J]. 东北师大学报(哲学社会科学版),2008(5):169-181.

题的对象,建立对象概念,比如数、三角形、圆等;二是抽象出对象之间的关系,建立关系术语,比如大小、包含、重合等。事实上,数学的本质就是借助关系术语把逻辑应用于对象概念,这样就产生了数学的结果。那么,这种教育就可能会涉及到:学会从立体的图形中抽象出平面的结构,诸如点、线、面,能够清楚地知道平面描绘的图形与实际立体图形之间的对应关系;知道并且能够表达点、线、面之间的关系,知道用两条相交的线段和夹角就可以刻画三角形,用一个点和半径就可以刻画圆等;进一步,知道图形之间的相等关系、相似关系、包含关系;知道通过平移、旋转和对称可以刻画物体形状不变的运动。再比如,学会从数量中抽象出数,感悟两匹马、两粒米都是抽象了的 2 的具体表象,从而体会符号的意义;从数量的本质关系"多少"感悟出数的本质关系"大小";通过各种计算的练习,体会出四则运算的法则;通过分配、划分等实际问题,体会分数的重要性以及分数的运算方法。与此相关,购物、测量、规划、数据分析,等等,都是很好的教学手段。

在早期教育的过程中,数学教育应当与语文教育有机地结合起来,因为数学抽象出来的对象概念和关系术语,都需要合适的语言表达,在这个阶段,必须让学生清晰地明白别人说了些什么,并且知道自己说了些什么,在这个意义上,我们应当对早期教育根本课程目标进行改造:不是以知识传授的体系为核心,而是以思维训练的需要为核心。对于早期教育,知识的体系是需要的但不是第一位的,为了思维训练的需要可以打乱传统的知识体系。

总之,需要在早期教育中构想出各种教育内容和方法,用以开发学生的大脑,培养学生的思维能力,特别是培养学生的想象能力和抽象能力,这种教育依赖于教师的传授,但更重要的是依赖学生本人参与其中的活动。

再次强调,我们没有能力构想出更多教育内容和方法用以培养学生的想象能力和抽象能力,但确信,只要明确了方向,活跃在中小学教学第一线的广大教师和教学研究人员一定能够很好地实现这样的教育。

第二章
作为促进学生发展的数学

　　数学教育承载着落实立德树人根本
任务、发展素质教育的功能。数学是研
究数量关系和空间形式的一门科学。数
学在形成人的理性思维、科学精神和促
进个人智力发展的过程中发挥着不可替
代的作用。

第一节　数学是什么

数学能否促进学生发展，源于数学自身的学科特点。

一、数学是研究空间形式与数量关系的一门科学

数学是对现实世界的数量关系、空间形式和变化规律进行抽象，通过概念和符号进行运算与逻辑推理的科学。数学与现实若即若离，一方面，数学通过解决自身逻辑的矛盾得到发展；另一方面，数学又必须通过与外部世界的接触汲取活力。[①]

数学是研究空间形式和数量关系的一门科学。不管是现实世界中的"数量关系和空间形式"，还是思维想象中的"数量关系和空间形式"，都属于数学研究的范畴[②]，就像亚历山大洛夫曾经谈到的[③]那样。

二、数学既是自然科学的基础，又直接创造社会价值促进社会发展

数学不仅是运算和推理的工具，还是表达和交流的语言。数学是自然科学的重要基础，并且在社会科学中也发挥出越来越大的作用，数学的应用已渗透到现代社会及人们日常生活的各个方面。

数学在四个方面发挥着巨大的作用：一是对整个科学技术（尤其是高新技术）水平的推进，二是对科技人才的培养，三是对经济建设的促进，四是对公民的科学

---

① 史宁中.关于数学的反思[J].东北师大学报(哲学社会科学版),1997(2):3.
② 史宁中,孔凡哲.关于数学的定义的一个注[J].数学教育学报,2006,15(4):37-38.
③ 亚历山大洛夫.数学——它的内容、方法和意义:第一卷[M].孙小礼,赵孟养,裘光明,等译.北京:科学出版社,1984:39.

思维与文化素质的哺育。这些都是其他学科所不能比拟的。

数学不仅是自然科学的基础,而且也是一切重大技术革命的基础。20 世纪最伟大的技术成就应当是电子计算机的发明与应用,它使人类进入了信息时代。然而,无论是计算机的发明,还是它的广泛使用,都是以数学为基础的。

随着现代科学技术特别是计算机科学、人工智能的迅猛发展,人们获取数据和处理数据的能力都得到很大的提升,伴随着大数据时代的到来,人们常常需要对网络、文本、声音、图像等反映的信息进行数字化处理,这使数学的研究领域与应用领域得到极大拓展。用数学模型研究宏观经济与微观经济,用数学手段进行市场调查与预测、进行风险分析、指导金融投资等,这在世界各国已被广泛采用。在经济与金融的理论研究上,数学的地位更加特殊。在诺贝尔经济学奖的获得者中大部分是数学家,或有研究数学的经历。数学直接为社会创造价值,推动社会生产力的发展。

三、 数学文化、数学思想

数学承载着思想和文化,是人类文明的重要组成部分。

(一) 数学文化

作为一种文化,数学已成为推动人类文明进步、知识创新的重要因素,将更深刻地改变客观现实的面貌和人们对世界的认识。

数学已经融入人类的文化发展进程,成为人类文化的重要组成部分。"数学是人类文明的火车头"。在古代文明中,《几何原本》是古希腊文明的标志,成为建构科学体系的范式。古老的中国算学,以《九章算术》为代表,以计算精确,体现算法思想为特征,是中国古代文明的标志。17 世纪以来的近代文明,起始于牛顿发明的微积分和牛顿力学。信息时代的文明发端于麦克斯韦(J. C. Maxwell,1831—1879)的电磁学方程,信息论、控制论开启了信息时代的新纪元,而数学家冯·诺伊曼的数字计算机方案,改变了人类的生活。"高科技本质上是数学技术",当今的一切高科技都需要数学和计算机技术的支撑。

数学科学的进步受到人类文明进程的影响,必然打上那个时代的烙印。反过来，又对社会的发展起着推动的作用，成为当时文化的组成部分。数学思想对于人类进步和社会发展都有着重要的影响。

数学文化是数学的形态表现，它涉及到数学内容，但本质上不是数学的内容，它更多关心的是数学的表现形式、数学的历史发展、数学的思想，核心是思想，没有思想就没有文化。①

(二) 数学思想

数学思想是数学的产生和发展所依赖的思想，是学生领会之后能够终身受益的思想。

数学思想本质上有三个②：

第一个是抽象。学过数学的人抽象能力很强。数学中的抽象指的是把人们的日常生活和生产实践中那些和数学有关的东西析取出来，作为数学研究的对象。

第二个是推理。数学自身的发展依靠的是推理。在一些假设下，按照一定的逻辑规律进行推理，得到命题和定理。相比没学过数学的人，学过数学的人推理能力一般会更强。

第三个是模型。模型是沟通数学与外部世界的桥梁。模型是在讲故事，是用数学语言表达的现实生活中的故事。

数学家用抽象的方法对事物进行研究，去掉事物中那些感性的东西，得到数学研究的对象，比如数、点、直线等等。数学研究的那些东西是抽象的结果，抽象的东西是不存在的，存在的都是具体的东西。数学的思维依赖的不是具体的存在，而是抽象的存在。数学中定义的那些东西本身并不重要，重要的是这些东西之间的关系。

抽象大概要分两个层次，一个是直观描述，另一个是符号表达。直观描述的问题是必然引起悖论，因为凡是具体的东西，都能举出反例。为了避免这些，就必须进一步抽象，抽象到举不出反例来，这只有通过符号表达，但是符号表达也有问题，就是缺少物理背景，缺少直观。

---

① 史宁中.数学的基本思想[J].数学通报，2011，50(1)：1-9.
② 同①.

对于中小学数学,抽象的内容在本质上只有三种:一个是数量与数量关系的抽象;一个是图形与图形关系的抽象;另一个是随机关系。所以,中小学数学在本质上研究这三种关系。其中,数量关系的本质是大小和多少。数的抽象必须从数量中抽象出数,过渡到第二步抽象,即符号表达。第一次抽象是有物理背景的,用自然语言表达的,这种抽象具体、直观、易创造,但是也容易有反例。第二次抽象是符号化,符号化的特点是挑不出毛病、严谨,但是抽象、没有物理背景。

现代数学的突出特征就是研究对象的符号化、证明过程的形式化、推理逻辑的公理化。

推理是从一个命题判断到另一个命题判断的思维过程。数学中的定义和定理都是命题。数学在本质上是进行判断,对定义和定理的判断。数学中的推理只有两种,一是归纳推理,二是演绎推理。演绎推理是确认数学命题真实性的唯一途径,但是,它的最大问题是不能发现真理,因为它的形式是:已知 A 求证 B。A和 B 都是确定的命题,这就不可能有什么新的发现。除了演绎推理之外,还有一种范围由小到大的推理,就是归纳推理。归纳推理是发现真理的主要途径。正如大数学家冯·诺伊曼所言:"数学思想一旦被构思出来,这门学科就开始经历它本身所特有的生命。"被构思出来就是他说的抽象,经历数学本身所特有的生命,就是推理。

特别地,数学体系的最终形成要归功于公理化思想。公理化思想是对一些在实践中或理论中得到的零散的、不系统的思想和方法进行分析,找出不证自明的前提(公理),从这些前提出发,进行逻辑地论证,形成严密的体系。

抽象、推理、模型和公理化思想构成数学最重要、最核心的基本思想。

(三)数学文化在数学课程教学中的具体表现

一是来自数学课程内容自身所包含的文化内涵,不仅包括这个数学内容本身的发生发展所导致的特殊文化,而且包括这个数学内容的应用所导致的相关文化的产生,诸如勾股定理对于世界几大文明产生地的影响等;同时,还包括这个数学内容派生出来的系列文化,诸如勾股定理证明方法[①]的广泛而多样所导致的内容

---

① 注:到目前为止,勾股定理的证明方法已超过 400 种,这些方法涉及几何学、代数学等众多领域。

的综合性,由费马定理的论证而产生的众多数学新分支、新方法等。

二是课堂教学是否启迪学生获知的本领,特别是,是否传递科学发现的方法、启迪学生终身受用的智慧,这种思维方式、思考方法和创新文化的传承,对于学生的终身可持续发展将起到至关重要的影响。

虽然数学的表达是符号的,但在教学过程中是要有背景的;虽然证明过程是形式的,但在教学过程中要先给出证明的思路,给出证明的直观,然后通过形式来验证这个思路,验证这个直观;虽然体系是公理的,但在教学过程中得到的结论应当通过归纳,学习如何"看"出结论。我们不这样教学,就不能教数学的思想,就不能教创造。①

三是师生关系所导致的特殊文化。课堂就是一个小社会,包含着特定的社会文化。是否存在民主、平等、尊重、合作的课堂文化,对于学生从自然的人走向社会的人也将起到重要影响。

---

① 史宁中.数学的基本思想[J].数学通报,2011,50(1):1-9.

第二节 数学对人发展的特殊作用

数学能够促进学生发展，很大程度上取决于数学对人发展的特殊作用。

一、 数学在形成人类的理性思维方面起着核心的作用

数学的研究对象比实际的自然现象、社会现象要简单得多，它是经过抽象和简化的，从这个意义上说考虑问题比较容易，看得出各部分的联系。

数学形成的系统比实际系统简单，更容易被青少年所接受。

数学中对错分明，容易训练人判别是非的能力，掌握明辨是非的本领。

数学是一种文化，它既是诸多门类学科的基础与工具，又是一种思想方法，其概念的抽象性和推理的严密性，有益于人的思维训练。数学在形成人类的理性思维方面起着核心的作用。

因此，数学课程应在提高学生的思维水平方面发挥作用，使他们学习掌握用数学解决科学和社会问题的基本思维方法，如分析、归纳、抽象、论证、判断等。

二、 数学是现代生活的重要手段，是人的社会化进程中的一个重要因素

国家的繁荣富强，关键在于高新的科技和高效的管理，高新技术的基础是应用科学，而应用科学的基础是数学。

计算机的诞生使数学更加直接地被应用于人们改造物质世界的活动中去。从 5G 技术①到量子卫星，从自动控制到支付宝、微信技术，从股票市场趋势跟踪的

---

① 5G 是指第五代移动电话行动通信标准，也称第五代移动通信技术，它主要的核心原理是完善一组技术来提升性能和满足多样化需求。5G 技术其实是 2G、3G、4G 技术的大融合。融合越多，频谱利用率就越接近香农极限。美国数学家克劳德·艾尔伍德·香农在 1948 年提出来一个著（转下页）

数学原理到刷脸背后卷积神经网络的数学原理,无不有数学的身影。正如华为创始人任正非所表述的,正是至少有700多个数学家、800多个物理学家、120多个化学家,还有6 000多位专门从事基础研究的专家,再有6万多工程师,构建的一个研发系统,让华为快速赶上时代进步的步伐,抢占了更重要的制高点。今天,数学的应用直接活跃于科技第一线,促进着技术、经济和社会的发展,今日的数学已不再是代数、几何等传统分支的简单集合,今日的数学研究已不再是仅仅靠一张纸、一支笔便可完成。数学如今已渗入各行各业,并物化到各种先进设备中,从飞行着的卫星到运转着的核电站,从天气预报到家用电器,高科技的高精确、高速度、高自动、高安全、高效率和高质量等特点,无一不是通过数学模型和数学方法并借助计算机的计算控制来实现的。过去人们常常认为难以应用的所谓"纯数学",不但可以应用,还产生了出人预料的惊人的应用成果,数学已经极其深入地走进了人们的生活。[①]

三、数学语言是迄今为止唯一的世界通用语言,是人交流的重要语言之一

科学数学化、社会数学化的过程,乃是数学语言的运用过程;科学成果也是用数学语言表述的,正如伽利略(G. Galilei, 1564—1642)所说:"自然界的伟大的书是用数学语言写成的。"一切数学的应用,都是以数学语言为其表征的。数学语言已成为人类社会中交流和贮存信息的重要工具。因此,数学语言是每个人都必须学习使用的语言,它可以使人在表达思想时做到清晰、准确、简洁,在处理问题时能够将问题中各种因素之间的复杂关系表述得条理清楚、结构分明。

中小学的数学课程要从提高公民的数学素养出发,内容的选择要适合社会的

(接上页)名公式——香农定理:$C = B \log_2 \left(1 + \dfrac{S}{N}\right)$,其中C为最大信息传送速率,B为信道的宽度,S为信道内所传信号的平均功率,N为信道内部的高斯噪声功率。无线通信科学家们就是希望传输速率可以接近这个上限。而5G的频谱效率已经在很大程度上接近甚至达到了香农极限。没有数学的支撑,就没有5G技术。

[①] 董山峰. 数学离普通人很遥远吗? [N]. 光明日报, 2002 - 08 - 16.

需求、时代的发展，应充分体现基础性、时代性。不仅应该关注知识技能，而且还应该关注过程、方法、解决问题的能力；不仅应该关注学生的情感、态度、价值观，而且还应该关注学生的人格健全。一句话，要关注提高学生的数学素养。

第三节 作为现代社会公民基本素养的数学素养

社会需要数学,社会发展离不开数学。数学素养是现代社会每一个人应该具备的基本素养。

一、普通大众在生活、工作中需要数学

事实上,数学对整个社会发展的影响不仅仅局限在一些比较专门的领域中,随着社会的发展,现代生活处处充满着数学。如每日天气预报中用到的降水概率、表示空气污染程度的百分数,个人和家庭在购物、购房、购买股票、参加保险等投资活动中所采用的具体方案策略,外出旅游中的路线的选择,房屋的装修设计和装修费用的估算,新闻媒介带给人们的各种各样信息的分析等,这些都与数学有着密切的联系。大众媒体、日常生活中用到越来越多的数学概念,如纬度、统计、变化率等都成为常用的词语。

如中央电视台的"幸运52"栏目,其中有一个猜商品价格的游戏,实际上就是鼓励人们运用数学中的二分法。又如中央电视台"新闻联播"的一则报道:1998年12月29日太原卫星发射中心为美国摩托罗拉公司发射了两颗"铱星"系统通信卫星;2019年9月23日,我国在西昌卫星发射中心用长征三号乙运载火箭,以"一箭双星"方式成功发射第47、48颗北斗导航卫星,北斗卫星的每天可见星数已经超过了GPS。卫星运行的轨道按形状分为圆轨道和椭圆轨道,这同样也用到了数学知识。数学已经渗透到人类社会的每一个角落,数学的符号和句法、词汇和术语已经成为表述关系和模式的通用工具。

二、 社会的进步与发展离不开数学

数学对整个科学技术（尤其是高新技术）水平的推进与提高，对科技人才的培养，对经济建设的繁荣，对全体人民的科学思维与文化素质的哺育都是其他学科所不能比拟的。

当今社会，数学的发展以及计算机技术的广泛应用，使数学在许多领域都有不同程度的应用。在天文、地质、工业、农业、经济、军事、国防、医学等领域，都有很好的例子来证明数学的应用。如 1979 年的医学和生理学的诺贝尔奖授予了美国科学家柯马克（A. M. Cormack, 1924—1998）和英国工程师豪斯菲尔德（G. N. Hounsfield, 1919—2004），柯马克首创了 CT 理论，豪斯菲尔德利用这个理论制作了第一台 CT 机。现在做 CT 检查已是常规检查，可是，很少有人知道这项技术的核心就是数学。事实上，CT 诊断的数学模型是以一个古典分析中的积分变换方法——拉东变换为核心的。

在信息化社会中，我们注意到社会不仅仅依赖信息技术，而且依赖由数学产生的信息技术。美国的应用数学家克劳德·香农（C. E. Shannon, 1916—2001）使用数学方法分析通信问题，建立了数学模型，找出了最基本的定量关系，香农把信息看作随机序列，提出了通信的统计概念，取得了突破性的进展。1948 年，他发表了《通信的数学理论》，宣告了信息论的诞生。对信息和通信过程的定量化研究，不仅为现代通信工程技术提供了理论工具，使通信变得更可靠、更有效，而且它的研究成果也为控制论和系统工程所应用，在科学技术及生产、生活的各个领域里都产生了巨大的影响。进入 20 世纪后期，计算机日益普及，计算机的作用不仅是简单地传递信息，它还能够储存、压缩信息，把信息转化为不同的格式，使用信息进行逻辑推理，利用信息直接做出重要决策，计算机可以取代人脑的部分功能，使通常的思维过程实现机械化。信息的处理需要计算机，而计算机的使用、软件的研制以至计算机的设计都需要良好的数学素养。因此，工业与农业等许多行业都需要受过足够数学教育的人员，换句话说更多的人应该掌握数学，这是一种社会的需要。

　　社会的许多行业与数学的关系日益密切,对人才的数学素养的要求越来越高。计算机是数学家冯·诺伊曼的杰作;图灵(A. M. Turing,1912—1954)用数学方法破译了德军的密码;数学家占据了诺贝尔经济学奖的半壁江山。数学在生物学上的应用更是一日千里。20世纪20年代中期,意大利生物学家达松纳(D'Ancona)研究地中海各种鱼群的变化及彼此影响,他发现鲨鱼及其他凶猛大鱼的捕获量在全部捕获量中的比例有戏剧性的增加。他为鲨鱼等的成倍增长感到困惑,竭尽了一切生物学都不能解开这个谜,于是,转而求教于他的同事——著名的意大利数学家沃尔泰拉(V. Volterra,1860—1940)。沃尔泰拉建立了一个数学模型,其中用到了微分方程,这是一个自然状态下鱼群消长的方程。这个数学模型给了生物学一个满意的答案,解释了周期性消长的事实。这一模型称为沃尔泰拉原理,已在许多生物学领域中应用。如,过量使用农药杀虫剂,若杀死害虫的数量猛增(杀虫剂之功效),按沃尔泰拉原理,则会使捕食害虫的天敌数量下降更快,引起不利后果。这也是为什么不能大量使用剧毒农药的原因之一。进化论和试验设计发展了数理统计学,人口和种群理论依赖于概率论,遗传结构离不开抽象代数等。数学方法几乎已渗透到生物学的每一个角落,统计生物学、数学生态学、数学遗传学、数学生物分类可作为其中的四大分支。生物数学的发展正方兴未艾,从事生物学研究工作的人若具有较高的数学素养,则更有利于其工作的开展。

　　华罗庚(1910—1985)教授在《大哉,数学之为用》一文中对数学的广泛应用做了精辟的阐述,"宇宙之大,粒子之微,火箭之速,化工之巧,地球之变,生物之谜,日用之繁"等各方面,无处没有数学的贡献。美国学者道恩斯教授从浩瀚的书海中,选择了从文艺复兴到20世纪中期出版的16本自然科学和社会科学专著,并给它们定名为"改变世界的书",其中就有10本直接应用了数学,它们是《天体运行》(哥白尼)、《血液循环》(哈维)、《自然哲学的数学原理》(牛顿)、《物种起源》(达尔文)、《相对论原理》(爱因斯坦)、《常识》(潘恩)、《国富论》(亚当·斯密)、《人口论》(马尔萨斯)、《资本论》(马克思)、《论制海权》(马汉)。再从间接应用数学的角度来看,这16本无一例外地应用了数学。美国另一位学者在一份报告中曾列举了1900—1965年世界范围内社会科学方面的62项重大成就,其中,数学化的定量研究就占23项。

　　无论在日常生活方面，还是在人文社会科学、科学技术发展方面，无不需要人们具有更多能有效运用的数学知识、思想和方法。定量化和定量思维作为现代社会发展的根本标志之一，其实质（至少核心部分）是数学思维和数学的应用。

三、 数学素养是现代社会的一种基本素养

　　在日常生活、工作、生产劳动和科学研究中，凡是涉及到数量关系和空间形式方面的问题都要用到数学。

（一） 给人以力量的数学

　　数学不仅帮助人们在经营中获利、帮助人们在日常生活进行最优选择，而且给予人们以能力，包括直观想象、归纳思维、逻辑思维以及对结论的准确表达。数学对提高人类的思维水平，形成批判性思维、理性思维等具有独到的作用。

（二） 作为一种交流工具的数学

　　数学对整个社会发展的影响不仅仅局限在一些专门的领域，随着社会的发展，现代生活已处处充满着数学。数学渗透到了社会生活的每一个角落，数学的符号和句法、词汇和术语已经成为表述关系、刻画模式的通用工具。数量意识、直观想象和用数学语言进行交流的能力，已经成为公民的基本素质，它们能帮助公民更有效地参与社会生活。

（三） 作为一种日常生活语言的数学语言

　　数学语言是科学的语言，也是一种日常生活语言。阅读报纸、看电视和听广播几乎是生活中不可缺少的活动，只要你稍加留意报纸上、电视里和广播中的数据和有关信息，就会发现一则报道、一条新闻，甚至一个故事其实就可能是一组数学问题。

　　数学在社会各方面的渗透和应用，不仅要求从事科学研究和技术开发的人必须掌握高深的数学理论，更要求每一个公民都必须具备一定的数学素养，掌握更多有用的数学知识、思想、方法和观念。

第三章
中国学生发展必需的数学核心素养

中国学生发展数学核心素养,作为学生发展核心素养在数学学科中的具体体现,既具有学生一般发展所必需的素养,更具有数学发展所必需的成分。

第一节　概论①

20世纪90年代中期以来,素质教育成为我国教育界的主导思想与主流实践。素质教育的实施推动了基础教育的改革与发展,调动了中小学教师投身于教育改革的热情。素质教育的涵义和根本目的是什么?素质教育难以落实的症结性问题在哪里?实施素质教育的基本载体或有效路径是什么?这些问题还需进一步深入探讨。

一、素质教育的根本目的

我国目前素质教育中所使用的"素质"一词,其具体内涵是:人通过合适的教育和影响而获得与形成的各种优良特征,包括学识特征、能力特征和品质特征。对学生而言,这些特征的综合统一构成了他们未来从事社会工作、社会活动和社会生活的基本素养。学识特征主要指基础知识、基本技能、基本思想和基本活动经验;能力特征主要指发现与提出问题的能力和分析与解决问题的能力,能力的集中表现是智慧,智慧的基础是演绎思维与归纳思维两种思维方法的交融;品质特征主要指道德修养、精神境界和个人品位。

素质教育是把教育过程中的学生培养成现实的人、人性的人、智慧的人、创新的人的教育。实施素质教育的根本目的,一是为了学生更好地发展;二是为了社会更好地发展。

以人为本的理念落实到基础教育改革中,就是以学生为本。以学生为本的教育理念体现到教育改革实践中,就是一切都要以提高学生的发展质量和水平作为

---

① 本节由史宁中完成,主要选自:史宁中,柳海民.素质教育的根本目的与实施路径[J].教育研究,2007
(8):10-14,57.

出发点和立脚点，做到立足学生、基于学生、为了学生。如果我们的改革都能做到从学生的利益出发，都能着眼于促进学生的发展，充分满足学生发展的需求，改革就找到了目标，就可以在这一共同的目标、共同的前提下，讨论我国现行基础教育改革与发展中的问题，从而校正改革路向，完善改革设计，形成正确的改革指导。放眼全球，各国中小学校所传授的知识，就总体而言并没有质的不同，其核心课程都是数学、语文和外语，但知识的传递方式和学生获得发展的方式则有很大的区别。学生素养的形成既来自课内也来自课外，既来自校内也来自校外，既来自书本也来自学生自主选择的各种活动。一种好的教育不应把教育的重心过多地停留在对知识点周而复始的巩固上，而应放在对知识的理解和应用上。学生要通过对知识的应用过程，不断加深对知识的理解，扩展知识的广度和深度，进而形成应用知识、解决问题、完成任务、走向超越的能力。

基础教育新课程改革实施以来，关于改革的理由众说纷纭。从一个角度说，是要实施素质教育，也有人说是为推行以人为本的教育理念；从另一个角度说，是要改革"应试教育"，也有人说是为减轻学生负担。这些都不是问题的实质。如果我国现行的基础教育能够很好地适应并且促进我国经济社会发展，那么，就没有必要非得改变现行的课程标准。在这种情况下，要改变的至多是教学方法、考试制度和办学理念，而涉及不到课程标准本身。然而，事实并非如此。从现实及未来社会发展的趋势来看，现行的教育不能完全体现国家的意志和要求，不能适应市场经济的需要。

当前，创新已成为我国经济、社会进一步发展的关键。长期以来，人们普遍认为，创新性人才的培养是高等教育、研究部门和生产部门的事，现在看来，这个认识是不正确的。一个人能够做创新性工作，至少需要三个条件，即意识、能力和机遇，而前两个条件是在基础教育阶段养成的。

二、 我国基础教育方式的偏差

我国现行基础教育信息传递方式上的偏差和学生素养培养上的症结性问题，是要求我们必须实施素质教育、开展基础教育改革的深层原因。

偏差之一：在信息传递方式的时代转换上，目前尚停留在知识教育，而未进入到知识与智慧教育并重的时代。

人对世界的认知大概可以分为三个层次：经验、知识和智慧。经验和知识是能够表述的，可以认为是实体。智慧则潜藏于经验和知识之中，又作用于其上。

教育是信息传递的一种过程。古代的教育主体上是经验信息的传递，如孔子的教育基本上是一种"经验描述"的教育。现代社会以来的教育是知识信息的传递。知识在本质上是一种结果，可以是经验的结果，也可以是思考的结果。现代教育中，知识的主要载体是书本，教育的目的是使学生掌握和理解这些结果，学校的基本任务是让学生记忆和理解这些知识。传授知识的教育的主要特征是课程专家对知识的精选、教学过程中教师对知识的精讲，以及学生对知识的精学，精的标准是学生对知识准确的再现。进入 20 世纪以后，由于科学研究的迅速发展，知识像滚雪球一样越滚越大。与此同时，新的学科不断涌现，每一门学科都建立了自己深厚的基础和内在的体系。而不同学科知识之间出现了许多裂痕，知识不再是一个整体。反映到学校中，需要向学生灌输的知识越多，学生的包袱就越沉重，思考和应用的机会就变得越少。知识教育虽然在奠定学生的发展基础方面做出了历史性贡献，但"应试教育"下的知识传递方式和传递动机却禁锢了学生的思维和发展，为改变这种状况，当代的教育必然要走向知识与智慧信息传递并重的教育。

单纯传授知识的教育是一种结果的教育、继承的教育，培养智慧的教育是一种创新的教育，创新的教育更多的是一种过程的教育。因为智慧体现在过程之中。在本质上，智慧并不表现在经验的结果上，也不表现在思考的结果上，而表现在经验的过程，表现在思考的过程。在这些过程中，智慧表现为对问题的处理、危难的应对、实质的思考等。因此，智慧是对经验的一种升华。智慧在很大程度上依赖于知识，本质上却不决定于知识的多少，而决定于对知识的理解，决定于对各种知识相互关联的掌握。进一步讲，智慧的学习与知识的学习亦有不同。知识的学习依赖于结果，因而更多地需要耐力和理解；智慧的学习依赖于过程，因而更多地需要活动和创造。

进入 20 世纪 50 年代以来，许多发达国家的基础教育开始逐渐由传授知识的教育转向传授知识与发展智慧并重的教育,但我国的基础教育就整体来说尚停留在知识教育阶段。我国的基础教育虽不乏实践设计,但进入中学,特别是高中以后,学校教学的重心,学生学习的重心,中考、高考的重心主要围绕着知识教育展开,而缺乏动手实践的成分。知识与智慧并重的教育,体现在教育实践中就是知行统一、手脑并用、听做结合的教育。它既继承着重视知识学习的优良传统,同时又把学生的动手、实践提到了教学过程的重要地位,尽可能为学生创造应用知识、孵化智慧的机会,让学生在活动、实践、应用、创造中学习,做到活学活用、灵活运用,从而激发学生的创造力。智慧表现为学生对知识的灵活运用。灵活运用能力的形成需要活动和实践的过程,需要多次尝试错误才可能找到成功的路径。认为学生有了知识就等于有了智慧,是对知识和智慧本质及其关系的一种误解,中国古代典故中的"纸上谈兵"就是一个例证。因此,那种习惯于省略过程、省略活动,习惯于知识提炼和应用过程压缩的教育,虽可帮助学生把知识基础变得更加坚实,但无益于学生综合运用知识能力的提高和创造力的激发,不能看成是一种好的教育。

偏差之二:在学生思维能力的培养上,偏重演绎思维及其能力的训练,缺少归纳思维及其能力的培养。

从学理上说,人的创新能力的形成依赖于知识的掌握、思维的训练和经验的积累,其中,最核心的是思维的训练。关于知识的掌握,我国的基础教育已形成一套行之有效的办法,为奠定学生坚实的知识基础做出了重要贡献。关于思维的训练,从根本上制约着人的创新能力的形成,是我国基础教育公认的弱项。关于"经验的积累",我国的学生较多闭门于课堂和学校,与发达国家的中小学生相比,仍存在一定的差异,需要做出持续的努力。

从思维方法的角度分析,与创新有关的思维与能力主要有两种:演绎思维及其能力、归纳思维及其能力。正如爱因斯坦所说:"西方科学的发展是以两个伟大成就为基础,那就是:希腊哲学家发明形式逻辑体系(在欧几里得几何中),以及通过系统的实验发现有可能找出因果关系(在文艺复兴时期)。"[①]前者指的是演绎能

---

① 爱因斯坦.爱因斯坦文集:第1卷[M].许良英,李宝桓,超中立,等译.北京:商务印书馆,1976:574.

力,后者指的是归纳能力。多年来,我国基础教育在学生思维能力的培养中,主要弱在了归纳能力的训练上,给创新性人才的成长带来了严重的障碍。因为演绎的方法只能验证真理,而不能发现真理。运用演绎方法培养起来的演绎思维,只能进行模仿,而难以进行创造。

三、　实施素质教育的路径

素质教育的构想是好的,但要把宏大的构想变成每一位中小学教师的具体实践,必须有一个能够把握、认同、操作、践行的路径,这个路径有三个方面。

(一) 把"双基"增加为"四基"

近几十年来,我国的中小学教育逐渐形成了两个基本目标:使学生获得基础知识和基本技能。1992 年国家教委颁发的《九年义务教育全日制小学、初级中学课程计划(试行)》中提出,小学阶段的目标是:"具有阅读、书写、表达、计算的基本知识和基本技能";初中阶段的目标是:"掌握必要的文化科学技术知识和基本技能"。多年来,这两个目标已被广大中小学教师习惯地简称为"双基",已深入人心,以至于所有的一线教师和教育工作者均耳熟能详。基础教育的"双基"教学已经成为我国中小学教育的特色而蜚声海内外。

"双基"教育的历史贡献是巨大的,它对于形成学生坚实的知识基础和基本工作能力是必要的。无论进行什么样的课程改革,传统的"双基"都是学生发展中的核心要素,是必须加以保留的。基础教育只有以"双基"为中心组成课程体系,让学生掌握读、写、算的基础知识和基本技能,才能为他们的继续学习和工作打下坚实的根基。

但从人的发展的角度考虑,特别是从培养创新型人才、提高人才的国际竞争力的角度考虑,仅有"双基"已经不足以让我国的基础教育继续领先于世界,也不足以满足我国经济与社会发展的新要求。因此,我国中小学教育的基本目标在"双基"的基础上再加"两基",即基础知识、基本技能、基本思想与基本活动经验。

由"双基"变成"四基",这不是异想天开的简单叠加,"四基"是一个有机整体,是相互制约、相互促进的。因为加上了后面的"两基",培养学生的"实践能力"的目标才能得到真正的落实；在构建课程体系时，就要一以贯之、精益求精，避免简单的知识堆砌。而在教学活动中，基本思想将是统整全部内容的主线，基本活动经验将成为不可或缺的内容。

基本思想主要指一门学科教学的主线或一门学科内容的诠释架构和逻辑架构。对于一名教师而言，讲好一门学科的基础知识和基本技能固然是必要的，但在讲好基础知识的同时更应当让自己和学生清晰地了解知识的产生过程、知识间的相互联系，以及整个知识体系的框架，从而帮助学生理解知识技能本身蕴涵的思维方式方法和核心思想。

基本活动经验是指学生亲自或间接经历了活动过程而获得的经验。从培养创新型人才的角度说，教学不仅要教给学生知识技能，更要帮助学生形成智慧。知识的主要载体是书本，智慧则形成于经验的过程中，形成于经历的活动中，如教师为学生创造的思考的过程、探究的过程、抽象的过程、预测的过程、推理的过程、反思的过程等。智慧形成于学生应用知识解决实际问题的各种教育教学实践活动中。通过这些活动，让学生亲身感悟解决问题、应对困难的思想和方法，就可以逐渐形成正确思考与实践的经验。

（二）把"双能"发展为"四能"

在分析问题与解决问题能力的基础上，再加上发现问题与提出问题的能力。

我国中小学教育中，"双能"与"双基"同样经典。因为在我国颁行的历次课程计划中，"双能"目标要求几乎没有变化。分析问题与解决问题能力的培养作为中小学教育的基本目标要求，经历多年的历史验证，无疑是合适和正确的，也是必须继续坚持的，但从逻辑层次和难易程度分析，在中小学教学过程中，分析问题与解决问题涉及的是已知，而发现问题与提出问题涉及的是未知。因此，发现问题与提出问题比分析问题与解决问题更重要，难度也更高。

对中小学生来说，发现问题更多的是指发现书本上不曾教过的新方法、新观点、新途径以及知道了以前不曾知道的新东西。这种发现对教师可能是微不足道的，但是对于学生却是难得的，因为这是一种自我超越，可以获得成功的体验。学生可以在这个发现的过程中领悟很多东西，可以逐渐积累创新和创造的经验。更重要的是，可以培养学生学习的兴趣，树立进步的信心，激发创造的激情。教师对于学生的发现要格外珍惜,通过正确的引导鼓励他们的积极性。

在发现问题的基础上提出问题,需要逻辑推理和理论抽象,需要精准的概括。在错综复杂的事物中能抓住问题的核心,进行条分缕析的陈述,并给出解决问题的建议,不是一件简单事情。提出问题的关键是能够认清问题、概括问题。问题的提出必须进行深入思考和自我组织,因而可以激发学生的智慧,调动学生的身心进入活动状态。提问需找到疑难,发现疑难就要动脑思考,这与跟着教师去验证、推断既有的结论是不同的思维方式。学生只有多次在这种思维方式训练下,才能逐渐形成创新意识、创新精神和创新能力。

(三) 把单向思维训练改为双向思维的培养

把单向思维训练改为双向思维的培养,就是把我国多年来偏重的演绎思维训练变成演绎与归纳两种思维并重的培养。

演绎推理或称演绎法,是从一般性知识的前提推出特殊性知识的结论的推理。演绎推理来源于亚里士多德,他在《工具论》中提出了演绎逻辑的基础作用。《工具论》包含两个主要部分:前分析篇与后分析篇。在前分析篇中,亚里士多德提出了著名的三段论理论。所谓三段论,就是从前提必然可以得出结论的思维模式。[①]

演绎推理是一种前提与结论之间具有必然性联系的推理,具体地说,是一种基于概念、按照规则、通过诸多例证进行的推理,因而是一种由一般到特殊的推理。以数学为例,演绎推理是基于公理、定义、定律、公式和符号,按照规定的法则进行命题证明或公式推导。就欧几里得几何而言,其基本模式可以概括为"已知A,求证B",其中 A 和 B 都是确切的命题。可以看到,演绎推理的主要功能在于验证结论而不是发现结论。

演绎能力是一种能够熟练使用演绎推理的能力。从方法论的角度分析,我国中小学教育倡导培养的分析问题与解决问题的能力,就是一种演绎能力,目的同样是验证已知的结论。这种方法,造就了我国基础教育的优势:基础知识(概念记忆与命题理解)扎实,基本技能(运算技能与证明技能)熟练。但是,由于演绎推理

---

① 潘玉树.西方科学起源与欧式几何学[J].牛顿杂志,2003(11):1-5.

不能用于发现真理,因而,依此而塑造出来的人及其思维形式和思维能力,也就难以实现创新。

归纳推理是从特殊性知识的前提推出一般性知识的结论的推理。现代归纳推理是英国哲学家培根(F. Bacon,1561—1626)在他的《新工具论》中提倡的。他认为,就"帮助人们寻求真理"而言,三段论的"坏作用多于好作用"。① 后来,休谟(D. Hume,1711—1776)②利用这个思想研究因果关系,虽然他陷入了"休谟问题"的困境不能自拔,以"不可知论"而告终,但因果关系的探讨已经成为现代科学的动力。

就方法而言,归纳推理十分庞杂,枚举法、归纳法、类比法,以及因果分析、观察实验、比较分类等均可包容。但说到底,与演绎推理相反,归纳推理是"从特殊到一般的推理"。关于这一点,穆尔解释说,这个说法并不十分精确,真正的意思是:归纳是由一些命题推出一个一般性较大的命题的推理形式。归纳推理的主要功能是发现结论、发现真理而不是验证结论、验证真理。③

从学习的分类上说,演绎推理属接受性学习,归纳推理属发现性学习;从教学的指导思想上说,演绎能力的培养更多地依靠知识的传授,归纳能力的培养则更多地需要探究思维的启发;从表现的结果上说,演绎推理主要侧重获得一种知识,归纳推理主要侧重激发学生的智慧。归纳能力是建立在实践基础上的,归纳能力的培养可能更多地依赖过程的教育,依赖于经验的积累,而不是结果的教育。

必须指出,做出如此的论述无意于强调归纳能力比演绎能力更重要,而是在于说明过去对归纳能力的培养太弱了,现在需要实现这两种能力的有机结合。

如上所述,"四基""四能"和"双向思维"就是体现学生素质的基本素养。素质教育的本质与核心就是学生学科基本素养的全面发展与培养。学科素养是指本学科的"四基""四能"与基本思维形式和思维方法。

---

① 姜成林.归纳逻辑的创始人——培根[J].逻辑与语言学习,1983(5):41-42.
② 大卫·休谟出生于苏格兰爱丁堡,毕业于爱丁堡大学,苏格兰不可知论哲学家、经济学家、历史学家。大卫·休谟被视为苏格兰启蒙运动以及西方哲学历史中最重要的人物之一。
③ 邓生庆,任晓明.归纳逻辑的百年历程[M].北京:中央编译出版社,2006:22.

第二节 素养与核心素养

《现代汉语词典》解："素"，即本色；"素质"，即事物本来的性质或心理学所指的人的神经系统和感觉器官上的先天特点。[1]

《教育大辞典》解：素质，即个人先天具有的解剖生理特点；易患某种心理异常疾病的遗传因素；公民或某种专业人才的基本品质。[2]

科学概念的基本内涵应该是永恒的，但具体内涵则应是发展的。

素质，从其总体构成看，应该包括自然性的素质（如先天的遗传）、通识性（普遍的）的素质（如社会公德）、专业性的素质（如医生、律师、艺术家的专业知识与能力）。

经济合作与发展组织（OECD）将"素养"简洁界定为：

素养（competency）是在特定情境中、通过利用和调动心理社会资源（包括技能和态度）、以满足复杂需要的能力。[3]

而欧盟将"素养"界定为：

素养是适用于特定情境的知识、技能和态度的综合。[4] 这里的"情境"主要指个人情境、社会情境和职业情境。

张华教授认为，"素养是一种以创造与责任为核心的高级心智能力"，"将认知性素养和非认知性素养同时关注，体现了知识社会的新要求"。[5]

蔡清田教授认为，"素养体现为个体在面对生活情境中的实际问题与可能的挑

---

① 中国社会科学院语言研究所词典编辑室. 现代汉语词典[M]. 北京：商务印书馆，2002：1204.

② 顾明远. 教育大辞典[Z]. 上海：上海教育出版社，1998：1494.

③ OECD. The definition and selection of key competencies：executive summary [R/OL]. (2005 - 05 - 27). http：//www. oecd. org/dataoecd/47/61/3507367. pdf.

④ GORDON J，HALASZ G，KRAWCZYK M，et al. Key competences in Europe：Opening doors for lifelong learners across the school curriculum and teacher education[R]. CASE network reports，2009(87).

⑤ 张华. 论核心素养的内涵[J]. 全球教育展望，2016(4)：10 - 24.

战时,能运用知识、能力与态度,采取有效行动,以满足生活情境的复杂需要,达成目的或解决问题,是个体生活必须的条件,也是现代社会公民必备的条件"[1]。

"素养"是指在教育过程中逐渐形成的知识、能力、态度等方面的综合表现,其对应的主体是"人"或"学生",是相对于教育教学中的学科本位提出的,强调学生素养发展的跨学科性和整合性。[2]

从学理意蕴看,素养首先是一种基础。"素"的本意就是本色,即构成事物的基本成分、基本要素和元素;"养"即"培养",是"以适宜的条件促使其发生、成长和繁殖,也指按照一定的目的长期地教育和训练,使其成长",落实到人的身上,素养表现为:

人所具有的做人、做事、交往、生活的基本知识、基本能力和基本品质。[3]

这些基础性的成分既是人学习、工作和生活的基础,也是人实现自我发展与完善的基础。缺少了这个基础,不仅会直接影响到人能否顺利地完成面临的各种任务,而且也会影响到人终身发展的水平和质量。

素养是一种条件,表现为一个人经过学习而具备的能够顺利完成既定工作的能力和水平。条件包括先天赋予的生理条件、正常的智商及生理解剖结构等,亦包括经后天教育和努力而形成的符合工作需要的各种基本素养。

素养表征着一种差别。学识、能力、品质等各种素养的累积构成了人与人之间素养上的差别,这种差别体现着素养的优差、高低、专业与非专业等。差别的形成既有主体自身的原因,也有环境的陶冶和教育的培养;差别的范围既有个体之间、代际之间、民族之间的,也有群体之间、国家之间和社会之间的。

素养也是个人修养、社会品位的尺度。社会是个体的集合,每个社会成员都是一个鲜活的个体,每个个体的个人修养既构成个体的素养,也映射着一个社会的总体发展质量。其中,社会存在决定社会意识,决定个体的文化修养,同时也需要通过个体的自我努力而促进社会品位的提升,即需要社会品位由低级到高级的发展,从而个体素养也由量的积累到质的飞跃的变化。

① 蔡清田.课程改革中素养与能力[J].教育研究月刊,2010(12):93-114.
② 林崇德.21世纪学生发展核心素养研究[M].北京:北京师范大学出版社,2016:序言2.
③ 史宁中,柳海民.素质教育的根本目的与实施路径[J].教育研究,2007(8):10-14,57.

核心素养是个人终身发展、融入主流社会和充分就业所必需的素养的集合。核心素养聚焦全面发展的人，而学生发展核心素养指"学生应具备的、能够适应终身发展和社会发展需要的必备品格和关键能力"[①]。从这一角度而言，核心素养是对素质教育内涵的解读与具体化，是全面深化教育改革的一个关键方面。

核心素养是党和国家的教育方针的具体化。从"学科为本""知识为本"到"过程为本"，发展为今天的"核心素养为本"，致力于回答培养什么样的人。而学生的学习涉及知、情、意、行和人格，业已实施多年的各科课程标准围绕知识与技能、过程与方法、情感态度价值观，恰恰缺少人格塑造，《中国学生发展核心素养》[②]不仅弥补了课程标准在健全人格塑造等领域的缺憾，而且，直指立德树人的教育根本任务，最终形成以学生发展为核心的完整育人体系。

① 林崇德. 21 世纪学生发展核心素养研究［M］. 北京：北京师范大学出版社，2016：序言 2.
② 核心素养研究课题组. 中国学生发展核心素养［J］. 中国教育学刊，2016(10)：1-3.

第三节　数学核心素养的成分分析

究竟如何理解数学核心素养的成分？

建构"中国学生发展的数学核心素养"新概念，必须从源头分析、把握，这个源头其实就是"数学学习对中国学生发展究竟起什么（特殊的、其他学科无法替代的）作用？""数学核心素养作为中国学生发展核心素养的数学学科延伸，究竟在哪些方面服务于中国学生发展？"这是两个原始问题，只有厘清了这两个问题，才能明确界定"中国学生发展的数学核心素养"。

一、数学核心素养具有鲜明的数学学科特性

数学核心素养作为学生发展核心素养在数学学科中的具体体现，既具有学生一般发展所必需的成分，更具有数学发展所必需的要求，后者的要求更强烈。

正如林崇德教授指出的，"研制中国学生发展核心素养，根本出发点是全面贯彻党的教育方针，践行社会主义核心价值观，落实立德树人根本任务""中国学生发展核心素养是国家教育方针的具体化"[①]。

作为中国基础教育的各个学段，无论是义务教育阶段，还是高中阶段，都是为了更好地达成教育的根本目标，以更好地适应信息时代对于人才的需要和公民素养的基本要求。

作为基础教育的必修课程和主干课程之一，数学对于提升民族素养、确保国家旺盛的创新力，具有其他学科无法替代的独特作用，这种作用不仅体现在 2001年实施至今的基础教育课程改革所倡导的知识与技能、过程与方法、情感态度价值观，即"三维目标"方面，而且表现在，数学对于塑造健全的人格、提升国家创新

---

① 林崇德. 21 世纪学生发展核心素养研究［M］. 北京：北京师范大学出版社，2016.

力等方面,也具有良好的促进作用。而世界发达国家(诸如美国等)与国际组织(诸如欧盟、OECD)都将数学素养纳入现代公民基本素养的主体部分。

二、 数学核心素养必须经过真正意义上的数学学习才能形成

数学核心素养是否是学生数学学习的必然产物? 答案是否定的!

死记硬背作为当下中小学数学学习依然存在的一种方式,其结果能否促使学生形成数学核心素养? 不言而喻,学生采取死记硬背方式,其对数学内容的理解和把握大多是不正确的,伴随认知过程所产生的情意过程大多是消极的、负面的,死记硬背、机械训练所形成的数学技能往往是片面的、畸形的,相应的数学能力其实很难形成,而未能获得理解进而消化吸收的数学学习过程,对于学生健全人格的塑造其实是负面的。一项义务教育阶段学生学习状况的调查显示,即使是优秀生,虽然都不赞成"数学课枯燥无味"的观点,但未必都"盼望上数学课"[1],而 1999年的调查表明,"灌输式教学仍是目前(指 1999 年)教师主要采取的教学方式"[2],进而,"枯燥的乏味的、死板的教学方法可能引起学生厌学情绪","讨厌数学、憎恨数学"存在成为必然;2016 年 1 月针对农村初中生数学学习状况的调查显示,"心情为负面的有 36.79%","很期望上数学课的学生(仅占)21.45%","(数学课)终于下课了的学生达到 16.33%","在常规的数学课堂教学中,占据主导地位的教学方法还是讲授法和问答法"。[3] 尽管改革十余年,学生仍处在被动接受状态。

正如国际上极负盛名的荷兰数学家、数学教育家弗赖登塔尔(H. Freudenthal, 1905—1990)的经典观点"与其说学数学,倒不如说学习数学化"[4],这个观点道出了数学学习的本质。"数学化其实就是从(数学外部的)现实(世界)到数学内部,从数学内部发展,再到现实中(以及应用于其他学科)的全过程,数学

① 孔凡哲.对两名优秀中学生数学学习状况的调查分析[J].中学数学教学参考,2000(1-2):33-34.

② 杜文平,陶文中.北京市初中学生数学学习状况的调查报告[J].北京教育学院学报,1999(4):65-71.

③ 陈泽宇.农村初中学生数学学习状况调查报告[J].数学大世界(下旬),2016(2):4-5.

④ 弗赖登塔尔.数学教育再探——在中国的讲学[M].刘意竹,杨刚,等译.上海:上海教育出版社,1999.

化的本质在于三个阶段,即现实问题数学化、数学内部规律化、数学内容现实化"①。在中小学数学学习中,数学化是学生自己的数学活动,毕竟,无论是经验的积淀、基本思想的初步形成,还是数学抽象能力、推理能力、模型能力的培养,都离不开学生的主动参与、独立思考和亲身实践,离不开学生的自我建构。

因此,(学生发展所必需的)数学核心素养是学生亲身经历数学化活动之后所积淀和升华的产物,这种产物对学生在数学上的全面、和谐、可持续发展起决定作用。学习数学本质上就是学会数学化,也就是学会"戴一副数学的眼镜"思考问题、分析处理问题,用数学思维方式提升自己的幸福指数,拓展自己的生存空间。② 无论是小学数学的学习,还是中学数学的学习,都是为了提高学生的数学素养,为学生自身的可持续发展、也是为了人类的可持续发展,做出贡献。

综上,建构"中国学生发展的数学核心素养"新概念,必须立足两个基本出发点:

出发点 1   中国学生发展的数学核心素养,具有典型的数学学科特性,是数学学习所特有的,并无法通过其他的学科学习而替代。

出发点 2   中国学生发展的数学核心素养,是中国学生发展核心素养在数学学科中的具体体现,并与其他学科核心素养一起,对于学生的全面发展与终身可持续发展共同发挥作用。

三、 数学核心素养的主要成分

在基础教育阶段,学生需要学习的课程内容不仅涉及知识与技能、过程与方法、情感态度价值观,而且,更需要触及健全人格的塑造与知行合一。"基础教育的使命是奠定每一个儿童学力发展的基础和人格发展的基础",而"人格在活动中并且唯有通过活动才能得到发展"。③

---

① 孔凡哲.学会数学化切实提升数学学科素养[J].小学数学教师,2015(6):19-24.
② 同①.
③ 钟启泉.核心素养的"核心"在哪里——核心素养研究的构图[N].中国教育报,2015-04-01(7).

因此,数学学习过程既是"情知对称"的过程[①]——认知过程与情感、意志过程相辅相成的过程,也是习得新知、经历过程、感悟智慧、塑造健全人格的过程。

从而,基于建构"中国学生发展的数学核心素养"新概念的两个基本出发点,就我国小学、初中、高中各个学段的总体特点,中国学生发展的数学核心素养必须涵盖三种成分:

一是学生经历数学化活动而习得的数学思维方式;

二是学生数学发展所必需的关键能力;

三是学生经历数学化活动而形成的良好的数学品格及健全人格养成。

其中,关键能力包括数学抽象能力、数学推理能力、数学模型能力、直观想象能力、运算能力、数据分析观念。

所谓心理品格,一般主要包括性格、兴趣、动机、意志、情感等方面。正如阿达玛(J. S. Hadamard,1865—1963)指出的"数学有两种品格,其一是工具品格,其二是文化品格"[②]。

事实上,在数学活动中,学生对于精确严密的逻辑推导、思维缜密的计算过程等的数学情感长期积累的结果,乃是诚实、顽强、谨慎、勇敢和一丝不苟等品质的形成过程,正如苏联著名数学教育家格涅坚柯指出的,"数学内容本身无疑会激起正直与诚实的内在要求……教师本身酷爱课题就会使他去积极培养学生类似的感情……这不由得参与到形成学生道德基础的过程中去了"[③]。

反观国内关于学生数学核心素养的观点,"小学数学核心素养包括数学人文、数学意识和数学思想三大要素及诸多二级细分",缺少定性思考、定量把握等数学特有的思维方式;"将《义务教育数学课程标准(2011 年版)》界定的 10 个核心词,即数感、符号意识、空间观念、几何直观、数据分析观念、运算能力、推理能力、模型思想、应用意识和创新意识,作为十个核心素养",恰恰忽略了数学品格及健全人格养成;而"数学素养是由数学知识与技能、数学思想与方法、数学能力与观念等组成"的观点有泛化趋向,"数学抽象、逻辑推理、数学建模、直观想象、数学运算、

① 孔凡哲,朱秉林. 数学情感及其规律[J]. 数学教育学报,1993(2):62-66.

② 阿达玛. 数学领域中的发明心理学[M]. 陈植萌,肖奚安,译. 南京:江苏教育出版社,1989.

③ 同①.

数据分析"作为修订高中数学课程标准期间被同行频频谈及的关键词,将其等同于数学核心素养其实是不全面的,这六个方面更多地表达数学核心能力,而尚未触及数学思维方式、数学品格及健全人格养成。

总之,中国学生发展的数学核心素养是指,学生应具备的、能够适应终身发展和社会发展需要的、起主要作用的数学素养,既包括数学思维方式,也包括数学关键能力,既包括数学自信心、严谨求实的科学态度,也包括责任担当、理性精神等在数学上的具体体现,诸如具有规则意识、崇尚平等、崇尚真知等等。中国学生发展的数学核心素养的核心在于,从数学的视角观察世界,发现问题、提出问题、分析和解决问题的综合素养。

四、 数学核心素养的本质

核心素养的培养,在本质上与以人为本或以学生发展为本的理念是一致的。[①] 为了便于理解,我们可以将核心素养抽象为这样几句话:

核心素养是后天习得的、与特定情境有关的,而不是随时随地都可以表达出来的东西;是通过人的行为表现出来的,是可监测的知识、能力和态度;涉及人与社会、人与自己、人与工具三个方面,最终要落实在人即受教育者身上。

基础教育阶段数学教育的终极目标是,一个人学习数学之后,即便这个人未来从事的工作和数学无关,也应当会用数学的眼光观察世界,会用数学的思维思考世界,会用数学的语言表达世界。[②]

所谓数学的眼光,其核心就是抽象,抽象使得数学具有一般性;所谓数学的思维,其本质就是推理,推理使得数学具有严谨性;所谓数学的语言,主要是数学模型,模型使得数学的应用具有广泛性。本质上,会用数学的眼光观察世界,会用数学的思维思考世界,会用数学的语言表达世界,就是数学核心素养。从而,数学核心素养在学生身上的行为表现,就是会用数学眼光观察世界,会用数学思维思考

---

① 史宁中. 学科核心素养的培养与教学——以数学学科核心素养的培养为例[J]. 中小学管理,2017
　　(1):35-37.
② 同①.

世界,会用数学语言表达世界。

数学核心素养是具有数学基本特征的思维品质、关键能力以及情感、态度与价值观的综合体现,是在数学学习和应用的过程中逐步形成和发展的,学生只有亲身经历数学化活动,才能真正形成数学核心素养。

学生和数学对象(数学活动),是数学学习和使用的两个主体,数学核心素养表现在数学对象(数学活动)上,就是发现问题、提出问题、分析问题和解决问题的能力。

在学校教育背景下,超越具体对象而上升到抽象层面,数学核心素养才能被操作和实施。从而《普通高中数学课程标准(2017 年版 2020 年修订)》将高中阶段的数学核心素养定义为:

数学学科核心素养是具有数学基本特征的思维品质、关键能力以及情感、态度与价值观的综合体现,是在数学学习和应用的过程中逐步形成和发展的。数学学科核心素养包括:数学抽象、逻辑推理、数学建模、直观想象、数学运算和数据分析。这些数学学科核心素养既相对独立、又相互交融,是一个有机的整体。①

义务教育阶段的数学核心素养也离不开义务教育数学课程标准中提到的十个核心词:数感、符号意识、推理能力、模型思想、几何直观、空间想象、运算能力、数据分析观念,以及应用意识和创新意识。可以这样理解,数学抽象在义务教育阶段主要表现为抽象(包含代数抽象、几何抽象等)、符号意识和数感,推理能力即逻辑推理能力与归纳推理能力,模型思想即数学模型,直观想象在义务教育阶段体现的就是几何直观和空间想象。此外,高中阶段则增加了学会学习。

高中阶段的数学核心素养确定为数学抽象、逻辑推理、数学模型、直观想象、数学运算、数据分析。其中,逻辑推理是指从一些事实和命题出发,依据规则推出其他命题的素养。主要包括两类:一类是从特殊到一般的推理,推理形式主要有归纳、类比;一类是从一般到特殊的推理,推理形式主要有演绎。其学习目的是:"通过高中数学课程的学习,学生能掌握逻辑推理的基本形式,学会有逻辑地思考

---

① 中华人民共和国教育部.普通高中数学课程标准(2017 年版 2020 年修订)[S].北京:人民教育出版社,2020:4.

问题;能够在比较复杂的情境中把握事物之间的关联,把握事物发展的脉络;形成重论据、有条理、合乎逻辑的思维品质和理性精神,增强交流能力。"①可见,这里的"逻辑推理"本质上就是"推理能力"而并非局限于逻辑思维能力。

《普通高中数学课程标准(2017 年版 2020 年修订)》所述的"数学学科核心素养包括:数学抽象、逻辑推理、数学建模、直观想象、数学运算和数据分析"②,其本质是关键能力,即数学抽象能力、数学推理能力、数学模型能力、直观想象能力、运算能力、数据分析观念。数学学科核心素养除了包含关键能力之外,还包括数学必备品格与数学思维方式。

① 中华人民共和国教育部.普通高中数学课程标准(2017 年版 2020 年修订)[S].北京:人民教育出版社,2020:5.
② 同①4.

第四节 关键能力

数学抽象能力、数学推理能力、数学模型能力、直观想象能力、运算能力、数据分析观念是数学学科核心素养的重要成分,是关键能力(即"六核")。培养关键能力是数学课程教学的重要目标之一。

一、 数学抽象及其培养

数学在本质上研究的是抽象了的东西,而这些抽象了的东西来源于现实世界,是被人抽象出来的。数学的发展所依赖的最重要的基本思想也就是抽象,只有通过抽象才能得到抽象的东西。[①] 数学抽象在义务教育阶段主要表现为抽象(包含代数抽象、几何抽象等)、符号意识和数感。

(一) 数学抽象及其特点[②]

1. 数学抽象的含义

所谓抽象,通常是指从众多的事物中抽取出共同的、本质性的特征,而舍弃其非本质的特征。要抽象就必须进行比较,没有比较就无法找到在本质上共同的部分。共同特征是指那些能把一类事物与他类事物区分开来的特征,又称本质特征。

因此,抽取事物的共同特征就是抽取事物的本质特征,舍弃非本质的特征。而抽象的过程也是一个概括、分离和提纯的过程。

"数学在本质上研究的是抽象的东西"[③]。这个命题,从古至今,无论是数学家还是哲学家几乎都没有异议。

数学抽象是一种特殊的抽象,其特殊性表现为,数学抽象的对象是"空间形式

① 史宁中. 数学的抽象[J]. 东北师大学报(哲学社会科学版),2008(5):169-181.
② 张胜利,孔凡哲. 数学抽象在数学教学中的应用[J]. 教育探索,2012(1):68-69.
③ 史宁中. 数学思想概论(第1辑)——数量与数量关系的抽象[M]. 长春:东北师范大学出版社,2008:1.

和数量关系",正如下文①所言：

不管是现实世界中的"数量关系和空间形式"还是思维想象中的"数量关系和空间形式"，都属于数学研究的范畴。

也就是说，数学抽象的对象既可以是现实世界中的空间形式和数量关系，也可以是数学思维中的空间形式和数量关系。

数学抽象具体表现为，从数量与数量关系、图形与图形关系中抽象出数学概念及概念之间的关系，从事物的具体背景中抽象出一般规律和结构，并用数学语言予以表征。

真正的知识是来源于感性的经验、通过直观和抽象而得到的，并且这种抽象是不能独立于人的思维而存在的。

在数学中，抽象是思维的基础，只有具备了一定的抽象能力，才可能从感性认识中获得事物(事件或实物)的本质特征，从而上升到理性认识，这是一个获取知识的过程，也是一个研究的过程，这个过程对于所有学科的学习都是非常重要的。

2. 数学抽象的特点

（1）数学抽象具有不同的阶段性

数学抽象经历了三个基本阶段，简约阶段、符号阶段、普适阶段②，这是数学抽象最基本的特点。其中，

简约阶段：把握事物的本质，把繁杂问题简单化、条理化，能够清晰地表达；

符号阶段：去掉具体的内容，利用概念、图形、符号、关系表述包括已经简约化了的事物在内的一类事物；

普适阶段：通过假设和推理建立法则、模式或者模型，并能够在一般的意义上解释具体事物。

直观描述的毛病在于必然引起悖论，因为凡是具体的东西，都能举出反例。为了避免这一情况，就必须进一步抽象，抽象到举不出反例来，这只有通过符号表达，但是符号表达也有问题，就是缺少物理背景，缺少直观。③ 从而，正是由于抽象

① 史宁中,孔凡哲. 关于数学的定义的一个注[J]. 数学教育学报,2006,15(4):37-38.
② 史宁中. 数学思想概论(第1辑)——数量与数量关系的抽象[M]. 长春:东北师范大学出版社,2008:3.
③ 史宁中. 数学的基本思想[J]. 数学通报,2011,50(1):1-9.

的存在,才将问题简约化、符号化进而达到普适化,抽象得到的规律更具有一般性,但是,带来的问题就是损失了直观,无形之中增加了学生学习的难度。

（2）数学的思维依赖的不是具体的存在，而是抽象的存在[①]

"形"是什么? 形是抽象的存在。看到足球,看到乒乓球,我们感受到圆。但是,离开了足球,离开了乒乓球,脑子里还有圆的存在,为什么呢? 因为我们能在纸上画出圆,纸上画出来的圆,不是对足球和乒乓球的模仿,而是依据了脑子里存在着的圆。这就是抽象的存在。

数学的思维依赖的不是具体的存在,而是抽象的存在。关于这句话,要数郑板桥说的最有美感,他说:我胸中之竹不是我眼见之竹。这不就是抽象的存在么? 胸中是抽象存在的竹子,所以,郑板桥画出来的竹子比现实中的竹子还有风骨。

我们通过抽象得到什么? 得到数学的研究对象。光有对象不够,更重要的是对象之间的关系。亚里士多德是一位千古智者,他的思想非常深刻,他提出的有些观点,人们往往几千年不理解,到后来才明白。比如这句话:

数学家用抽象的方法对事物进行研究,去掉事物中那些感性的东西。对于数学而言,线、角或者其他的量的定义,不是作为存在而是作为关系。

这句话的意思是:数学中定义的那些东西本身并不重要,重要的是这些东西之间的关系。

对于数学,抽象的内容在本质上只有两种:一个是数量与数量关系的抽象;一个是图形与图形关系的抽象。[②]

3. 数量与数量关系的抽象

（1）抽象的第一个层次：直观描述[③]

抽象的第一步是从数量中抽象出数。数在现实生活中是不存在的,现实生活中存在的只有数量,2 匹马、2 头牛,没有 2,2 是抽象出来的数。

数量关系的本质是什么呢? 是多和少。

---

① 史宁中. 数学的基本思想[J]. 数学通报,2011,50(1):1－9.

② 同①.

③ 史宁中. 数学思想概论(第 1 辑)——数量与数量关系的抽象[M]. 长春:东北师范大学出版社,2008:
　　26－27.

用什么来判断一件事情的本质呢？可以看动物是否明白。动物知道多和少，比如：来一只狼，一只狗还敢对付，要是来一群狼，这只狗肯定掉头就跑。《数：科学的语言》①中描述了这样一个故事：

欧洲某地庄园的望楼上有一个乌鸦巢，里面住着一只乌鸦。主人打算杀死这只乌鸦，可是几次都没有成功。他一走进这个望楼，乌鸦就飞走，他一离开，乌鸦又飞回来。后来他想了一个聪明的办法：两个人一起走进望楼，出来一个人，乌鸦不上当；这个人不死心，三个人走进望楼，出来两个人，乌鸦还是不上当；直到五个人走进去，出来四个人，乌鸦分辨不清了，就飞了回来。

我们在幼儿园的现场测试表明，孩子在不数数的情况下，能辨别到多少呢？也就是 4 或者 5，比乌鸦强不了多少。

数量关系抽象到数学内部就是大小、多少，因此数的大小、多少是数量关系的本质，其核心是序的关系。

后来，数学家把序的关系一般化。数学家康托尔（G. Cantor，1845—1918）为了证明有理数与自然数一样多，曾经给有理数排了一个序，那个序已经没有大小关系了。大小关系的基础是"大 1 个"，这就产生了加法。因此，所有与数有关的数学的基础是自然数和加法，其他的东西都是派生出来的。有了自然数和加法，就有了有理数。

在教学中，特别是在中小学数学教学中，教师往往把有理数混同于实数，把 $\frac{1}{4}$ 等同于 0.25。事实上不是这样的，分数形式的有理数，特别是真分数形式的有理数，2000 多年前就有了，而小数形式的有理数的表达至今不过 300 多年的历史。分数形式才是有理数的本质。

分数到底是什么呢？分数没有量纲，把月饼分成几块，和把其他的东西分成几块，然后取相同的份数，没有区别。比例没有量纲，可以得到事物可比性。照理说，中国的经济和其他国的经济是不可比的，但是变成百分比，算经济增长率的时候，就是可比的。分数还有一个重要的意义，是线段之间的比。部分与整体、线段之间的比，这两个是分数的本质。从加法过渡到四则运算，为了保证运算的结果

---

① 丹齐克. 数：科学的语言[M]. 苏仲湘，译. 上海：上海教育出版社，2000.

还在这个集合里,数域就得到扩张,就从自然数,扩张到整数,到有理数,到实数。

$4 \div \frac{1}{3}$ 等于多少? 等于 $4 \times 3 = 12$。为什么 $4 \div \frac{1}{3} = 4 \times 3$ 呢? 也就是说,为什么除以一个分数等于乘这个分数的倒数呢?

讲清楚这件事其实挺难的。清华大学数学科学系文志英教授在博士生面试时就出过这道题,听说没一个学生答对。

我们都知道除法是乘法的逆运算,这是什么意思?

$$? = 4 \div \frac{1}{3}$$

逆运算就是什么数乘以 $\frac{1}{3}$ 等于 4,$? \times \frac{1}{3} = 4$,

等式两边同时乘以 3,就成了 $? = 4 \times 3 = 12$。

因此,$4 \div \frac{1}{3} = 4 \times 3$。

对一个概念或者命题是否理解,就是举例。能举出适当的例子就是一种理解,否则就是尚未理解。

（2）抽象的第二个层次：符号表达

数的抽象必须过渡到第二步抽象。怎么提出来的呢? 是因为牛顿（Isaac Newton,1643—1727）。牛顿发明了导数,导数就涉及到极限的概念。牛顿是用无穷小来解释的,很难自圆其说。特别是什么样的函数可导,说起来就更复杂。于是,人们重新定义函数。

函数的定义是从牛顿以后才开始清晰定义的。函数最初的定义是莱布尼茨（Gottfried Wilhelm Leibniz,1646—1716）给出的,function 是莱布尼茨发明的。大家都知道,莱布尼茨和牛顿是同时代的人,莱布尼茨是数学家,但更重要的是哲学家。欧拉（L. Euler,1707—1783）后来给出了现在初中数学中使用的函数的"变量说",意思是,如果一个量随着另外一个量的变化而变化,我们就把前者称为后者的函数。"变量说"非常好,又具体,又有物理背景,但是凡是具体的,都能找到毛病,比如:

$f_1(x) = \sin^2 x + \cos^2 x$ 和 $f_2(x) = 1$ 是一个函数,还是两个函数?

用"变量说"来看,我们不知道。后来黎曼（G. F. B. Riemann,1826—1866）给出了现在高中数学中的"对应说"：有两个数集，对于一个集合中的每一个元素，都有另一个集合中的唯一元素与之对应，则称这种对应是函数。这个定义有个好处，有定义域和值域。如果定义域相同，对应的结果又相同，那么，这两个函数等价。因此，$f_1(x) = \sin^2 x + \cos^2 x$ 和 $f_2(x) = 1$ 两个函数等价。

但是，黎曼的定义太抽象了，没有物理背景。如果没有莱布尼茨和欧拉的定义，你几乎理解不了黎曼在说什么，而且麻烦的是，更加抽象的定义必然涉及更多的概念。为了说清函数的定义，必须先说清楚对应的概念；要说清对应的概念，就必须建立集合的概念。集合是个非常麻烦的概念，但是，现代数学都建立在集合之上。教科书中写到，集合是要研究问题的对象的全体。研究对象的全体到底是什么呢？可以提一大堆悖论，比如罗素提出的悖论。凡是具体的都可以提出悖论。怎么办呢？人们就开始高度抽象。

从柯西（A. L. Cauchy, 1789—1857）开始，就开始了现代数学的特征：研究对象的符号化，证明过程的形式化，推理逻辑的公理化。

这三个特点影响太大了。我们的一位同事，代数研究得很好。若问他，你研究什么呀？他居然说不出来，不通过那些符号，就不能说清楚在研究什么东西。再问，你是不是在研究方程组的解呢？他想了半天说："是的。"形式化让人忘记了事情的根本了。

我们再谈如何定义集合。

对于极限，n 趋于无穷时，$\dfrac{1}{n}$ 趋于 0，我们能理解；直接说 $\dfrac{1}{n}$ 趋于 0，我们不明白。$\dfrac{1}{n}$ 怎么能连续不断地趋于 0 呢，这件事情能办到吗？大家知道原子，原子里面是空的，里面有电子和原子核，物理学的"测不准原理"就是说，电子的轨迹是不可测的。既然电子的轨迹是不可测的，怎么能够连续不断呢？所以，连续不断是数学的想象，是数学的定义。数学家不这么研究问题，就进行不下去了。没有连续的条件，现在的数学几乎寸步难行。

什么叫连续？定义挺难懂。当所有数列 x_n 趋于 x_0 时，都有 $f(x_n)$ 趋于 $f(x_0)$，我们就说函数 $f(x)$ 在 x_0 点连续。事实上，连续这件事应该反过来说，在函数值附近无论多小的区域，在自变量附近都能找到对应邻域的话，那么这个函数连续,这个定义是用 $\varepsilon-\delta$ 表达的,完全是形式化的。事实上,这两个表达是等价的,用反证法可以证明,其中要用到选择性公理。

实数能够连续不断地变化,尽管不可思议,但是数学必须要它连续不断变化,怎么办呢? 就得好好定义实数,就得定义无理数;为了定义无理数,就好好定义有理数。结果是在极限这些理论都出现以后,人们才开始回过头来认真定义有理数,认真定义整数。这样,有理数就从分数形式过渡到小数形式,现在大中学教材中有理数都是这么定义的:有限小数和无限循环小数叫有理数。为了证明这个定义和分数形式等价,就必须用到极限。如此一来,无理数就是无限不循环小数,实数就是这两种数的集合。

无理数的无限不循环很难判断,这样的定义不利于建立计算法则。$\sqrt{3}$ 是无理数,$\sqrt{2}$ 也是无理数,它们的乘积等于 $\sqrt{6}$ 吗? 怎么证呢? 这就得重新定义实数了。

1872 年,康托尔(Cantor,1845—1918)给出基本序列,就是那些满足柯西收敛准则的有理数列。一个数列 $\{a_n\}$,如果对于任意的 m,$a_{n+m}-a_n$ 都随着 n 趋于 $+\infty$ 而趋于 0 的话,数列 $\{a_n\}$ 必然收敛,这就是柯西准则。用基本数列定义的实数,可以证明 $\sqrt{2} \cdot \sqrt{3} = \sqrt{6}$。

实数是连续的,也在 1872 年得到证明,这就是戴德金分割。什么叫实数的连续性呢? 就是把实数和数轴对应起来的话,任意砍一刀,砍出来的都是数,不会砍空,这就叫连续。

到了 1889 年,人们发现,必须重新定义什么叫自然数,定义什么叫加法,这就是皮亚诺公理。一共是九个公理,定义了自然数和加法。

总之,第一次抽象是有物理背景的,用自然语言表达的,这种抽象具体、直观,易创造,但也容易有反例;第二次抽象的特点是符号化,符号化的特点是挑不出毛病,严谨,但是抽象没有物理背景。我们学习的数学,虽然表现形式都是第二次抽象,但我们必须知道第一次抽象,教师在讲课时也必须讲第一次抽象,讲具体的背景,不要遨游于一大堆抽象的符号之间,要有感性认识,要建立起直观来。有了直观,才能判断。

4. 图形和图形关系的抽象

几何研究最基本的概念是点、线、面。欧几里得(Euclid,约前 330—前 275)在

《几何原本》写道,点是什么?点是没有部分的东西;线是什么?线是只有长度、没有宽度和厚度的东西。这个定义后来带来很多问题。

能够被称为证明的第一个证明是什么?就是《几何原本》中的第一个证明:任意给一条线段,能够作出一个以这个长度为基准的等边三角形。作图过程是这样的:先画一条线段,然后用圆规取定这个长度,分别以两个端点为圆心,以该长度为半径画弧,两弧交点就是三角形的第三个顶点,连接就得到等边三角形。证明的时候用到的"等量公理":等量的等量还是等量。

这个证明没有问题。不过可以挑点毛病:两条线相交为什么交于一点?点是没有部分的东西,怎么才能交到没有部分的东西上?这是有问题的。如果欧几里得当年把两条直线相交,一定交于一点作为公理的话,整个数学的发展很可能不是现在这个样子。

欧几里得几何平行公理说,过直线外一点能且只能作一条直线与原直线平行。过直线外一点能不能作无数条平行线?可以的话,就是罗巴切夫斯基几何。

【案例 3.4-1】   罗巴切夫斯基几何的现实背景。

罗巴切夫斯基几何有现实背景吗?我们先讲个故事:谁第一个知道地球是圆的,并且量出地球的周长来?这个人就是埃拉托色尼(Eratosthenes,前 276—前 194)[①],外号叫 β,为什么叫 β 呢?他说自己是世界第二,因此叫 β。

他是亚历山大图书馆[②]的第二任馆长。亚历山大城[③]在地中海边上,是埃及的第二大城市。他有一天看书,说 6 月 21 日(夏至)这一天白天时间最长,书上说,6

---

① 埃拉托色尼,生于希腊在非洲北部的殖民地苛勒尼(Cyrene,在今利比亚)。他在昔勒尼和雅典接受了良好的教育。成为一位博学的哲学家、诗人、天文学家和地理学家。他的兴趣是多方面的。不过他的成就则主要表现在地理学和天文学方面。

② 亚历山大图书馆最早建于公元前 3 世纪,它是世界上最大、最古老的图书馆之一。亚历山大图书馆曾经同亚历山大灯塔一样驰名于世,它曾存在了近 800 年,其藏书之多,对人类文明贡献之大,是古代其他图书馆无法比拟的。可惜的是,这座举世闻名的古代文化中心,却于 3 世纪末被战火全部吞没。哲学家埃奈西德穆,数学家、物理学家阿基米德等睿智圣贤也均在此或讲学或求学,使图书馆享有"世界上最好的学校"的美名。

③ 亚历山大城(AIexand ria)是埃及的最大海港和全国第二大城市,历史名城,地中海沿岸的避暑胜地。传说中亚历山大大帝占领了埃及,并建立了这座以自己的名字命名的城市。

月 21 日这一天在阿斯旺这个地方立个杆子,没
有影子,太阳可以直射到井里。β 就很好奇,6 月
21 日那天在亚历山大城也立了根杆子,有影子,
影子是 7.5°,如图 3.4.1 所示。据此 β 说,地球
是圆的。为什么呢? 他有个假设前提:太阳光线
照在地球上是平行的。如果地球是平的,如果没
影,就都得没影,所以地球只能是圆的,影子到地
心,内错角相等,所以,亚历山大到阿斯旺之间的

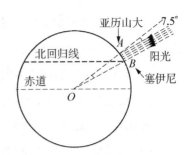

图 3.4.1　埃拉托色尼计算地球
周长的原理示意图

距离就是圆心角为 7.5°的地球圆弧距离。整个圆周是 360°,360 除以 7.5 大概是
50 倍,如果知道亚历山大到阿斯旺之间的距离,乘以 50 就是地球的圆周长:800
公里×50＝40 000 公里。

　　这个故事告诉我们:太阳在宇宙中只是一个点,但是因为离地球太远,到地球
上太阳光是平行的。也就是说,过一点有无数条平行线,这就是罗巴切夫斯基
几何。

【案例 3. 4‑2】　黎曼几何的现实背景。

　　还有一种几何叫黎曼几何。也先讲个故事:

　　北京在北纬多少度? 北纬 40°和 41°之间。纽约也在北纬 40°和 41°之间,北京
到纽约的最短距离应该怎么量呢? 顺着纬度量是 1 万 4 千多公里,这不是最近。
飞机怎么走? 飞机从阿拉斯加飞过。看起来从阿拉斯加走绕远,实际上近,距离
是 1 万 1 千多公里,差 3 千公里。怎么会这样呢? 两点间不是直线最短么? 你们
可以想象一下,在球面上直线应当是什么样的? 你们想象一个西瓜,在西瓜上任
意点出两个点,那么这两点间距离最短的那条线在哪儿呢? 就是在大圆上。大圆
就是过那两个点,同时还过圆心的那个圆。

　　如果我们定义两点间距离最短的线叫直线,就出现问题了,任何直线都是首
尾相交的,交在南极和北极,任何两条线都有两个交点,所以没有平行线。这就是
黎曼几何。爱因斯坦想把时间和空间放在一起,在四维空间里研究,但找不到几
何解释,他的老师也是好朋友闵可夫斯基(H. Minkovski, 1864—1909)告诉他黎

曼几何。后来爱因斯坦认真学习了黎曼几何,创造了爱因斯坦的广义相对论。根据广义相对论,光线通过强引力场时,要出现弯曲。他在1916年提出这个理论,正好1919年有个很强的日食,英国派了两个观察组观察,发现光线经过太阳时确实发生了弯曲,在1.7弧秒左右,和爱因斯坦算的结果几乎相同,于是英国皇家学会宣布,爱因斯坦的理论是正确的,爱因斯坦从此名声大噪。

所以,最起码有三种几何:欧式几何、罗巴切夫斯基几何和黎曼几何。在欧式几何中,三角形内角和是180°,更一般的结果是高斯(Gauss, 1777—1855)给的:

高斯曲率在三角形上的积分＝三角形内角和一π。

高斯曲率就是弯曲法向量的变化。罗巴切夫斯基几何又叫双曲几何,它的曲率小于零,所以对双曲几何来说,三角形内角和小于180°;黎曼几何又叫椭圆几何,它的三角形内角和大于180°。

但是,关于点、线、面的问题始终没有得到解决。后来,希尔伯特(D. Hilbert, 1862—1943)是这么定义的:用大写字母 A 表示点,小写字母 a 表示直线,用希腊字母 α 表示平面。这就是亚里士多德的本意:研究对象本身是不重要的,重要的是他们之间的关系。然后,希尔伯特给出了一系列公理:两点决定一条直线;直线上如有三个点,那么,其中必然有一个点在其他两个点之间;等等。这样,刚才说两条直线交于一点也有了公理保障。

5. 教学形态的数学抽象①

（1）教学形态的数学抽象的本质

在数学教学中,数学抽象的本质在于,让学生亲身经历数学抽象的具体过程,接受数学抽象的思维训练,进而提升数学抽象思维的水平。"与其说学数学,倒不如说学习数学化",这是20世纪后半叶的五十年期间,深刻影响世界数学界、数学教育界的荷兰数学家弗赖登塔尔的名言,也道出了数学学习的本质。

（2）在数学教学中运用数学抽象应注意的若干问题

① 应有效发挥数学抽象的特殊作用

在数学教学中,数学抽象的层次性为数学分层教学的实施提供了学科前提和

---

① 张胜利,孔凡哲. 数学抽象在数学教学中的应用[J]. 教育探索,2012(1):68-69.

思维训练的教育基础。

② 关注学生的个性化发展

一方面,对每一位学生而言,要经历不同阶段的抽象,一般不可越级进行。化解"后进生"的一个重要策略就是,立足其现实水平、借助经验和直观,帮助他掌握基础,跟上队伍,逐步提高其抽象思维水平。这是因为其抽象水平正处在实物抽象阶段,如果按照一般同学的水平(即符号抽象阶段)进行教学,其理解力达不到相关的要求,掉队在所难免。

因而,中小学数学的抽象,必须立足学生现实的抽象水平,从最基础的抽象开始逐级抽象,不宜直接开始较难层次的抽象。这是确保义务教育基础性的关键点之一。

另一方面,对于群体学生而言,课程教学形态的数学抽象允许在同一教学环境下不同学生可以达到不同的抽象程度,实现个性化发展,即在达到基本要求的前提下,每位学生都可以获得适合自己的发展水平。

③ 数学抽象过程要特别关注归纳思维和演绎思维的培养

在数学教学中,展示数学对象逐级抽象的同时,也要充分展示数学真知发生发展的鲜活过程,即人们通过直觉、借助归纳类比,预测结论,通过演绎推理验证结论,即,既要教抽象,也教归纳思维和演绎思维。

【案例 3.4-3】 初中生初次学习平方差公式 $a^2-b^2=(a+b)\cdot(a+b)$ 时,他们的抽象思维水平尚未达到完全符号化的程度,因而,直接采取传统的做法,即由多项式相乘的运算法则 $(a+b)(m+n)=am+an+bm+bn$,直接导出 $a^2-b^2=(a-b)\cdot(a+b)$,的确节省时间,但是此时,多数学生并没有真正理解平方差公式的内在含义,或者说,学生并不真正认同这个公式;不仅如此,这种学习也使学生丧失了一次思维训练的良机!

如果将其改为如下的形式,其效果可能会有质的差异。

教学伊始提出问题:

能否将代数式 a^2-b^2 分解为两个代数式的乘积的形式呢?我们该如何思考这个问题呢?

引导学生不妨从最简单的情况入手：

令 $b=1$，先讨论 a^2-1 的情形。a^2-1 能否分解为两个代数式乘积的形式呢？

鼓励学生尝试着借助自然数的分解来思考：

如果 $a=1$，那么 $a^2-1=1-1=0$。虽然 $0=0\times0$，但是结论并不明朗！

如果 $a=2$，结论仍不明朗！

继续试验，如果 $a=3$，那么 $a^2-1=9-1=8$，而 8 除了 1 和自身外，另有两个因数 2、4，而 $2=3-1$，$4=3+1$，即 $8=(3-1)\cdot(3+1)$。结论开始逐渐明朗！……

继续试验，如果 $a=6$，那么 $a^2-1=36-1=35$，而 35 可以拆成 5×7，而且是唯一的，同时 $5=6-1$，$7=6+1$，即 $35=(6-1)\cdot(6+1)$。

至此，我们可以猜测：$a^2-1^2=(a-1)\cdot(a+1)$，并进一步猜测：$a^2-b^2=(a-b)\cdot(a+b)$。

那么，$b=2$、3、4、5、6 时，$a^2-b^2=(a-b)\cdot(a+b)$ 是否成立呢？

学生可以分组研究 $b=2$，$b=3$，$b=4$，$b=5$，$b=6$ 的情况，而后进行全班汇报，最终综合各种情况，得出 $a^2-b^2=(a-b)\cdot(a+b)$。至此，我们发现了一个新公式，这个公式恰恰是 $(a-b)\cdot(a+b)=a^2-b^2$ 的逆用。

让学生经历这样的过程并非多余！借助自然数的因数分解实现多项式的因式分解，让学生获得归纳的经验，在直观的基础上逐步抽象，进而实现理解性掌握。学生在获得新知的同时，经历了一次思维的训练，实现了思维水平的提升。

精心设计公式法则的抽象过程，在公式法则抽象过程、基本技能形成过程中，发展推理能力，特别是，归纳思维能力、演绎思维能力。[①]

【案例3.4-4】　一个两位数自乘规律的发现。[②]

个位为 5 的两位数，自相乘得到的数，一定是个位为 5、十位为 2，而百位（或百位与千位）是这个两位数的十位数字与其大 1 的数字的乘积。比如，75×75，7 与

---

① 孔凡哲.学会数学化切实提升数学学科素养[J].小学数学教师，2015(6)：19-24.
② 同①.

比其大 1 的数字 8 之积是 56，于是，自乘的结果一定是 5 625。

其课堂教学设计如下：

在小学阶段学习的两位数乘法中，曾出现 15×15、25×25 等，教学时可以设置以下问题：

(1) 计算 15×15、25×25，你能发现什么规律？

(2) 你发现的规律对其他类似问题成立吗？比如，用 45×45 验证你的猜想。

(3) 你发现的规律对更一般的形式，比如 $\blacklozenge 5 \times \blacklozenge 5$ 成立吗？这里的 $\blacklozenge$ 是 1，2，3，…，9 中的某个数字。

(4) 对于任意一个两位数 $\blacklozenge 5$，如何验证你的发现总是成立的呢？

此时，如果继续采用数字或者自己选定的符号 $\blacklozenge$，就无法与更多的人交流，如果采用字母，比如，用 a 表示十位上的数字，那么这个两位数可表示为代数式 $10a + 5$，于是，$\blacklozenge 5 \times \blacklozenge 5$ 就可表示为 $(10a + 5) \cdot (10a + 5)$。能由此验证你的发现了吗？

小学课堂教学实践表明，五、六年级的学生凭借上述提示，大多可以完成如下过程：

$$
\begin{aligned}
&(10a + 5) \cdot (10a + 5) \\
={}&10a \times (10a + 5) + 5 \times (10a + 5) \\
={}&10a \times 10a + 10a \times 5 + 5 \times 10a + 5 \times 5 \\
={}&100a \cdot a + 50a + 50a + 25 \\
={}&100a \cdot a + 100a + 25 \\
={}&100a \cdot (a + 1) + 25.
\end{aligned}
$$

上述案例设计的真正意图在于，在巩固"两位数乘两位数"基本技能的过程中，让学生再次经历归纳、猜想、推理的思维过程，获得"个案 1，个案 2，…，个案 n—归纳出一个共性规律，猜测其普适性—验证自己的猜测—得出一般结论"的直接经验和体验，经历一次"数学家式"的思考过程，感受智慧产生的过程，体验创新的快乐，进而真正体会从归纳猜想到演绎论证的过程，感受字母表示数的魅力，发展符号意识和归纳推理能力、演绎推理能力。上述过程恰恰是一种典型的数学化——表现在"数与代数"领域中的数学化。

（二）数感及其培养

1. 如何理解数感

（1）对数感的认识

人在学习、生活和实践中,经常要与各种各样的数打交道。人们常常会有意识地将一些现象与数量建立起联系,如,走进一个会场,在我们面前的是两个集合,一个是会场的座位,一个是出席的人。有人会自然地将这两个集合放在一起估计,不用计数就可知道这两个集合的元素个数是否相等,哪个集合的元素个数多一些[①],这就是一种数感。

数感是人对数与运算的一般理解,这种理解可以帮助人们用灵活的方法作出数学的判断,为解决复杂问题提出有用策略。

数感比较强的人,常常将问题与数联系起来,用数学的方式思考问题。如:

◇ 学校举行乒乓球赛,有 42 个男生,32 个女生参加。我们会想到,若用单循环的方式组织比赛,需要比多少场? 若用淘汰的方式组织比赛,需要比多少场?

◇ 在电视中看到一条新闻,世界乒乓球巡回赛有 8 名选手进入决赛,其中有两名中国选手。在分组抽签时,恰好两名中国选手分在一起。我们会想到,出现这种结果的可能性是多少?

◇ 当我们到朋友家做客时,可能会估计客厅面积有多少平方米?

把这些问题与数联系起来,就是一种数感。

数感强的人,眼中看到的世界可能与数更密切相关。如,有的超市的付款台中常有一个标有"快速付款通道"的柜台,上面写着:

您购买的商品在 x 件以下,请在此付款。

这个 x 在不同的超市可能不同。有的店是 6,有的店是 8,有的店是 10。

我们会发现,在不同的超市中,这个数字一般总是在 5～15 之间。

数感强的人遇到可能与数学有关的具体问题时,能自然地、有意识地与数学

---

① 丹齐克. 数:科学的语言[M]. 苏仲湘,译. 上海:上海教育出版社,2000.

联系起来，或者试图进一步用数学的观点、方法来处理和解释。

可见，数感是一种主动地、自觉地或自动化地理解数和运用数的态度与意识。数感是人的一种基本数学素养，它是建立明确的数概念和有效地进行计算等数学活动的基础，是将数学与现实问题建立联系的桥梁。

（2）数感的内涵

在义务教育阶段，数感具体表现为：

理解数的意义；能用多种方法来表示数；能在具体的情境中把握数的相对大小关系；能用数来表达和交流信息；能为解决问题选择适当的算法；能估计运算的结果，并对结果的合理性作出解释。

这是义务教育阶段对数感的具体描述，是数感的主要内容。

理解数的意义是数学教育的重要任务。在义务教育阶段，学生要学习整数、小数、分数、有理数等数概念。这些概念本身是抽象的，需要为学生提供充分的可感知的现实背景，才能使学生真正理解。学生能将这些数概念与它们所表示的实际含义建立起联系，了解数概念的实际含义，是理解数的标志，也是建立数感的表现。例如，估计 1 000 页的书大约有多厚？每天徒步 10 000 步大约能走多长距离？1 把黄豆大约有多少粒？一万粒大米大约重多少？班级人数的四分之一是多少？从一个银行存款信息中可以看到哪些数，它们都表示什么含义？等等。

用多种方法表达数既是理解数概念的需要，也使学生了解数的发展过程。人们可以用不同的方式表示数，抽象的数字符号不是表示数的唯一方式。人类早期对数的认识是从实物、代替物、图像，逐渐发展为数字符号的，学生认识数也有一个由具体到抽象的过程。引导学生用不同的方式表示数，会使学生切实了解数的发展过程，增强学生的数感。如通过数学故事向学生介绍古代人们用"结绳记数"等方式表示数，用算筹进行计算等。

在具体的情境中把握数的相对大小关系，不仅是理解数概念的需要，同时也会加深学生对数的实际意义的理解。如：对于 40、87、36、11、53 这些数，能用大一些、小一些、大得多、小得多等语言描述它们之间的大小关系，并用">"或"<"表示它们之间的大小关系。分数和有理数的大小更是具有相对性，在具体的情境

中,学生才会深入地理解它们,如 $\frac{1}{3}$ 这个数,对于不同的整体所代表的实际大小是不同的,一个苹果的 $\frac{1}{3}$ 是 $\frac{1}{3}$ 个苹果,一筐苹果的 $\frac{1}{3}$ 可能是 10 个苹果。

学会用数来表达和交流信息,体会学习数学的价值,也是数感的具体表现。观察身边的事物,有哪些是用数字描述的,有哪些可以用数或数码来描述。如,说出你所在地区的邮政编码,为班级同学每人编一个号码,用数字描述一件身边的事。学会倾听,从别人对某些数量的描述中发现问题,思考问题也是一种数的交流。

一位教师在教学"大数目的认识"一课时,让学生回家数一万粒大米,并估计其重是多少,学生用不同的方式"数"出一万粒大米。在课堂上交流时,有的学生说自己是一粒一粒数的,有的学生说自己是先数出 100 粒,再把 100 粒放在一个小盒子里,10 个小盒就是 1 000 粒,10 个 1 000 粒就是一万粒。学生在交流过程中具体地体会大数目,将自己的想法与别人进行交流,并分享别人是怎样想的,怎样做的,还讨论哪一种方法更好一些。

在解决问题的过程中,选择适当的算法、对运算结果的合理性作出解释,也是形成数感的具体表现。学习数学的目的在于解决问题,运算是解决问题的工具,学生遇到具体问题时首先要想到用什么方法解决这个问题,选择什么算法解决,然后再算出具体的结果。同样一个问题可以用不同的方法解决。同样一个算式,也可以有不同的计算方法。有些问题的解法是唯一的,有些问题可能会有多种不同的解法。为学生适当提供一些开放式的问题,有助于这种意识和能力的培养。如,某奖学金的奖金发放有两种选择:一种是一次性发放 5 000 元钱,另一种是,第一天发一分钱,以后每天都翻一番(即第 2 天给的数量是第一天的 2 倍,亦即,第一天发 1 分,第二天发 2 分,第三天发 4 分,第四天发 8 分,……),一共持续 20 天。你会选择哪一种,为什么?

2. 注重培养学生的数感

（1）认识数感在数学教育中的作用

培养学生数感作为一个重要的目标,在不同学段中都有明确要求,这符合义务教育阶段的培养目标。义务教育阶段的数学教育要面向全体学生,数学教育的目的在于提高学生的数学素养。大多数学生将来未必成为数学家或数学工作者,但每一位学生都应建立一定的数感,这对他们将来的生活和工作都是有价值的。数感的培养在数学教育中起着重要作用。

数感的建立是提高学生数学素养的重要标志之一。作为公民素养之一的数学素养,不只是用计算能力的高低和解决书本问题能力的大小来衡量。学生学会数学地思考问题,用数学的方法理解和解释实际问题,能从现实的情境中看出数学问题,是数学素养的重要标志。一个小学或初中毕业生,学习了那么多的数学知识,但不会估计一个学校操场大约有多大,不知道如何用最恰当的方式向别人说明自己所在的位置,不能在需要的时候用数学的方式解释某些现象,这能说学生的数学素养高吗? 这样的数学教育能说是成功的数学教育吗? 注重培养学生的数感,正是针对以往的数学教育过分强调单一的知识、技能训练,忽视数学与现实的联系,忽视数学的实际运用这种倾向而提出来的。

数感的培养有助于学生数学地理解和解释现实问题。数学是人们认识社会认识自然和日常生活的工具。学生学习数学,一方面是为进一步学习打下基础,另一方面是要学会用数学的方法和数学的观点认识周围事物和客观世界的规律,学会用数学的方法自觉地、有意识地观察、认识和理解周围的事物,处理有关问题。培养学生的数感,就是让学生更多地接触和理解现实问题,有意识地将现实问题与数量关系建立起联系。如:

一个学校有500人,如果所有的学生都在学校吃午饭,每次都用一次性筷子,估计一下一年要用多少双这样的筷子? 大约需要多少棵普通的树?

对这个问题的理解也是一个"数学化"的过程,在这个过程中,学生逐步学会数学地理解和认识事物。

数感的培养有利于学生提出问题和解决问题能力的提高。解决问题能力的培养旨在在具体问题情境中让学生去探索、去发现,解决一个问题可能需要一种以上策略,而不只是简单地套用公式解固定的、模式化的问题。要使学生学会从现实情境中提出代数问题,从一个复杂的情境中提出代数问题,找出代数模型,就需要具备一定的数感。学会将一个生活中的问题转化成一个代数问题,这种思维方式与一般的解决书本现成问题的思维方式有着明显差异。在遇到具体问题时，学生需要自觉主动地与一定的代数知识和技能建立起联系，这样才有可能建构与具体事物相联系的代数模型。具备一定的数感，是完成这类任务的重要条件。如，怎样为参加学校运动会的全体运动员编号？这是一个实际问题，没有固定解法，你可以用不同方式编，而不同的编排方案可能在实用性和便捷性上是不同的。如何从号码上就可以分辨出年级和班级、区分出男生和女生，或很快地知道这名运动员是参加哪类项目等，是问题解决的关键。

（2）在教学中加强数感的培养

学生数感的建立不是一蹴而就的，而是在学习过程中逐步体验和建立起来的。在教学过程中，应当结合有关内容，加强对学生数感的培养，把数感的培养体现在数学教学过程之中。

在数概念的教学中，重视数感的培养。数概念的切实体验和理解与数感密切相关，数概念本身是抽象的，数概念的建立不是一次完成的，学生理解和掌握数概念需要经历一个过程。让学生在认识数的过程中更多地接触和经历有关的情境和实例，在现实背景下感受和体验，会使学生更具体、更深刻地把握数概念，建立数感。从而，不同学段对数感培养的要求有所侧重：

◇ 第一学段，要引导学生联系自己身边具体、有趣的事物，通过观察、操作、解决问题等丰富的活动，感受数的意义，体会数用来表示和交流的作用，初步建立数感。

◇ 第二学段，结合现实素材感受大数的意义，并能进行估计；在熟悉的生活情境中，了解负数的意义，会用负数表示一些日常生活中的问题；理解有理数的意义和运算。

◇ 第三学段，能对含有较大数字的信息作出合理的解释和推断；随着学生年龄的增长，数的认识领域的扩大，可以逐步呈现较复杂的情境，让学生做解释和判断。如对存款利率，国民生产总值，生产成本与价格等问题的探索和研究。

有效组织这些内容的教学，是学生建立数感的基础。其中，在认识数的过程中，让学生说一说自己身边的数，生活中用到的数，如何用数表示周围的事物等，会使学生感到数学就在自己身边,运用数可以简单明了地表示许多现象。说一说自己的学号,自己家所在的街道号码,住宅的门牌(或单元)号码,汽车和自行车牌的号码;估计一页书有多少字,一本故事书有多少字,一把黄豆有多少粒等。对这些具体数量的感知与体验,是学生建立数感的基础,这对学生理解数的意义会有很大的帮助。

认识大数目时,引导学生观察、体会大数的情境,了解大数在现实生活中的应用,有助于学生体会数的意义,建立数感。国庆 70 年游行时的一个方队的人数,体育场一面的看台上能坐多少人? 学校操场能容纳多少人? 一万粒大米大约有多少? 通过这样一些具体的情境,会使学生切实感受到大数。在学生头脑中一旦形成对大数的理解,就会有意识地运用它们理解和认识有关的问题,逐步强化了数感。

在数的运算中,加强数感的培养。对运算方法的判断,运算结果的估计,都与学生的数感有密切联系:

◇ 应重视口算,加强估算,提倡算法多样化;应减少单纯的技能性训练,避免繁杂计算和程式化地叙述算理(第一、二学段)。

◇ 避免将运算与应用割裂开来(第一、二学段)。

◇ 使学生经历从实际问题中建立数学模型、估计、求解、验证解的正确性与合理性的过程(第三学段)。

◇ 能用有理数估计一个无理数的大致范围,了解近似数与有效数字的概念(第三学段)。

这些目标和要求都是培养学生数感的需要。结合具体问题,选择恰当算法,会增强对运算实际意义的理解,培养学生的数感。学习运算是为了解决问题,不是单纯地为了计算而计算,为了解题而解题。以往的数学教学过多地强调学生运算技能的训练,简单地重复练习没有意义的题目,学生不仅感到枯燥无味,而且不了解为什么要计算,为什么一定要用固定的方法计算。一个问题可以通过不同的方法找到答案,一个算式也可以用不同方式确定结果。用什么方式更合适,得到的结果是否合理,与问题的实际背景有直接关系。例如:

21 个人要过河,每条船最多可乘 5 人,至少需要几条船? 怎样乘船合理?

这个问题就不是简单地计算 $21 \div 5$ 可以解决的。在没有实际背景的情况下，学生只是简单计算得 $21 \div 5 = 4 \cdots 1$；而在这个实际问题中，学生就会体会得到的"商4"和"余下的1"是什么意思，4表示4条船，1表示如果4条船上都坐满5个人，还剩下1个人也需要一条船，因此，必须用5条船才可以。而对这个实际问题来讲，这只是一种解决的方法。还可以3条船上各乘5个人，另外两条船上各乘3个人；一条船上乘5个人，4条船上各乘4个人等。

通过计算可以解决这个问题，但并不是只有一种方法找到答案，也不是只有一个唯一的答案。学生在探索实际问题的过程中，会切实了解计算的意义和如何运用计算的结果。

随着学生的学龄提高和知识经验的丰富，引导学生探索数、形及实际问题中蕴涵的关系和规律，初步掌握一些有效表示、处理和交流数量关系以及变化规律的工具，会进一步增强学生的数感。把数感的建立与数量关系的理解与运用结合进来，与符号意识的建立和初步的数学模型的建立结合起来，有助于学生的整体数学素养的提升。

培养学生数感是中小学数学教育的重要目标之一，在实际教学中需要结合具体的教学内容有意识地设计具体目标，提供有助于培养学生数感的情境、有利于发展学生数感的评价方式，以促进学生数感的建立，进而提升学生的数学素养。

（三）符号意识及其培养

1. 如何理解符号意识

符号是数学的语言，是人们进行表示、计算、推理、交流和解决问题的工具。数学教学的重要目的之一是要使学生懂得数学符号的意义、会运用数学符号解决实际问题和数学本身的问题，发展学生的符号意识。

符号意识主要表现为：能从具体情境中抽象出数量关系和变化规律，并用符号来表示；理解符号所代表的数量关系和变化规律；会进行符号间的转换；能选择适当的程序和方法解决用符号所表示的问题。

（1）能从具体情境中抽象出数量关系和变化规律，并用符号来表示

引进字母表示，是用符号表示数量关系和变化规律的基础。荷兰著名数学家、数学教育家弗赖登塔尔指出，"代数开始的典型特征是文字演算"。"字母作为

数学符号有两种作用。首先,字母可作为专用名词,如 π 是个完全确定的数,或用 A 表示两直线交点。显然特定集合需要使用标准的专用名词,如 Z,N。其次,字母可作为不确定的名词,就像日常生活中的'人',可以表示所有的人"。

用符号来表示具体情境中的数量关系,也像普通的语言一样,首先需要引进基本的字母,在数学语言中,数字以及表示数的字母,点的字母,$+$、$-$、$\times$、$\div$、$\sqrt{}$ 等表示运算的符号,$=$、$<$、$>$、$\approx$、$\neq$ 等表示关系的符号等等,都是用数学语言刻画各种现实问题的基础。

从第二学段开始接触用字母表示数,是学习数学符号的重要一步。

从研究一个个特定的数到用字母表示一般的数,是学生认识上的一个飞跃,初学时学生往往会感到困难,或者是形式主义地死记硬背,而不理解其意义。要尽可能从实际问题中引入,使学生感受到字母表示数的意义。

① 用字母表示运算法则、运算律以及计算公式

这种一般化是基于算法的、常常开始于小学算术中对数的运算。算法的一般化深化和发展了对数的知识。如,加法交换律 $a+b=b+a$;乘法结合律 $(ab)c=a(bc)$;两数和的平方公式 $(a+b)^2=a^2+2ab+b^2$ 等。在这里,字母 a,b,c 表示任意实数。

代数中用字母表示数,把人们关于数的知识上升到更一般化的水平,使得算术中关于数的理论有了一般化、普遍化的意义,是从算术的实际向代数的抽象的一个飞跃。用符号表示数也是学生学习一般化、形式化地认识和表示研究对象的开始。

② 用字母可以表示现实世界和各门学科中的各种数量关系

例如,每千克 a 元的白糖,b 千克的价格是 ab 元;匀速运动中的速度 v、时间 t 和路程 s 的关系:$s=vt$;三角形的面积公式 $S=\frac{1}{2}ah$ 等等。

③ 用字母表示数,便于从具体情境中抽象出数量关系和变化规律,并确切地表示出来,从而进一步用数学知识去解决问题

例如,我们用字母表示实际问题中的未知量,利用问题中的数量相等关系列出方程;我们用字母(例如 x,y)表示某一变化过程中相关的两个变量,利用问题

条件给出的变量间的相互关系,列出函数表达式等等。

首先,"能从具体情境中抽象出数量关系和变化规律,并用符号来表示"这种表示常常开始于探索和发现规律和进行归纳推理,然后用代数式一般化地将它们表示出来。

【案例 3.4－5】　搭一个正方形需要 4 根火柴棒。

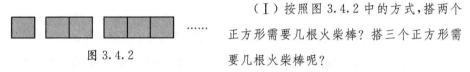

图 3.4.2

（Ⅰ）按照图 3.4.2 中的方式,搭两个正方形需要几根火柴棒? 搭三个正方形需要几根火柴棒呢?

（Ⅱ）搭 10 个这样的正方形需要多少根火柴棒?

（Ⅲ）搭 100 个这样的正方形需要多少根火柴棒? 你是怎样得到的?

（Ⅳ）如果用 x 表示所搭正方形的个数,那么,搭 x 个这样的正方形需要多少根火柴棒? 请与同伴进行交流探讨。

在搭 2 个、3 个、甚至 10 个正方形时,学生们可能会具体数一数火柴棒的根数,但当搭 100 个时,学生们就需要探索正方形的个数与火柴棒的根数之间的关系,发现火柴棒的根数的变化规律。规律是一般性的,需要用字母进行表示。

根据不同的算法,学生可能得到下列四种形式不同的表达式:

$$4+3(x-1),\ x+x+(x+1),\ 1+3x,\ 4x-(x-1)。$$

其次,用字母表示的关系或规律通常被用于计算(或预测)某一未在数据中给出的、或不易直观得到的值,如上述问题中,当 $x=100$ 时,$1+3x=1+3\times100=301$。

最后,用字母表示的关系或规律通常也可用于判断或证明某一个结论。

【案例 3.4－6】　在表 3.4.1 所示的 2019 年 10 月月历中,任意圈三行三列(如图中的阴影部分)包含 9 个数,它们的和是多少? 你能推断出计算任意一个这样的方框中 9 个数的和的一般方法吗?

表 3.4.1

		1	2	3	4	5
6	7	8	9	10	11	12
13	14	15	16	17	18	19
20	21	22	23	24	25	26
27	28	29	30	31		

阴影部分中 9 个数的和是 135,若用 a 表示方框正中间的数,则方框中的数的表示见表 3.4.2。

表 3.4.2

$a-8$	$a-7$	$a-6$
$a-1$	a	$a+1$
$a+6$	$a+7$	$a+8$

很显然,这 9 个数的和等于 $9a$。因此,我们判断任意一个这样的方框中 9 个数的和都是中间数的 9 倍。

用代数式表示是由特殊到一般的过程,而由代数式求值和利用数学公式求值是从一般到特殊的过程,可以进一步帮助学生体会字母表示的意义。

在用字母表示的过程中,学生往往会感到一些困惑,正如弗赖登塔尔指出的,"如果字母作为一个数的不确定名词,那又为什么要用这么多 a, b, c, …。其实,这就像我们讲到这个人和那个人一样,学生不理解 a 怎么能等于 b,你可以告诉他'实际上,a 与 b 不一定相等,但也可能偶然相等,就像我想象中的人恰好与你想象中的人相同'。最本质的一点是要使学生知道字母表示某些东西,不同的字母或表达式可表示相同的东西"[1]。

字母和表达式在不同的场合有不同的意义,如下面的案例。

---

[1] 弗赖登塔尔. 作为教育任务的数学[M]. 陈昌平,唐瑞芬,等编译. 上海:上海教育出版社,1995:230.

【案例 3. 4 - 7】

（Ⅰ）$5 = 2x + 1$ 表示 x 满足一个条件。事实上，x 在这里只是占据一个特殊数的位置，可以利用解方程找到它的值；

（Ⅱ）$y = 2x$ 表示变量之间的关系，x 是自变量，可以取定义域内的任何数，y 是因变量，y 随 x 的变化而变化；

（Ⅲ）$(a + b)(a - b) = a^2 - b^2$ 表示一个一般化的算法，是一个恒等式；

（Ⅳ）$s = ab$ 表示计算矩形面积的公式，其中 a 和 b 分别表示矩形的长和宽，s 表示矩形的面积，同时，也表示矩形面积随长和宽的变化而变化的关系。

能从具体情境中抽象出数量关系和变化规律，并用符号来表示，是将问题进行一般化的过程，一般化超越了具体实际问题的情境，深刻揭示和指明存在于一类问题中的共性和普遍性，把认识和推理提到一个更高水平。一般化和符号化对数学活动和数学思考是本质的，一般化是每个人都要经历的过程。

（2）理解符号所代表的数量关系和变化规律

① 使学生能在现实情境中理解符号表示的意义和解释代数式的意义。

如，代数式 $6p$ 可以表示什么？学生可以解释为：如果 p 表示正六边形的边长，$6p$ 可以表示正六边形的周长；如果 p 表示一本书的价格，$6p$ 可以表示 6 本书的价格；$6p$ 也可以表示一张光盘的价格是一本书的价格的 6 倍；如果 1 个长凳可以坐 6 个小朋友，$6p$ 表示 p 个长凳可以坐 $6p$ 个小朋友等。

② 用关系式、表格、图象表示变量之间的关系。

【案例 3. 4 - 8】 制作一个尽可能大的无盖长方体的问题。

用一张正方形的纸，在它的四个角上分别剪去一个小正方形，制成一个无盖长方体，怎样才能使制成的无盖长方体的容积尽可能大？

假设用边长为 20 cm 的正方形纸，剪去的小正方形的边长依次为 1，2，3，4，5，6，7，8，9，10 时，折成的无盖长方体的容积将如何变化？

（Ⅰ）用表格表示。

表 3.4.3

小正方形的边长	1	2	3	4	5	6	7	8	9	10
无盖长方体的容积	324	512	588	576	500	384	252	128	36	0

通过表 3.4.3,我们看到当小正方形的边长为 3 时,无盖长方体的容积最大。

我们把小正方形的边长取 2.5 到 3.5 之间进行细化:

表 3.4.4

小正方形的边长	2.5	3	3.5
无盖长方体的容积	562.5	588	591.5

这时得到当小正方形的边长为 3.5 时,无盖长方体的容积最大。

我们还可以把小正方形的边长取 3 到 3.5 之间进行细化,总之我们可以根据所要得到的精确度继续上述过程,直到满意为止。

(Ⅱ)根据表格中的数据画图,把表格中的关系用图象进行表示。

见图 3.4.3。

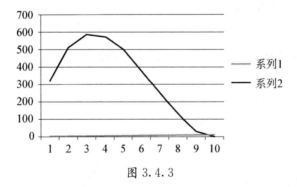

图 3.4.3

(Ⅲ)用代数式表示。

仍设这张正方形纸的边长为 a,所折无盖长方体的高为 h,则无盖长方体的容积 v 与 h 的关系是 $v = h(a-2h)^2$。

用符号进行表示,也就是,把实际问题中的数量关系用符号表示出来,这个过程叫做符号化。符号化的问题已经转化为数学问题,随后就是进行符号运算和推理,最后得到结果。这就是数学建模的思想。事实上,我们所熟悉的方程和函数都是某种问题的数学模型。

③ 能从关系式、表格、图象所表示的变量之间的关系中,获取所需信息。

如,从表格获取信息。

【案例 3.4 - 9】 表 3.4.5 是从 1949 年到 2019 年我国人口统计数据(精确到 0.01 亿):

表 3.4.5

时间/年	1949	1959	1969	1979	1989	1999	2019
人口/亿	5.42	6.72	8.07	9.75	11.07	12.59	13.95

(Ⅰ) 表格中的数据表示了哪两个量之间的关系? 这个变化有什么规律?

(Ⅱ) 根据表中的数据,预测我国 2029 年人口的总数,并说明其中的缘由。

学生不仅要能获得 1949 年到 2019 年的人口统计数据,而且要能分析每隔 10 年人口变化的趋势,从而初步地做出一些预测。

又如,从图象获取信息。

【案例 3.4 - 10】 图 3.4.4 是汽车运动的速度和时间的关系图:

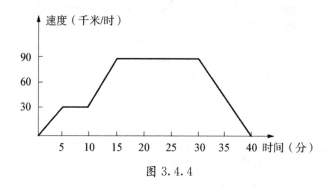

图 3.4.4

（Ⅰ）汽车运动的时间范围和速度范围是什么？

（Ⅱ）在最初的 15 分钟里，汽车速度的变化有什么特点？在开出后的第 15 分钟，汽车的速度是多少？

（Ⅲ）在之后的 15 分钟里，汽车速度的变化可以怎样描述？在第 30 分钟时，汽车的速度是多少？

（Ⅳ）在最后的 10 分钟里，汽车速度的变化有什么特点？在第 40 分钟时，汽车的速度是多少？

学生应该能够用语言正确地描述图象所表示的关系，从图中获得以上问题的答案。

④ 会进行符号间的转换

这里所说的符号间的转换，主要指表示变量之间关系的表格法、解析式法、图象法和语言表示之间的转换。

用多种形式描述和呈现数学对象是一种有效的获得对概念本身或问题背景深入理解的方法。因此，多种表示的方法不仅可以加强概念的理解，也是解决问题的重要策略。能把变量之间关系表示的一种形式转换为另一种方式，也就是能在四种表示形式之间进行转换，构成数学学习过程中的重要方面。

【案例 3.4-11】 某烤鸭店在确定烤鸭的烤制时间时主要依据的是表 3.4.6 中的参考数据。

表 3.4.6

鸭的重量/千克	0.5	1	1.5	2	2.5	3	3.5	4
烤制时间/分	40	60	80	100	120	140	160	180

利用表格我们可以直接看到鸭的重量和需要的烤制时间，但是如果我们恰好需要烤制 3.2 千克的鸭，我们就需要把表格表示的关系转化为代数式表示。

设鸭的重量为 w，烤制时间为 t；根据 w 每增加 0.5，t 增加 20，可知道 t 和 w 之间的关系是线性关系，斜率是 $\dfrac{20}{0.5}=40$。

假设关系式是 $t=40w$，则 $w=0.5$ 时，$t=20$，与实际情况 $t=40$ 不符；

假设关系式是 $t=40w+20$，检验后符合问题情况，因此，鸭的重量 w 与烤制时间 t 的关系式为：$t=40w+20$。

利用关系式我们可以方便地求出表格中没有给出的数值，如当 $w=3.2$ 时，所需时间为 $t=40\times3.2+20=148$（分）。

不论是从表格还是关系式，我们都可以顺利地转化为图象表示，如图 3.4.5 所示。

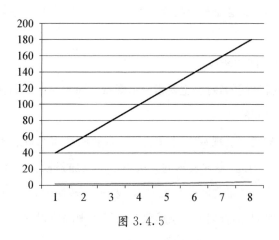

图 3.4.5

图象对于理解变量之间的关系具有十分重要的意义，图象表示以其直观性有着其他的表示方式所不能替代的作用，图象是将关系式和数据转化为几何形式，是"看见"相应的关系和变化情况的途径之一。

表格法、解析式法、图象法和语言表示四种表示之间是互相联系的，一种表示的改变会影响到另一种表示的改变。

（3）能选择适当的程序和方法解决用符号所表示的问题

解决问题的第一步是将问题进行表示，也就是进行符号化。然后就是选择算法，进行符号运算。如果说第一步是把实际问题转化为数学问题，即数学化，这第二步就是在数学内部的推理、运算等。算法的选择是一个十分重要的问题，比如我们已经将一个实际问题表示为一个一元二次方程，然后根据方程我们选择用因式分解法去解它等。会进行符号运算也是十分重要的。

2. 注重培养学生的符号意识

数学符号的系统化首先归功于数学家韦达(F. Viete，1540—1603)[①]，他的符号体系的引入导致代数性质产生重大变革。在这以后的 100 年中，几乎所有初等数学和微积分背后的想法都被发现。没有符号化的代数，就没有高层次的数学科学，从而也就没有现代技术和现代科学的发展。用符号进行表示是人类文明发展最强有力的工具之一，数学课程的任务之一就是使学生拥有这种能力，掌握和运用这个工具。

要尽可能在实际问题情境中帮助学生理解符号以及表达式、关系式的意义，在解决实际问题中发展学生的符号意识。在数学教学中，对符号演算的处理要尽量避免让学生机械练习和记忆，而是应增加实际背景、探索过程、几何解释等，以帮助学生理解。

如果说代数是一种语言的话，那么，数字和字母就是这种语言的"字母"，表达式就是这种语言的"词"，关系式如等式、不等式就是这种语言的"句子"。既然是语言，就会有相应的语法，代数的语法就是各种符号演算的法则和规定等。只有学习、熟悉、掌握代数这种语言的语法，才能利用代数这种语言进行推理、计算、交流和解决问题。

学生符号意识的发展不是一朝一夕就可以完成的，而是贯穿于学生数学学习的全过程、伴随着学生数学思维层次的提高逐步发展。

二、　推理能力及其培养

在日常生活、学习和工作中，人们经常要对各种各样的事物进行判断，判断事物的对与错、是与非、可能与不可能等。判断是"对事物的情况有所断定的思维形

[①] 韦达，16 世纪最有影响的法国数学家。早年学法律，担任律师。1584—1589 年间，由于政治原因，韦达变成平民。于是，他更加专心于数学研究。韦达最突出的贡献是在符号代数方面。他创设了大量的代数符号，他的这套做法被笛卡儿等人改进，成为现代代数的形式。他系统阐述并改进了三、四次方程的解法，指出根与系数之间的重要关系，即韦达定理。从而，使当时的代数学系统化了，人们也称韦达为"西方代数学之父"。

式"①。"由一个或几个已知判断推出另一未知判断的思维形式",叫做推理。"推理有演绎推理、归纳推理、类比推理等"。②

（一）数学的推理③

什么叫推理？推理是从一个命题判断到另一个命题判断的思维过程。数学中的定义和定理都是命题。什么叫命题？命题是可以进行判断的语句。所以，数学在本质上是进行判断，对定义和定理的判断。推理的上一种层次叫思维，思维有几种形式呢？形象思维、逻辑思维和辩证思维，这三种形式。数学只用其中的一种：逻辑思维。逻辑思维对应的是逻辑推理。

什么叫逻辑推理？有逻辑的推理是这样的：命题主词的内涵之间具有传递性。命题之间没传递性就是没逻辑的。比如，

凡人都有死，苏格拉底是人，所以，苏格拉底有死。

这个是有逻辑的。比如，

苹果是酸的，酸是一种味道。所以，苹果是一种味道。

这个就没逻辑，因为没有传递性。

推理只有两种，命题由大到小的推理，叫演绎推理，数学用的都是这个。因为是由大到小，这种推理得到的结论是必然成立的。它的最大毛病是不能发现真理，因为它的形式是：已知 A 求证 B，A 和 B 都是确定性的命题，这就不可能有什么新的发现。除了演绎推理之外，还要有一种命题范围由小到大的推理，就是归纳推理。

什么是归纳推理？就是由特殊到一般。比如，我们想得到 $a^2 - b^2 = (a - b)(a + b)$ 这个公式，如果事先不知道这个形式怎么办？就需要推断 $a^2 - b^2$ 可能的乘积表达形式。对于这样的问题，首先化简到最简单的形式，比如令 $b = 1$。

然后变化 a，可以得到：

$$2^2 - 1 = 4 - 1 = 3,$$

$$3^2 - 1 = 9 - 1 = 8,$$

---

① 辞海编辑委员会. 辞海[M]. 上海：上海辞书出版社,1999:521.

② 同①1986.

③ 史宁中. 数学的基本思想[J]. 数学通报,2011,50(1):1-9.

$$4^2 - 1 = 16 - 1 = 15,$$
$$5^2 - 1 = 25 - 1 = 24,$$
$$6^2 - 1 = 36 - 1 = 35。$$

因为 $8 = 2 \times 4$，$15 = 3 \times 5$，$24 = 4 \times 6$，$35 = 5 \times 7$，可以想到 $a^2 - 1 = (a-1)(a+1)$，然后证明。在大多数情况下，有了式子证明不难，难就难在给出式子。如果证明正确，再考虑一般的 b，最后得到一般的结果。这个过程就叫归纳推理。数学的结果就是这么看出来的。

数学的书、特别是论文，都写得非常难懂，其实这些内容在作者脑子里是简单的。任何数学家脑子里面一定有一个非常简单的东西在，否则没法想象，想的东西都是具体的，只不过是为了防止悖论的出现，表现形式必须一般化而已。与此相反，我们看到的都是一般化的东西，但在学习和教学的过程中，要把这个一般化后面的具体的东西读出来。如果知道自然数前 n 项和的公式，那么，前 n 项平方和等于多少？立方和等于多少？四次方和等于多少？让 n 等于 1，2，3，4 去试试，一般到 5 就可以推断出来。数学归纳法证明不难，难的是能给出式子。这个靠归纳推理。

（二）如何理解推理能力

演绎推理亦称"演绎法"，它的前提和结论间具有蕴涵关系，是必然性推理。演绎推理的主要形式是三段论。合情推理是根据已有的知识和经验，在某种情境和过程中推出可能性结论的推理。合情推理的主要形式是归纳推理和类比推理。

数学对发展推理能力的作用，人们早已认同并深信不疑。但是，长期以来数学教学注重采用"形式化"的方式，发展学生的演绎推理能力，忽视了合情推理能力的培养。应当指出：数学不仅需要演绎推理，同样、甚至有时更需要合情推理。科学结论（包括数学的定理、法则、公式等）的发现往往发端于对事物的观察、比较、归纳、类比……，即通过合情推理提出猜想，然后再通过演绎推理证明猜想正确或错误。演绎推理和合情推理是既不相同又相辅相成的两种推理。

《义务教育数学课程标准（2011 年版）》对推理能力的主要表现作了如下的阐述：

推理能力的发展应贯穿在整个数学学习过程中。推理是数学的基本思维方式,也是人们学习和生活中经常使用的思维方式。推理一般包括合情推理和演绎推理,合情推理是从已有的事实出发,凭借经验和直觉,通过归纳和类比等推断某些结果;演绎推理是从已有的事实(包括定义、公理、定理等)和确定的规则(包括运算的定义、法则、顺序等)出发,按照逻辑推理的法则证明和计算。在解决问题的过程中,两种推理功能不同,相辅相成:合情推理用于探索思路,发现结论;演绎推理用于证明结论。[①]

这就是说,学生获得数学结论应当经历合情推理——演绎推理的过程。合情推理的实质是"发现"。由合情推理得到的猜想常常需要证实,这就要通过演绎推理给出证明或举出反例。无论在合情推理或演绎推理的过程中,思考者常常自己使用残缺不全、不连贯、具有高度情境性的语言,要把这种"内部语言"转化为外部语言,必须厘清思考过程中每一个判断的理由和依据,使思考过程变得清晰而有条理,从而才能言之有理、落笔有据地表达。这里的表达,包括口头语言和书面语言两种形式;以及学生用自己的语言表达和用数学的语言表达这样两个层次。用数学的语言与他人进行交流、讨论、质疑的前提,是每个人都能清晰、有条理地表达自己的思考过程。这里,"用数学语言合乎逻辑"的表达是重要的,因为只有这样,才能确保讨论者有共同的语言和"规则"。质疑则是学生经过自己的分析、判断,对已有结论(自己的或他人的)的正确性提出疑问的理性思考,合乎逻辑的质疑是推理能力发展的更高级的阶段。

特别地,数学的各个分支都充满了推理——合情推理和演绎推理。几何为学习论证推理提供了素材,几何教学是发展学生推理能力的一种途径,但决不是唯一的素材和途径。发展学生推理能力的载体,不仅是几何,而且广泛地存在于"数与代数""统计与概率"和"综合与实践"之中。

(三) 如何培养推理能力

数学课程标准对义务教育阶段学生应具有的推理能力提出明确要求:"推理

[①] 中华人民共和国教育部. 义务教育数学课程标准(2011年版)[S]. 北京:北京师范大学出版社,2012:6-7.

能力的发展应贯穿在整个数学学习过程中。"如何实现这些要求,达到培养学生的推理能力的目标呢?

1. 把推理能力的培养有机地融合在数学教学的过程中

能力的发展决不等同于知识与技能的获得。能力的形成是一个缓慢的过程,有其自身的特点和规律,它不是学生"懂"了,也不是学生"会"了,而是学生自己"悟"出了道理、规律和思考方法等。这种"悟"只有在数学活动中才能得以进行,因而,教学活动必须给学生提供探索交流的空间,组织、引导学生"经历观察、实验、猜想、证明等数学活动过程",并把推理能力的培养有机地融合在这样的"过程"之中。任何试图把能力"传授"给学生,试图把能力培养"毕其功于一役"的做法,都不可能真正取得好的效果。

【**案例 3.4-12**】 "平方差公式"的教学。

可设置如下的问题串。

① 计算并观察下列每组算式:

$$\begin{cases} 1 \times 3 = 3, \\ 2 \times 2 = 4, \end{cases} \begin{cases} 7 \times 9 = 63, \\ 8 \times 8 = 64, \end{cases} \begin{cases} 24 \times 26 = 624, \\ 25 \times 25 = 625. \end{cases}$$

② 已知 $18 \times 18 = 324$,那么 $17 \times 19 = \underline{\qquad}$。

③ 你能举出一个类似的例子吗?

④ 从以上的过程中,你发现了什么规律,你能用语言叙述这个规律吗? 你能用代数式表示这个规律吗?

⑤ 你能证明自己所得到的规律吗?

在这样的过程中,学生从对具体算式的观察、比较中,通过合情推理(归纳)提出猜想;进而用数学符号表达——若 $a \times a = m$,则 $(a-1) \times (a+1) = m-1$;然后用多项式乘法法则证明猜想是正确的。

【**案例 3.4-13**】 "对顶角相等"的教学。

可组织学生开展如下活动:

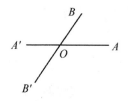

① 用硬纸片制作一个角；

② 把这个角放在白纸上，描出∠AOB（如图3.4.6所示）；

③ 再把硬纸片绕着点 O 旋转180°，并画出∠A′OB′；

图 3.4.6

④ 从这个过程中，你能探索得到什么结论？

这样，学生通过操作、实验，可以发现：

OA 与 OA'，OB 与 OB' 是一条直线；∠AOB 与 ∠A′OB′ 是对顶角。

通过具体的数值计算就能提出 $\angle AOB = \angle A'OB'$ 的猜想——对顶角相等；若应用"同角的补角相等"，即可证明这个结论。

2. 把推理能力的培养落实到数学课程的各个领域之中

"数与代数""图形与几何""统计与概率"和"综合与实践"四个领域的课程内容，都为发展学生的推理能力提供了丰富的素材。所以，数学教学必须改变培养学生推理能力的"载体"单一化（几何）的状况，要为学生提供自主探索、合作交流的时间和空间；要设置现实的、有意义的、富有挑战性的问题，引导学生参与"过程"；要恰当的组织、指导学生的学习活动，并真正鼓励学生、尊重学生、与学生合作。这样，就能拓宽发展学生推理能力的空间，从而有效地发展学生的推理能力。

在"数与代数"的教学中，计算要依据一定的"规则"——公式、法则、运算律等，因而计算中有推理（"算理"）；现实世界中的数量关系往往有其自身的规律，用代数式、方程、不等式、函数刻画这种数量关系或变量关系的过程中，也不乏分析、判断和推理。

【案例3.4-14】 寻找120的因数，不同的学生会得到不同的结果——①12和10；②6和20；③3和40；……他们进行讨论交流时，可能会发现这几对因数之间的关系：把①中的12除以2得6，而①中的10乘以2得20，即得第②对因数；第③对因数与第①、②对因数之间也有类似的关系；于是学生将会发现更多对因数：如12乘以2得24，10除以2得到5，发现了120的又一对因数24和5……。

如果学生继续探究，还能作出更一般的归纳：把一对因数中的一个因数除以某个数（如果商是整数的话），另一个因数乘这个数，就能得到一对新的因数。

例如,由 $210 = 15 \times 14$,就能知道 $210 = 5 \times 42$, $210 = 2 \times 105$,……。

在这样的过程中,学生实际上进行了简单的归纳和类比。

【案例 3.4-15】 $|-3| = -(-3) = +3$。(负数的绝对值是它的相反数)

以上计算 $|-3|$ 的过程,实际上是应用求一个数的绝对值的法则,进行演绎推理的过程。

【案例 3.4-16】 观察算式: $34 + 43 = 77$; $51 + 15 = 66$; $26 + 62 = 88$。

问题:你发现了什么?

(可能的猜想:个位数字与十位数字互换的两个两位数的和是个位数字与十位数字相同的一个两位数;所得的两位数能被 11 整除……)

验证: $74 + 47 = 121$,原来的猜想成立吗?

再继续验证,结论仍然成立吗?

［以上是进行归纳推理(合情推理)的过程］

问题:能否证明结论是正确的呢?

方法 1:对所有的两位数一一地加以验证,但这既繁复又费时;

方法 2:若 a、b 表示一个两位数两个数位上的数字,则

$$(a \times 10 + b) + (b \times 10 + a) = 11a + 11b = 11 \times (a + b)。$$

于是,"所得的两位数能被 11 整除"的猜想得到证实。

这样的过程,是一个经历观察、猜想、归纳、证明的过程,即既有合情推理又有演绎推理的过程。

在"图形与几何"的教学中,既要重视演绎推理,又要重视合情推理。即使在平面图形性质(定理)的教学中,也应当组织学生经历操作、观察、猜想、证明的过程,做到合情推理与演绎推理相结合(如本文前述"对顶角相等"的例子)。

【案例 3.4-17】 由 6 个正方体搭成一个几何体,从正面看和从左面看的图形如图 3.4.7 所示。

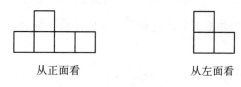

从正面看　　　　　　　从左面看

图 3.4.7

你能摆出这个几何体吗?

学生在实际操作的过程中,要不断的观察、比较、分析、推理,才能得到正确的答案(图 3.4.8 所示的仅为提供的两种可能的答案)。这个过程不仅发展了学生的合情推理能力,而且有助于学生空间观念的形成。

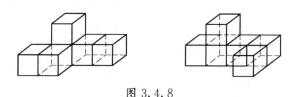

图 3.4.8

"统计与概率"中的推理(也称统计推断),属于合情推理的范畴,是一种可能性的推理,与其他推理不同的是,由统计推理得到的结论无法用逻辑的方法去检验,只有靠实践来证实。因此,"统计与概率"的教学要重视学生经历收集、整理、分析数据、作出推断和决策的全过程。

【案例 3.4-18】 为了筹备新年的联欢晚会,准备什么样的新年礼物呢?

为此,首先应由每个学生对全班同学喜欢什么样的礼物进行调查,然后把调查所得的结果整理成为数据,并进行比较,再根据处理后的数据作出决策,确定应该准备什么礼物。

这个过程中的推理,是合情推理,其结果可能只是使绝大多数同学喜欢。

再如,有一条平均水深 1.5 米的河,一个身高 1.7 米、水性不好的人下河游泳有危险吗?学生在对"平均水深"有了很好的理解之后,会得到这样的结论:可能有危险,这又是进行合情推理得到的结果。

【案例 3.4‐19】　高考一般安排在每年 6 月、7 月的 7、8、9 日三天。①考虑到天气等原因,经过专家论证,认为,将高考的时间安排在 6 月比较合适。

为了了解学生对此的看法,某教育行政部门对某中学高三年级某班的学生进行了调查,调查结果为:不到 20% 的学生赞成,不到 30% 的学生"无所谓",其余的学生不赞成。

请你谈谈对这个调查结果的看法。

掌握了基本的统计知识和方法的学生,经过思考、分析就可能对教育行政部门调查所得到的结果提出质疑。因为这样选取调查的样本,无论从数量上,还是随机性方面,都不能很好地代表总体,所以,由此得到的统计推断的可靠性很小。

3. 在学生的日常生活、游戏活动中发展学生的推理能力

毫无疑问,学校的教育教学(包括数学教学)活动能推进学生推理能力更好地发展。但是,除了学校教育以外,还有很多活动也能有效地发展人的推理能力。例如,人们在日常生活中经常需要作出判断和推理,许多游戏活动也隐含着推理的要求……等。所以,要进一步拓宽发展学生推理能力的渠道,使学生感受到生活、活动中有"学习",养成善于观察、勤于思考的习惯。

【案例 3.4‐20】　三人握手,若每两人握一次手,则三人共握几次? n 人共握多少次手呢?(通过合情推理探索规律)

这与"北京开往上海的高铁 2010 年通车,途中停靠 21 个站(含北京南和上海虹桥),这次列车共发售多少种不同的车票"这样的问题,有什么联系呢?(类比)

此外,还可以设计一些游戏,让学生在有趣活动中学习推理。

【案例 3.4‐21】　甲、乙、丙三人戴红、黄、白三种颜色的帽子:

① 甲说"我不要红帽子";乙说"我不要黄帽子";丙说"我不要白帽子"。如果三人的要求都得到满足,那么,猜他们分别戴了什么颜色的帽子?

---

① 中国高考时间最初是在每年 7 月 7、8、9 日,实行了 20 多年。2003 年开始改为每年 6 月 7 日、8 日考试。

（有两种可能：甲、乙、丙分别戴黄、白、红或白、红、黄颜色的帽子）

②甲说"我要黄帽子"；乙说"我不要黄帽子"；丙说"我不要白帽子"。如果三人中只有一人的要求得到满足，那么，猜他们分别戴了什么颜色的帽子？

（解答：甲戴白帽子，乙戴黄帽子，丙戴红帽子。推理过程如下：

若甲的要求得到满足，即甲戴黄帽子，则乙就不可能再戴黄帽子，乙的要求同时就得到满足。这与"只有一人的要求得到满足"矛盾。

若乙的要求得到满足，即乙不戴黄帽子，则由于此时甲的要求不能再得到满足，因而甲也不戴黄帽子，所以只能丙戴黄帽子；这样丙的要求却得到了满足。这也与"只有一人的要求得到满足"矛盾。

若丙的要求得到满足，即丙不戴白帽子，则由于此时乙的要求不能再得到满足，因而乙戴黄帽子；于是可知丙戴红帽子，甲戴白帽子。这样，甲、乙的要求都没有得到满足，只有丙的要求得到满足。）

4. 培养学生的推理能力要注意层次性和差异性

推理能力的培养，必须充分考虑学生的身心特点和认知水平，注意层次性。

一般地说，操作、实验、观察、猜想等活动的难易程度容易把握，所以，合情推理能力的培养应贯穿于义务阶段教学的始终，三个学段仍然有一定的层次性。例如，

第一学段：在教师的帮助下，初步学会选择有用信息进行简单的归纳和类比；

第二学段：能根据解决问题的需要，收集有用的信息，进行归纳、类比与猜测，发展初步的合情推理能力；

第三学段：能收集、选择、处理数学信息，并作出合理的推断或大胆的猜测，能用实例对一些数学猜想作出检验，从而增加猜想的可信程度或推翻猜想。

三个学段培养学生演绎推理能力则应更好地体现层次性。数学课程标准在第一、第二学段中对此并没有提出具体的要求，而是要求学生"能进行简单的、有条理的思考"，"能对结论的合理性作出有说服力的说明"；在第三学段才明确提出"体会证明的必要性，发展初步的演绎推理能力"的要求。

例如，"图形与几何"的学习，不同学段的学生观察、实验、推理的方式是不同的。在第一、二学段，学生主要通过简单的"看""摆""拼""折""画"等实践活动，感

知图形的性质,或归纳得到一些结论;而到了第三学段,在各种形式的实践活动中探索得到的结论,有时需要运用演绎推理的方式加以证明。如"画一个角等于已知角"的教学,大体经历这样的过程:用量角器、三角板画角,按照一定的步骤会用尺规画角——用重合的方法直观地感知所画的角等于已知角——学习了三角形的全等判别条件后,则可以用演绎推理的方式(利用"边、边、边"的全等条件)证明所画的角与已知角相等。

应当指出:培养学生的演绎推理能力,不仅要注意层次性,而且要关注学生的差异,要使每一个学生都能体会证明的必要性,从而使学习演绎推理成为学生的自觉要求,克服"为了证明而证明"的盲目性;同时,又要注意推理论证"量"的控制,以及要求的有序、适度。

三、　直观想象及其培养

"直观想象"是《普通高中数学课程标准(2017 年版)》首次给出的名词。直观想象在义务教育阶段体现的就是几何直观和空间想象。[1] 空间想象又称空间观念,直观想象就是空间观念、几何直观的复合。

空间与人类的生存紧密相关,了解探索和把握空间能使人类更好地生存活动和成长。空间观念、几何直观是创新精神所需的基本要素,没有直观、想象,几乎谈不上任何发明创造,因为许许多多的发明创造都是以实物的形态呈现的,作为设计者要先从自己的想象出发画出设计图,然后根据设计图做出实物模型,再根据模型修改设计直至最终完善成型。这是一个充满丰富想象和创造的探求过程,也是人的思维不断在二维和三维空间之间转换,利用几何直观进行思考的过程,空间观念在这个过程中起着至关重要的作用。[2] 所以,明确空间观念、几何直观的意义,认识空间观念、几何直观的特点,发展学生的空间观念、几何直观,对培养学生具有初步的创新精神和实践能力,是十分重要的。这就是数学课程标准把空间

---

① 史宁中.学科核心素养的培养与教学——以数学学科核心素养的培养为例[J].中小学管理,2017
(1):35 - 37.
② 孙晓天,孔凡哲,刘晓玫.空间观念的内容及意义与培养[J].数学教育学报,2002,11(2):50 - 53.

观念、几何直观作为义务教育阶段、高中阶段重要学习内容的意义所在。

（一）空间观念的涵义作用

空间观念是学生主动的、自觉的或自动化的"模糊"二维和三维空间之间界限的一种本领，是学生对生活中的空间与数学课本上的空间之间的密切关系的领悟。

空间观念主要表现在：能由实物的形状想象出几何图形，由几何图形想象出实物的形状，进行几何体与其三视图、展开图之间的转化；能根据条件做出立体模型或画出图形；能从较复杂的图形中分解出基本图形，并能分析其中的基本元素及其关系；能描述实物或几何图形的运动和变化；能采用适当的方式描述物体间的位置关系；能运用图形形象地描述问题，利用直观来进行思考。

首先，把握实物与相应的平面图形、几何体与其展开图和三视图之间的相互转换关系，不仅是一个思考过程，也是一个实际操作过程，把上述表现进一步向前延伸，就是要尝试着物化那些感知到的、在直观的水平上有所把握的转化关系，能根据条件做出立体模型或画出图形，重现感知过的平面图形或空间物体。无论是做立体模型还是画出图形，都要在头脑加工和组合的基础上，通过实际尝试和动手操作来实现。这种重现能使几何事实基于直观的表象、联想和特征得到实实在在的表示，使空间观念从感知不断发展上升为一种可以把握的能力。

其次，空间观念在分析和抽象层次上的表现，"能从较复杂的图形中分解出基本的图形"，"能描述实物或几何图形的运动和变化；能采用适当的方式描述物体间的相互关系"等等，这些表现在把握"相互转换"关系的基础上，刻画了根据图形的特征在逻辑上对图形关系进行的分析与操作。

【案例 3.4 - 22】　在电话里向别人描述你搭的如图3.4.9所示的积木块建筑的形状，就要抓住积木块之间的位置关系，使对方在看不到实物的情况下，通过你的叙述产生符合原形的直观想象。叙述和倾听都需要在逻辑上对图形关系进行分析与操作。严格准确地描述它的形状，描述可能会依人的能力差异而有所不同，但这些描述中的共性，可能

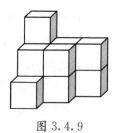

图 3.4.9

就导致了一些确定的有规律的内容出现,那就是空间观念。

最后,空间观念的表现还包括"能运用图形形象地描述问题,利用直观进行思考"。直观思考是没有严格演绎逻辑的"形象化"的推理,是结合情景进行的思考。这些内容已经与几何直观有交叉了。

特别地,几何直观侧重利用图形整体把握问题[①],而空间观念侧重于刻画学习者对于空间的感知和把握程度,前者更接近应用层面,可以归为运用图形的能力,后者侧重于几何学习对学习者带来的变化和发展。

(二) 空间观念的理论依据

分子表征遗传学的最新研究成果表明,人的先天基因需要后天的适度刺激才能充分表达。

作为空间观念的重要组成部分之一,方向感也称方位认知,是人体对物体所处方向的感觉,如对东西南北、前后左右上下等方向的感觉。很多人对方向感的感觉并不很明显。

心理学研究表明:方向感的发生和发展受到了先天遗传和后天环境的影响……大脑是实现方向感加工的载体。[②]

儿童的方位感"大约从五岁左右起才开始能最初地、并且固定化地辨别自己的左右方位,而真正掌握具有相对的灵活性的左右概念,大约要到 10 岁左右才有可能"[③];"4 岁幼儿开始萌发空间前后和上下方位的传递性推理能力;从 4 岁到 6 岁,'上下'方位传递性推理能力的发展优于'前后'方位;4—6 岁幼儿还不能完全摆脱知觉干扰因素的影响,形成稳定的传递性推理能力"[④]。

而且,方位感的发展具有明显的阶段性,一段错过,以后很难修复。

培养、发展小学生的空间观念就变得非常重要,这既是小学生心理发展规律导致的,也是数学学习所必需的,更是学生未来生存和创造的基础。

---

① 孔凡哲,史宁中. 关于几何直观的含义与表现形式——对《义务教育数学课程标准(2011 年版)》的一点认识[J]. 课程·教材·教法,2012,32(7):92 - 97.

② 许琴,罗宇,刘嘉. 方向感的加工机制及影响因素[J]. 心理科学进展,2010(8):1208 - 1221.

③ 吴笑平. 浅谈幼儿方位知觉的发展[J]. 心理学探新,1981(2):98 - 99.

④ 毕鸿燕,方格. 4—6 岁幼儿空间方位传递性推理能力的发展[J]. 心理学报,2001(3):238 - 243.

（三）空间观念的内涵分析①

《普通高中数学课程标准(2017年版)》是这样描述数学的：

数学是研究数量关系和空间形式的一门科学。数学源于对现实世界的抽象，基于抽象结构，通过符号运算、形式推理、模型构建等，理解和表达现实世界中事物的本质、关系和规律。

这里提到了数学是对现实世界的抽象。对于数学教育而言，更为基础的问题是：人为什么能够抽象？是如何进行抽象的？这不仅是哲学认识论的问题，而且涉及数学教育的起点及数学教育何以可能。

要讨论人对空间的抽象，我们需要思考：学生是如何形成关于图形与几何的知识的？学生学习的起点是什么？毋庸置疑，一切知识都源于经验。但是，人对空间的感知是从零开始的？还是从一些与生俱来的本能开始的？这曾经是哲学争论的焦点，或许只有到现在才能回答这个问题。

从上个世纪末开始的表观遗传学、脑科学以及认知神经科学的研究成果表明，人认识世界的先天本能是存在的，本能的充分表达需要后天相应经验的刺激。人对空间的认识、对距离"远近"的感知是一种本能，通过相应的数学教育可以拓展到对物体大小的感知、对线段长短的感知。这就是图形与几何的教育起点，也是教育的核心。对大小的感知涉及度量，包括"距离""长度""面积""体积"。

数是对数量的抽象，比如把2匹马、2个苹果等抽象为数2。数量的本质是多少。与此相对应，数的本质是大小。对数量"多少"的感知也是人的本能，是数与代数的教学起点。对距离"远近"的感知也是人的本能，是图形与几何教学的起点。几何的本质在于度量，度量的关键在于两点间的距离。这样，就可以通过数轴把几何的度量和数联系在一起，使得数学成为一个有机的整体。所以，教师应当建立一个基本观念：数和形的关系是通过数与长度的对应表达的，通过几何建立直观，通过代数进行表达，数与形的结合使得数学融为一体。

什么是空间？空间是三维的。《吕氏春秋·慎大览·下贤》曾记载：精充天地

---

① 本段内容选自：史宁中. 人是如何认识和表达空间的？[J]. 小学教学(数学版),2019(3):13-16.

而不竭,神覆宇宙而无望。这里谈到的"宇宙",东汉高诱(? -?)的注解是:四方上下曰宇,以屋喻天地也;往古来今曰宙,言其神而包覆之,无望无界畔也。也就是说,世界的广度为宇,而四方上下就是三维空间,宙是指时间。

　　关于空间是三维的,亚里士多德在《论天》中也提到:连续乃是可以分成部分的东西能够永远再分,物体就是在一切方面都可分的东西。大小如在一个方面可分就是线,在两个方面可分乃为面,在三个方面可分则是体。除了这些,再无其他大小,因为三维就是全部,三个方面就是一切方面。

　　空间抽象的核心,或者说图形抽象的本质,就是把三维空间的物体表达在二维平面上。图3.4.10表明,图形抽象是源于实践、源于生活的;图形抽象也经历了从具体到一般的过程,最终抽象成为具有象征意义的平面图形。

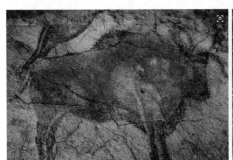 

大约距今16 000年　西班牙①　　　　　大约距今10 000年　贺兰山岩画

大约距今7 000年　贺兰山岩画　　距今5 000年　古埃及:　距今5 000年　大汶
　　　　　　　　　　　　　　　　地平线上的荷鲁斯　　口:日月山(旦)

图 3.4.10　图形抽象的过程

---

① 引自世界遗产名录官网。

　　几何学源于古埃及。古希腊历史学家希罗多德(Herodotus,前484—前425)在《历史》一书中记载:埃及第一次有了量地法,而希腊人又从那里学到了它。英语 geometry 源于古希腊语,在希腊语中是土地测量的意思,是由希腊语中的土地和测量复合而成的。

　　中国古代是如何研究空间的呢? 勾股定理出于《周髀算经》,该书开篇记载了周公(? —前1105)与商高(约前11世纪)的问答。周公问:昔者包牺立周天历度。夫天不可阶而升,地不可得尺寸而度。请问数安从出。商高答:数之法出于圆方,圆出于方,方出于矩,矩出于九九八十一。故折矩,以为句广三,股修四,径隅五。

　　这段话的意思是,周公问:古代包牺(伏羲)是如何制定历法的呢? 天高不可攀,地远不可量,他是如何知道天有多高、地有多广呢? 商高答:数出于天圆地方,自然之形。圆出于方,方出于直角,直角出于数的自乘。基于数的自乘,可以得到:“句广三,股修四,径隅五”,就是我们通常说的勾三、股四、弦五。商高的回答蕴含了勾股定理与天有多高、地有多广的关系。《周髀算经》记载着周朝关于髀的计算方法,开篇就谈到勾股定理是为了得到直角,使表(髀)垂直于地面。中国古代认识地理方位的方法是“土圭之法”,即“立竿测影”的方法。《周礼·地官》记载:平台上竖立8尺之表(髀),圭1.5尺。意思是说,在平台上竖直立一根高8尺的竿子,进行测量。早在夏朝,人们就用“土圭之法”测量日影的长度。夏朝人利用竿子,每天中午测量太阳的影长,比较一年中影子最长和最短的时间,得到了冬至和夏至。冬至和夏至的日影长相加除以2,得到春分或秋分。人们又发现夏至这一天的影长每隔四年才重合一次,四年一共有1461天,用1461除以4得到一年是 $365\frac{1}{4}$ 天。这也说明了分数在这个时候就已经出现了。

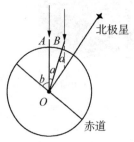

图 3.4.11　测量地球的周长

　　古代人认识地球的周长与太阳的高度,都是通过日影,如图3.4.11。对于日影的长度,存在一个有趣的关系:古希腊人认为地球是圆的、太阳很远,可以产生影子,例如埃拉托色尼计算地球周长;古代中国人认为地是平的、太阳不远,也能产生影子。两种想法不同,但测量影子得到的结果却相差不大。

　　古代中国人认为太阳很近,所以,希望计算太阳的高度。因为番禺是在北回归线上,他们知道,夏至那一天正午,在番禺立竿无影,如《吕氏春秋》记载:"夏至日行近道,乃参与上……日中无影。"据《周髀算经》记载,周人在夏至那一天,利用"土圭之法"在咸阳立 8 尺长的表。测得日影长为 1.5 尺。于是,周人规定番禺到咸阳两地的距离为 1.6 万里,周朝的一里大约折合现在的 80 米。① 利用正切的思想,也就是相似直角三角形两个直角边之比为一个常数,可以计算得到,太阳与地球的距离大约 8 万里(如图 3.4.12 所示)。

图 3.4.12　中国古时候确定太阳的高度

　　数学抽象出研究对象以后,主要是认识这些研究对象的性质、关系、规律。在认识过程中,帮助学生建立直观理解数学、把握事物本质,积累把握共性、分辨差异的思维经验,养成利用图形理解问题的思维习惯,是非常重要的,这样的培养宜早不宜晚。

(四) 几何直观的含义及其表现形式②

　　对于几何直观,《义务教育数学课程标准(2011 年版)》中指出,"几何直观主要是指利用图形描述和分析问题"。

　　严格意义上讲,这是针对几何直观的作用的解释性说明,而不是针对几何直观的含义的诠释,即不是针对"几何直观"的明确定义。

　　几何直观究竟是什么含义呢?

　　它首先是一种特殊的数学直观。

　　所谓直观,《辞海》(第六版)的解释③是"①即感性认识。其特点是生动性、具体性和直接性;②指旧唯物主义对认识的理解"。《中国大百科全书》的解释是"通过对客观事物的直接接触而获得的感性认识。拉丁文为 interi,意为'凝视'。中国

---

① 史宁中. 宅兹中国:周人确定"地中"的地理和文化依据[J]. 历史研究,2012(6):4-15,191.

② 本段选自:孔凡哲,史宁中. 关于几何直观的含义与表现形式——对《义务教育数学课程标准(2011年版)》的一点认识[J]. 课程·教材·教法,2012,32(7):92-97.

③ 辞海编辑委员会. 辞海(第六版彩图本)[M]. 上海:上海辞书出版社,2009:2938.

按其不同涵义分别译为'直观'和'直觉'。直观的字面意义是直接的观察。"

　　对于数学直观,克莱因(M. Kline,1908—1992)指出,"数学的直观就是对概念、证明的直接把握","数学不是依靠在逻辑上,而是依靠在正确的直觉上"。[1]西方哲学家通常认为,"直观就是未经充分逻辑推理而对事物本质的一种直接洞察,直接把握对象的全貌和对本质的认识"。心理学家则认为,"直观是从感觉的具体的对象背后,发现抽象的、理想的能力"。当代著名数学家徐利治(1920—2019)教授提出,"直观就是借助于经验、观察、测试或类比联想,所产生的对事物关系直接的感知与认识,而几何直观是借助于见到的或想到的几何图形的形象关系产生对数量关系的直接感知"[2]。换言之,通过直观能够建立起人对自身体验与外物体验的对应关系。

　　几何直观是指,借助于见到的(或想象出来的)几何图形的形象关系,对数学的研究对象(即空间形式和数量关系)进行直接感知、整体把握的能力。

　　与几何直观相比,空间观念(空间想象能力)更倾向于即使是脱离了背景也能想象出图形的形状、关系的能力,而几何直观更强调借助一定的直观背景条件而进行整体把握的能力,虽然空间观念(空间想象能力)有时也需要借助一定的实物(即几何原型)进行想象,但是,许多情况下是在没有背景的条件下进行的,而未必一定借助直观进行感知、把握。与其同时,从对象上来看,空间观念不仅涉及"根据物体特征抽象出几何图形,根据几何图形想象出所描述的实际物体",而且涉及"想象出物体的方位和相互之间的位置关系,描述图形的运动和变化,依据语言的描述画出图形等"[3],而几何直观是凭借图形对几乎所有的数学研究对象进行思考的能力。也就是说,几何直观与空间观念有重叠的成分,诸如"根据几何图形想象出所描述的实际物体"等,但是,二者各有侧重。不仅如此,几何直观具有思维的跳跃性,而空间观念具有思维的连贯性。几何直观与空间观念在几何活动中共同发挥作用。

---

① 克莱因 M. 古今数学思想:第四册[M].北京大学数学系数学史翻译组,译.上海:上海科学技术出版社,1981:99,311.

② 徐利治.谈谈我的一些数学治学经验[J].数学通报,2000(5):1-4.

③ 中华人民共和国教育部.义务教育数学课程标准(2011年版)[S].北京:北京师范大学出版社,2012.

　　几何直观与几何推理论证也有密切的关联,几何中的推理论证始终在利用几何直观想象相应的图形,即使是欧几里得在《几何原本》中处理几何证明问题,也不时地借助几何直观(当然,希尔伯特在《几何基础》中已经不再借助几何直观,而是单纯的形式化、高度的形式化)。而借助几何直观"看"出来的结果,需要经过逻辑推理的验证。

　　几何直观与几何直觉非常相似。所谓"直觉",《辞海》的解释是"一般指不经过逻辑推理认识真理的能力"[①],而《中国大百科全书》的解释是"一种不经过分析、推理的认识过程而直接快速地进行判断的认识能力。近代认知心理学则把直觉看成一种再认过程,是在过去经验的基础上,从长时记忆中提取具有问题解决意义的答案过程。直觉能力是人的心理能力高度发展的表现"。国内外学者普遍认为,"直觉是不经过逻辑的、有意识的推理而识别或了解事物的能力"[②]。

　　一般地,对直觉的理解有广义和狭义之分:广义上的直觉是指,包括直接的认知、情感和意志活动在内的一种心理现象,也就是说,它不仅是一个认知过程、认知方式,还是一种情感和意志的活动。而狭义上的直觉是指人类的一种基本的思维方式。

　　从哲学认识论的视角看,直觉可以分为经验直觉、知性直觉和理性直觉。[③] 虽然目前人们对直觉的生理机制了解不多,但是,脑科学的最新研究结果已初步表明,直觉主要是右脑的功能。心理学的实验研究结果已证明,右脑以并行性方式思维,采取的是同时进行整体分析的策略,这就是为什么直觉无需推理就能直接地对事物及其关系做出迅速的识别和理解的原因。[④]

　　许多科学家坚信,直觉是发现和发明的源泉。在阿达玛看来,"在创造阶段,科学家的思维载体往往是各种各样的、因人因事而异的符号、图表或其他形象,亦

① 辞海编辑委员会.辞海(第六版彩图本)[M].上海:上海辞书出版社,2009:2939.

② 周治金,赵晓川,刘昌.直觉研究述评[J].心理科学进展,2005,13(6):745-751.

③ 陈爱华.论直觉思维的生成及其作用[J].徐州师范大学学报(哲学社会科学版),2009(3):87-91.

④ RAIDL M H, LUBART T I. An empirical study of intuition and creativity [J]. Imagination, Cognitive and Personality,2000/2001,20(3):217-230.

即此时的思维方式往往是形象的和直觉的,而不是逻辑的"①。1954 年诺贝尔奖获得者、著名物理学家玻恩(M. Born,1882—1970)认为,"实验物理的全部伟大发现,都是来源于一些人的'直觉'"。

几何直观是在直观感知的感性基础之上所形成的理性思考的结果所致,是学习者对于数学对象的几何属性(或与几何属性密切相关的一些属性)的整体把握和直接判断的能力,而几何直觉属于学习者对于数学对象的感性认识,有很大程度上的猜测成分和朦胧的整体把握,不仅有"经验直觉"的成分,而且也有"知性直觉""理性直觉"的成分;同时,几何直观是学习者、研究者对于数学对象的全貌和本质进行的直接把握,这种直接判断建立在对几何图形长期有效的观察和思考的基础之上,有相对丰富的经验积淀,更有经验基础之上的理性的概括和升华;几何直觉是"右脑以并行性方式思维,针对几何研究对象,采取的是同时进行整体分析的策略",因而,几何直觉无需推理就能直接地对事物及其关系做出迅速的识别和理解;而几何直观则是建立在图形基础之上,以直观背景为条件而进行整体把握的。从"整体把握"这一点上看,二者是相似的;而从"是否有逻辑性来看"二者是明显不同的,几何直观的"整体把握"往往带有明显的逻辑成分,而几何直觉则不然。

关于直观的分类,康德指出,"一类是经验直观,一类是纯粹直观"②,这是从哲学的视角给出的权威解释。结合数学(特别是中小学数学)实际,我们认为,在中小学数学中,几何直观具体表现为如下四种表现形式:

一是实物直观,二是简约符号直观,三是图形直观,四是替代物直观。

其中,实物直观,即实物层面的几何直观,是指借助与研究对象有着一定关联的现实世界中的实际存在物,以此作为参照物,借助其与研究对象之间的关联,进行简捷、形象的思考,获得针对研究对象的深刻判断(的一种能力)。

【案例 3.4-23】 在小学数学"数位"的学习中,十个小棒捆成一捆,十捆装成一箱,这里的一根小棒、一捆棒、一箱棒,就是针对个位 1、十位 10、百位 100 的实物

---

① 阿达玛. 数学领域中的发明心理学[M]. 陈植荫,肖奚安,译. 南京:江苏教育出版社,1989 年:译者序 3.

② 康德. 纯粹理性批判[M]. 李秋零,译. 北京:人民出版社,2004:544.

直观形式,虽然量纲"捆""箱"有人为规定的成分,却与常理相符。

简约符号直观,即简约符号层面的几何直观,是在实物直观的基础上,进行一定程度的抽象,所形成的、半符号化的直观。

【案例 3.4‑24】 在行程问题中,常用的线路图就是一种简约的、符号化的直观图示。这种简约符号直观是经过一定的数学抽象而形成的,与现实生活原型相比,具有一定程度的抽象性。凭借这种图示分析解决问题,就是简约符号层面的直观(能力)正在发挥作用。

图形直观是以明确的几何图形为载体的几何直观。图 3.4.13 就是代数法则 $(a+b) \cdot c = a \cdot c + b \cdot c$ 的直观图形。凭借该图,学生可以轻松自如地理解 $(a+b) \cdot c = a \cdot c + b \cdot c$。

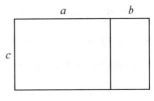

图 3.4.13

而替代物直观则是一种复合的几何直观,既可以依托简洁的直观图形,也可能依托用语言或学科表征物所代表的直观形式,也可以是实物直观、简约符号直观、图形直观的复合物。

图 3.4.14

例如,在 $28+7$ 的计算中,有时借助计数器(如图 3.4.14 所示)来表示,也可以借助"10 个鸡蛋一盒"或"10 根小棒一捆"来分析。对于 $28+7$ 来说,这里的计数器、"一捆小棒""一盒鸡蛋"就是相应的直观图形的替代物。而在统计问题中,可以借助一个圆片代表样本数据 1,由此可以很好地理解"移多补少",进而掌握平均数的概念。这里的"圆片"就是样本数据 1 的替代物,直观而形象。

一般地,实物直观通常是现实世界中存在的实物模型,又能比较直观地体现某些数学对象的特殊属性,属于最低级的抽象。而"替代物直观"则是在现实模型基础上的进一步抽象,已经具备一定的抽象高度。以计数器为例,与"小棒"相比,计数器已经将数位的含义明确表示出来(具有普适性和公共的约定性),而不是某些人的人为规定(例如,有的学生将一把小棒捆成一捆,而未必是十个一捆)与"替代物直观"相比,图形直观的抽象程度更高一些,其综合程度更强一些,例如,图3.4.13 就将代数关系 $(a+b) \cdot c = a \cdot c + b \cdot c$ 很巧妙地融合在三个矩形的面积关系之中,既有代数的抽象,更有几何图形的抽象。

(五) 几何直观的意义作用与表现形式

在中小学数学教育教学活动中,几何直观不仅体现在理念层面,而且表现在具体的数学教育教学过程之中。

1. 几何直观在理念层面的意义作用与具体表现

现代生物学的有关结论(如表观遗传学的核心结论)表明,人与生俱来的、与子代经验无关的"直观"的物质基础确实是存在的;"这种东西至少以两种方式存在:基因和大脑"[1];但是,如果没有后天的经验(特别是后天的适度刺激),这种直观不可能得到充分的表达;不仅如此,"直观并不是一成不变的,随着经验的积累其功能可能逐渐加强","只有把'先天的存在与后天的经验'有机结合起来,才能形成人的直观能力"[2]。数学学习也是如此。

虽然学生的几何直观有先天的成分,但是,高水平的几何直观的养成,却主要依赖于后天,依赖于个体参与其中的几何活动,包括观察、操作(特别是,诸如折纸、展开、折叠、切截、拼摆等)、判断、推理等等。

几何中的几何直观是无处不在的。小学数学、初中数学中的几何学,主要诉诸学生的直观感受,借以识别各种不同的几何图形及其关系。从而,通过操作,知道长方形通过移动可以形成长方体,圆的移动形成圆柱体,半圆转一周可以形成球,矩形转一周可以成为圆柱,三角形转一周可以成为锥体。同时,能够体会"点动成线""线动成面""面动成体"等现象;认识一些常见的空间图形和平面图形,大多采用观察、操作的方法而获得。首先是维数的概念。然后是认识不同几何图形的形状(长方体、球体、柱体、锥体,平面上的长方形、平行四边形、梯形、圆、椭圆等)。再次,也要涉及立体图形的平面表示,分析三视图,以及各种图形的拼接、密

---

① 史宁中. 数学思想概论(第 2 辑)——图形与图形关系的抽象[M]. 长春:东北师范大学出版社,2009:
　 222-223.

② 同①224.

铺等直观操作活动。同时，也要涉及折纸、展开等实际操作。在这些活动中，学生通过对现实空间中物体的形状、大小及其所处方位的感知，对物体的视图的初步认识、对常见平面图形的了解，积累丰富的几何事实，获得对简单几何体和平面图形的直观经验，进而理解现实的三维世界，形成初步的空间观念和一定的几何直观。与此同时，通过观察、操作等活动，进一步认识三角形、平行四边形、梯形、长方体、正方体等几何形体，利用学生周围常见的事物，引导学生感受和探索图形的特征，丰富图形与几何的活动经验，建立初步的空间观念和几何直观。

因而，积累几何活动经验就成为几何教育的一个更加直接的目标和追求。拥有丰富的几何活动经验并且善于反思的人，他的几何直观更有可能达到更高的水平。

在大多数情况下，数学的结果是"看"出来的，而不是"证"出来的，所谓的"看"是一种直接判断，这种直接判断是建立在长期有效的观察和思考的基础之上。而这个"看"的结果必须经过演绎推理的检验。[1] 不仅是数学，在许多学科中，对于结果的预测和对于原因的探究，起步阶段依赖的都是直观（能力）。

从而，保护学生先天的几何直观的潜质，培养和不断提高学生的几何直观水平，就成为数学教育的一个重要的价值追求，具有重要的理论意义。

2. 几何直观在课堂实践层面的意义作用与具体表现

（1）几何直观有助于将抽象的数学对象直观化、显性化，因而，寻找数学对象的直观模型是有效发挥几何直观的重要环节之一

正如美国数学家阿蒂亚（M. F. Atiyah, 1929—2019）所言，"在几何中，视觉思维占主导地位，……。所以，几何中首先用到的是最直接的形象思维，用形象思维洞察"[2]。这里的"用形象思维洞察"的意识、能力，就是几何直观。借助于恰当的图形、几何模型进行解释，能够启迪思路，帮助学生理解和接受抽象的内容和方法。抽象观念、形式化语言的直观背景和几何形象，为学生创造了一个主动思考的机会和揭示经验的策略，使学生从洞察和想象的内部源泉入手，通过自主探索、发现和再创造，经历反思性循环，体验和感受数学发现的过程，进而，使学生从非

---

① 史宁中. 数学思想概论（第 2 辑）——图形与图形关系的抽象［M］. 长春：东北师范大学出版社，2009：224.

② 阿蒂亚. 数学的统一性［M］. 袁向东，编译. 大连：大连理工大学出版社. 2009：96.

形式化的、算法的、直觉的相互作用与矛盾中形成良好的数学观。

例如,在统计与概率的教学中,借助恰当的几何直观,可以帮助学生理解数据分析观念、感悟随机意识。以某大学附属学校的孙老师执教的小学"认识平均数"(第一课时)的课堂教学中片断为例。

【案例3.4-25】

……第二场比赛——双方参赛人数不同,5名男生,4名女生(教师出示课件,显示如下的投篮结果)

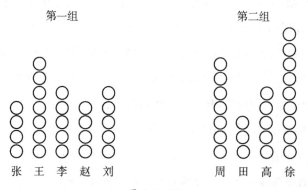

图 3.4.15

师:哪位男生投得最多? 哪位女生投得最少?(王姓男生最多;田姓女生最少)

师:谁投得最多? 谁投得最少?(徐姓女生最多,田姓女生最少)

师:如果5名男生是一个代表队,4名女生是一个代表队,哪一队能赢呢? 怎样评判呢?

(学生独立思考,小组讨论,引出平均数的知识)

师:为什么?

(学生展开激烈的争论,有的认为男生队赢,因为第一组投中的总数多)

师:大家同意这种观点吗?

生:第一组人数多,比总数对女生队不公平。

师:不公平在哪里?

生:人多自然投球就多(人数不同时,比总数不公平)

师：大家同意吗？有没有更好的办法？

生：比最多的，女生队徐姓队员投了9个，男生队最多的投了7个，所以女生赢。

师：同意吗？公平吗？

一番讨论后得出：用每组中平均每人投中的个数来比较，才是公平合理的。

师：刚才同学们都赞同用"每组中平均每人投中的个数"来比较，请大家把学具中的圆片拿出来，按照统计图的方式摆好（一个圆片代表投中了一个球），左边同学摆出男生队的，右边同学摆出女生队的。（像老师这样摆好）

师：如何移动你手中的圆片，让每队中的每个人都同样多？

（学生很快将每组中的多的补到少的上去，男队每个都变成了5个，而女队每个都变成了6个）

师：这里"5个"是男队中某位队员实际投中的成绩吗？它代表什么含义？……

在上述案例中，借助替代物直观"篮球图片"（一个"篮球图片"代表投中了一次），学生很快理解"人数不同比平均数更公平"，而采取"移多补少"的策略、通过移动实在的"篮球图片"理解平均数，确实起到理想效果，即帮助学生从实际操作中体会平均数的真正含义。

（2）凭借几何直观开展的思维活动，可以成为创新性思维活动的开端

在数学教学中，帮助学生凭借几何直观理解有关数学内容，不仅仅能够深化理解，而且，能够培养一种思维方式——凭借简捷、直观的载体，巧妙地化解相关问题，这种思维正是创新性思维的重要成分之一。

事实上，几何直观的作用，一方面在于它对于数学认识活动有启动作用，另一方面则在于，直观直感的材料对于深化数学认识活动具有独特作用。因而，培养学生的几何直观也是认识论问题，是学生认知的重要基础。

（六）几何直观与空间观念的含义差异①

直观与推理是图形与几何领域的核心目标。空间观念与几何直观都是体现

---

① 本段选自：孔凡哲，王艳萍. 几何直观与空间观念的差异及教学侧重点［J］. 新世纪小学数学，2012（6）.

直观的内容,其中,空间观念是指"根据物体特征抽象出几何图形,根据几何图形想象出所描述的实际物体;想象出物体的方位和相互之间的位置关系;描述图形的运动和变化;依据语言描述画出图形等";几何直观是指"利用图形描述和分析数学问题。借助几何直观可以把复杂的数学问题变得简明、形象,有助于探索解决问题的思路,预测结果。特别地,空间观念的培养要贯穿整个数学学习过程中"。

作为"图形与几何"的核心名词,几何直观与空间观念分别从不同的角度涵盖了几何学习的重要目标,二者有局部的差异,且各有侧重。

1. 二者的侧重点非常明显

几何直观通常是在有背景的条件下进行的,借助几何直观"看"出来的结果,往往需要经过逻辑推理的验证。而空间观念侧重于"想象出物体的方位和相互之间的位置关系","描述图形的运动和变化","依据语言描述画出图形",等等,这些活动未必必须凭借看得见、摸得着的真实图形,而可以凭借语言、头脑的想象物等等。

不仅如此,几何直观侧重利用图形整体把握问题,而空间观念侧重于刻画学习者对于空间的感知和把握程度,前者更接近应用层面,可以归为运用图形的能力,后者侧重于几何学习对学习者带来的变化和发展。

2. 二者触及的领域各有侧重

几何直观侧重于利用图形整体分析和把握数学问题,而这里的问题几乎涉及数学的各个领域,而空间观念大多局限在"图形与几何"领域——虽然有时触及几何与数学的其他分支学科的交叉领域。

3. 二者在若干局部领域具有交叉性、重叠性

即,对于凭借图形分析其对应的实际物体,二者具有重叠部分,几何直观侧重于整体把握问题、分析解决相关的问题(虽然问题未必都是几何问题),而空间观念侧重于看到图形想到事物,能够进行图形与其相关事物之间的转换等。

4. 对于学生的形象思维的发展,二者共同发挥作用

在日常教学中,我们应该帮助学生建立空间观念,注重培养学生的几何直观与推理能力。帮助学生逐步形成初步的几何直观,感受几何直观的作用。

特别地,就整个义务教育阶段而言,推理能力的培养必须以学生已有的几何活动经验、几何直观为先导,但必须强调概念或观念的明确定义,以及几何量的代

数运算。在小学阶段,推理能力属于渗透,而不是重点培养,但是,这是整个九年发展推理能力的必不可少的阶段,属于奠基性工作。

(七) 几何直观与空间观念的作用、价值的差异分析[①]

几何直观属于直观感知基础之上所形成的理性思考所致,是学习者对于数学对象的几何属性(或与几何属性密切相关的一些属性)的整体把握和直接判断的能力;

同时,几何直观是学习者、研究者对于数学对象的全貌和本质进行的直接把握,这种直接判断建立在针对几何图形长期有效的观察和思考的基础之上,既有相对丰富的经验积淀,更有经验基础之上的理性的概括和升华。

1. 二者都是图形与几何领域长期学习的积淀所形成的结果,具有连续性

(1) 几何直观需要长期的积淀,即利用图形、采取整体思维的方式把握问题的本质,逐渐形成针对几何图形(及其等价量)的数学直观。

例如,看到 a^2+b^2,完全下意识地(自觉地)想到直角三角形的两条直角边的平方和,它等于斜边的平方。

(2) 长期从事图形与几何的操作活动,并善于分析几何活动要素之间的关系,可以逐步形成空间观念。同时,空间观念的发展具有(儿童发展的)时节性,已有的研究表明,义务教育阶段是发展儿童空间观念的最佳期,一旦错过,几乎无法修复或者重新发展。

而几何的启蒙活动应该借助探索、研究、分析、讨论生活中的真实形体,充分使用学生原有的、处在生活经验状态的几何认知,熟练地描述与表征周围的环境。这些实验、观察、探索的活动需要不间断地安排在不同的学习层次中,探索形体的要素、发现性质、找出形体间的关系,让学生透过有趣的操作实践活动更多地了解几何世界,促进他们几何思维的发展。

2. 二者都具有一定的逻辑性

几何直观属于从整体的视角直接把握问题的本质,其间需要摒弃大量无关的

[①] 本段选自:孔凡哲,王艳萍. 几何直观与空间观念的差异及教学侧重点[J]. 新世纪小学数学,2012 (6).

次要信息,而把握核心要素之间的内在关联,其逻辑的成分显而易见;

与此相对,空间观念的各个成分几乎都涉及逻辑成分,无论是实物与其相应的图形之间的逻辑关系,还是图形之中的各个要素之间的关系,无论是二维、三维图形之间的转换,还是将复杂的图形与其基本图形之间的关系,无论是根据物体特征抽象出几何图形,还是想象出物体的方位及其相互的位置关系,无论是描述图形的运动和变化,还是依据语言的描述画出图形,都或多或少地涉及逻辑因素。

3. 二者具有密切的关联性

作为几何学习的重要目的,无论是几何直观,还是空间观念,都深深融入学生的几何学习活动之中,而这些学习与学生亲身参与的几何活动交织在一起,在许多情况下几乎无法严格区分。虽然空间观念、几何直观都有先天的成分,但是,其实质性的发展都是在后天完成的,同时,二者的发展相互制约、相互促进。

(1) **空间观念的发展对于几何直观的发展具有重要的促进作用,并构成几何直观形成的重要基础。** 虽然不是唯一基础,几何直观发展的另一个重要基础,就是整体思维方式的形成,这需要适度的抽象水平,能够撇开无关要素、单刀直入把握要害。

(2) **几何直观的发展对于空间观念具有重要的强化作用。** 中小学数学中的几何直观具体表现为四种基本形式"实物直观、简约符号直观、图形直观、替代物直观",这些不同类别的几何直观其实与空间观念的发展密切联系在一起:

在实物直观(即实物层面的几何直观)阶段,学生借助与研究对象有着一定关联的现实世界中的实际存在物,以此作为参照物,借助其与研究对象之间的关联,进行简捷、形象的思考,获得针对研究对象的深刻判断(的一种能力),与其同时,学生也在渐渐地经历图形抽象的过程,空间观念的"根据物体特征抽象出几何图形""根据几何图形想象出所描述的实际物体""依据语言的描述画出图形"等成分不断发展。

在简约符号直观(即简约符号层面的几何直观)阶段,学生在实物直观的基础上,进行一定程度的抽象而形成半符号化的直观,诸如行程问题中的线路图等等,运用这种直观形式,学生可以很好地"描述物体的方位及其相互之间的位置关系""描述物体的运动和变化"。

在运用图形直观的阶段,学生可以采以明确的几何图形为载体分析处理相关的问题,既可以涉及代数问题,也可以触及几何问题。其中,分析图形的基本要素之间的相关关系,是准确运用图形直观的关键,这恰恰是空间观念的重要成分之一。

作为实物直观、简约符号直观、图形直观的复合物,替代物直观是一种复合的几何直观,既可以依托简捷的直观图形,也可能依托用语言或数学学科表征物所代表的直观形式,对于"根据物体特征抽象出几何图形""根据几何图形想象出所描述的实际物体"等等成分的培养具有显著作用。

4. 二者彼此具有不可替代性

作为"图形与几何"领域学习的重要目标,几何直观和空间观念彼此无法替代,几何直观侧重于应用,而空间观念侧重于学习者对于几何对象的把握程度。从而,具有良好的几何直观(能力)就构成检验空间观念的重要指标之一(虽然不是唯一指标)。

(八) 几何直观、空间观念的培养

1. 总体策略

(1) 一般思路[①]

空间观念是把三维空间的物体抽象成二维图形,研究的问题主要是位置关系、变化规律;几何直观是利用图形认识问题、启发思路、预测结果。在培养空间观念的过程中,需要同时关注几何直观。二者相辅相成、不可或缺。

在空间观念的培养上,要遵循学生的认知规律。关注学段和知识的划分。刘鹏飞在他的博士论文《义务教育数学课程学段划分研究》中提出建议:"义务教育阶段数学可按照三个阶段安排:第一学段(一、二年级)为'数学感悟阶段';第二学段(三、四、五年级)为'具体抽象阶段';第三学段(六、七、八、九年级)则是'抽象模型阶段'。"这项研究有一定价值,从学段与认知的角度,小学生空间观念的培养可以分为如下三个阶段。

一至二年级学生应该认识现实生活中的物体,感悟三维空间,把握共性、分辨差异。学生能把空间的感悟抽象为上下、左右、前后,感受物体不仅有高低、胖瘦,

---

① 本段内容选自:史宁中. 人是如何认识和表达空间的? [J]. 小学教学(数学版),2019(3):13-16.

还有前后。以圆柱和长方体为例,因为学生容易发现差异,不容易发现共性,所以教师要着重引导学生体会圆柱和长方体的共性是什么。可以尝试让学生搭积木,理解空间的表达不仅有高低和胖瘦,还有前后,可以借助分类活动体会共性和差异。一至二年级学生需要在分类活动中学会自己制定分类的标准,让学生懂得要按制定的标准进行分类。

三至四年级学生应该从三维空间的图形中,把点、线、面这些基本概念抽象出来,知道这些概念的性质,即两点决定一条直线,三点决定一个平面;知道这些概念的关系,即点在线上、线在面上、面在体上;感悟度量的本质,即两点间的距离;进一步培养学生的空间想象力,建立几何直观。设计一些活动是非常重要的,如让学生拆盒子:三年级学生会把三维的盒子的展开图表达在二维平面上;四年级学生会从二维的展开图想象出三维的盒子,从而建立三维空间和二维平面之间的联系。这样的直观对未来学习立体几何、解析几何非常重要。

五至六年级学生需要感悟几何度量的重要性,知道为什么要设置统一的度量单位,学会基于两点间距离的各种度量方法,会度量长度、面积、体积、角度,并且基于度量重新认识空间。例如。如何理解基本事实"两点之间直线段最短",如何从这个基本事实出发推导出三角形两边之和大于第三边。再如,通过体积的计算,知道对于一个给定的矩形,以宽为轴旋转得到的图形体积大于以长为轴旋转得到的图形体积。

基于这样的思考。图形与几何的教学也可以相应地划分为三个阶段。

（2）**具体策略**[①]

空间观念需要渗透在"图形与几何"学习的方方面面,而几何直观需要渗透在数学学习的各个领域,特别是,在"数与代数""统计与概率""实践与综合"领域。例如,通过观察、操作等活动,进一步认识三角形、平行四边形、梯形、长方体、正方体等几何形体,利用学生周围常见的事物,引导学生感受和探索图形的特征,丰富图形与几何的活动经验,建立初步的空间观念和几何直观。因而,积累几何活动

---

① 本段选自:孔凡哲,王艳萍. 几何直观与空间观念的差异及教学侧重点[J]. 新世纪小学数学,2012 (6).

经验就成为几何教育的一个更加直接的目标和追求。拥有丰富的几何活动经验并且善于反思的人,他的几何直观更有可能达到更高的水平。

与此相对应,借助于恰当的图形、几何模型进行解释,能够启迪思路,帮助学生理解和接受抽象的内容和方法,而抽象观念、形式化语言的直观背景和几何形象,都为学生创造了一个主动思考的机会和揭示经验的策略,使学生从洞察和想象的内部源泉入手,通过自主探索、发现和再创造,经历反思性循环,体验和感受数学发现的过程。

几何直观更多地体现在问题解决之中、新知建构的过程之中,而空间观念需要全方位地体现在学生亲身参与几何活动之中。借鉴俄罗斯沙雷金(I. Sharygin, 1937—2004)和叶尔冈日耶娃合著的《直观几何》[①]中的做法,通过折纸、摆火柴、走迷宫、镶嵌等操作活动,接触"反射与对称""拓扑经验""七桥问题""单向曲面""六面体的展开""多边形铺设""坐标与方位""密码通讯"等课题,让小学生用直观的方法接触大量的、生动的几何世界,既可以在问题解决之中体会几何直观带来的美妙,又可以在活动之中发展空间观念,开阔学生的数学视野,体验数学的魅力和情趣。[②]

就九年一贯制教育的整体而言,随着年级的升高,几何直观的层次需要逐级提升,从最初侧重于实物直观,关注实物抽象,逐步过渡到以符号直观、图形直观为主,实物直观为辅,关注符号抽象、图形抽象(当然,与初中阶段相比,小学阶段出现的符号抽象相对偏少)。而空间观念的发展需要从涵盖"根据物体特征抽象出几何图形""根据几何图形想象出所描述的实际物体""想象出物体的方位和相互之间的位置关系""描述图形的运动和变化""依据语言描述画出图形"等各个方面,而不可局限在某些方面,比如,从实物到图形的转换。

几何直观需要较高的思维水平,从而,更需要教师在日常教学中不断地主动运用几何直观帮助学生建构自己的数学理解,有意识地培养学生的整体思维方式和数形结合的意识,并帮助学生把握好起核心作用的那些基本图形(诸如三角形、

---

① 沙雷金,叶尔冈日耶娃. 直观几何[M]. 吕乃刚,译. 上海:华东师范大学出版社,2001.
② 孔凡哲,史亮. 几何课程设计方式的比较分析——直观几何、实验几何与综合几何课程设计的国际比较[J]. 数学通报,2006(10):7-11.

正方形等等)。比如,下面的代数案例就可以很好地体现几何直观的作用:

【案例3.4-26】 北师版数学3年级上册第30-31页《去游乐场——两位数乘一位数进位乘法》。

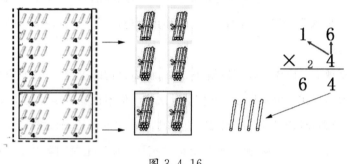

图 3.4.16

用图3.4.16所示的小棒直观图让孩子理解,$4 \times 6 = 24$中的2要加在十位上,这个2在图里就代表24中的那两捆小棒,因为这两捆小棒要先跟上面那四捆小棒相加,整捆加整捆,算十位$4 \times 1 = 4$还要加上个位进来的2。结合小棒图,给孩子一个直观的感受,孩子更容易理解竖式的算理。

但是,随着学龄的增加(特别是,从九年一贯制教育的整体出发),我们要有意识地提高学生几何直观的层次和水平,逐步过渡到第三学段(即初中阶段)以图形直观、符号直观为主的层次,而不能仅仅停留在处处都以实物直观为主的层面。

2. 空间观念的培养策略

作为数学课程教学的重要目标之一,发展学生的空间观念,是数学学习所必需的。但是,空间观念并非涉及所有的数学课程内容,而是仅仅涉及"图形与几何"的大部内容。在这些内容的课程教学中,发展空间观念集中体现为"实像—抽象—想象—活动"四要素:

(1) 实像——几何操作

空间观念的发展离不开几何操作。这里的操作既可以是实物操作,也可以是模拟场景下的操作,还可以是抽象层面的操作。

【案例 3.4‑27】　在图 3.4.17 的情境之中,你看到了什么? 大家各自坐在桌子的什么位置? 桌面上物体分别在什么位置? 用适当的词表述你看到的结果。

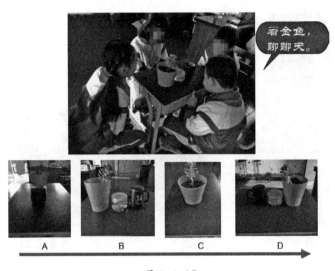

图 3.4.17

在这里,四位学生分别坐在桌子的东西南北四个方位,而且按照平面图形上下左右(目光平视)进行观察(而不是选择桌肚为观察视角或选择桌背为观察视角),有几位同学看不到金鱼? 为什么?

【案例 3.4‑28】　小猫、猴子、长颈鹿到好朋友大象家做客,看到客厅的摆件台(全貌图如图 3.4.18 所示)。你认为三幅图分别是谁看到的画面? 为什么?

分析:小猫、猴子、长颈鹿三位的身高决定了其观察的视角,长颈鹿是俯视,猴子是平视,小猫是仰视,看到的结果自然是不同的,其中,俯视是上面的图形显得大、下层的东西显得小,而且,能看到第一层摆台的上面;平视只能看到中间摆台的一条棱和第一层摆台的底面;仰视只能看到摆台第一层的底(而看不到第一层的上面)。于是,图 3.4.19

图 3.4.18

是猴子看到的结果,图3.4.21是长颈鹿看到的结果,而图3.4.20是小猫看到的结果。

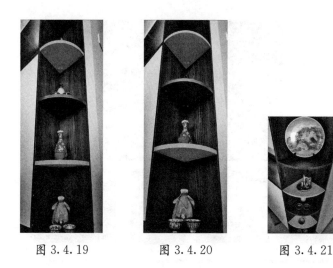

图3.4.19   图3.4.20   图3.4.21

【**案例3.4-29**】 根据下面三视图建造的建筑物是什么样子的? 共有几层? 一共需要多少个小立方体?

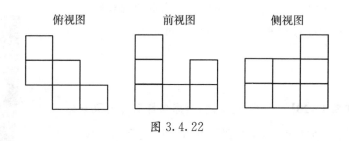

图3.4.22

【**案例3.4-30**】 几何体的展开折叠。

图3.4.23

① 用橡皮泥(胡萝卜、土豆等)制作圆柱体及球体,用线将橡皮泥切开,观察圆

柱体及球体平行于底部的截面(如图 3.4.23 所示),并把截面涂上颜色印下来作记录,或者用笔沿图形边勾画出截面。

②　制作正棱柱的展开图:

生活中的正棱柱包装盒很多,比如,图 3.4.24 就是一种茶叶盒。引导学生制作几何体的展开图,是高年级的内容,帮助学生经历二维展开图与三维几何体之间的转换过程,就是空间观念发挥作用的过程。

展开图需要满足这样的条件:上表面和下表面至少要有一条边与侧面连接,而侧面之间则不必完全连接。

正棱柱的展开图大致分为两类:

当侧面都连在一起时,只要两个一样的正多边形在侧面所连成的大矩形的两侧即可(如图 3.4.25 所示);

当侧面和侧面不连接在一起时,那么,有一个正多边形就会和每一个侧面都有连接,另一个正多边形和其中的一个侧面的矩形连接即可(如图 3.4.26 所示)。

这两类展开图均可组成一个正棱柱。

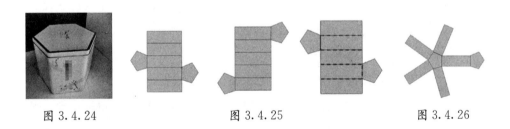

图 3.4.24　　　　　　　图 3.4.25　　　　　　　图 3.4.26

③　任选前一步中可以组成正棱柱的展开图,将展开图按连接线(图 3.4.25 中的虚线位置)折起,用胶粘住,一个正棱柱就做好了。

回答这些问题,必须多次进行形如"如果……那么……"的思考,尝试得出正确的结论。比较、综合、归纳、模拟、与位置有关的推理、有条理的具体操作等一系列手段在这里都用得上。回答这个问题会经历"提出假设、得出一个结论、证实或否定这个结论",这个过程正是数学问题解决的全过程。这里虽然没有严密的逻辑和推理,与直观结合的思考,照样能得出正确结论,而这些活动都是发展空间观念的载体。

（2）抽象——几何概念的抽象、图形的抽象、图形性质的探讨

这里既包含几何概念的抽象过程，例如，角的概念的抽象过程——让学生亲身经历"从一点出发的两条射线所围成的图形就是角"，经历从大量生活原型中抽象出来的过程，既是发展图形抽象能力，也是空间观念形成的过程。不仅如此，操作之中的想象，与想象之后的操作验证，都是空间观念形成所必需的。先想象一下再动手（几何）操作，再回想（几何）操作的过程，是培养空间观念的重要环节。

图 3.4.27

【案例 3.4-31】　木板上有三个孔（如图 3.4.27所示），一个是正方形、一个是等腰三角形，一个是圆。你能否设计一个塞子，把这三个孔分别都能塞住（盖住）。它的形状是怎样的？不妨先想象一下这个塞子的形状，然后再动手做一做，看看和自己想象的是否一致。

（3）想象——借助相应的课程内容，采用辅助手段（手机的照相功能、特定软件等）

【案例 3.4-32】　动态软件生成的方位判断：软件呈现的是一个人站在天安门广场中央环视广场的场景，学习者可以拖动鼠标滑动画面，形成人在广场上转动可以看到广场东西南北各个场景画面的效果，如果告知你某一个画面（如，天安门城楼）是北面，那么，南面是哪个画面？东面、西面又分别是哪个画面？

这个软件的最大优势就是利用软件模拟身临其境的效果，拖动鼠标达到亲眼看到东西南北场景的效果，其中，包含了空间推理，凸现了空间观念中的方位感的作用，也是训练方位感非常好的工具。

【案例 3.4-33】　选择教室内的第三排靠走道的某个同学为观测点，教师在教室内现场用手机拍照，分别拍这位同学的正面像、后面像、左侧面像、右侧面像，随后马上将四张照片传到教室电脑的投影仪上，但四张照片的顺序被打乱了。教师请学生判断：哪张照片是从哪个方向拍的？为什么？

（在这里，必须说出理由，诸如"只有从前面拍照才能看到他的脑门""只有从他的左侧拍才能看到他的左耳，而不可能看到他的右耳"，等等，其中包含空间推

理的成分,这是发展空间观念的难得机会)

（4）特定的活动——必须让学生亲身经历的几何活动,在活动中感悟体会,才能逐步形成空间观念

【**案例3.4-34**】 在上海外滩拍到的不同视角的照片。

图 3.4.28

图 3.4.29

图 3.4.30

图 3.4.31

你认为,上述图 3.4.28~图 3.4.31 的四张照片分别是在大致哪个方位拍摄的? 为什么?

【**案例3.4-35**】 图 3.4.32 展示的是某沿海地区的示意图①:游船在其附近的海岸线驶过。船上的游客看到了一些陆地上的标志性建筑:教堂、磨坊和灯塔。他拍下了一些照片,我们现在看到的这些图片就是游客随船航行经过此地时拍摄

① 孙晓天,孔凡哲,刘晓玫.空间观念的内容及意义与培养[J].数学教育学报,2002,11(2):50-53.

下来的。不巧,这些照片的顺序被打乱了。我们能按照片原来拍摄的先后顺序把它们重新排列起来吗?

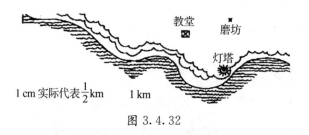

图 3.4.32

首先,我们应当想象一下当时的实际情景,船是按什么方向行驶的,不妨假定从图 3.4.32 的左侧向右侧方向航行,那么,从最左侧看教堂、磨坊和灯塔,我们将看到的是什么情景呢?磨坊在教堂左侧一点,灯塔与教堂相比较,应离我们远一些,对照一下图 3.4.33 的 6 幅图,可以发现图③符合上述要求,应是第 1 幅照片。

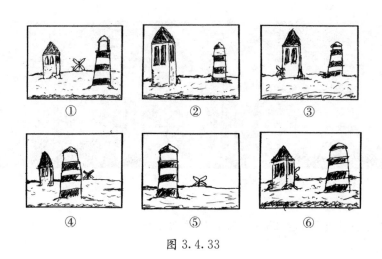

图 3.4.33

下面我们让头脑中的"船"慢慢向右航行,磨坊将被教堂挡住了,在图 3.4.33 中,发现图②表现的正是这种情形,渐渐地磨坊应当露出一点了(图⑥),再向右航行的话,我们看到的磨坊应在教堂与灯塔之间(图①),想象我们设身处地的在"船"向右航行的过程中,看到的景色也随之而变化,下面我们应当看到灯塔应在教堂与磨坊之间(图④),后来,教堂被灯塔挡住了,这是 6 幅图中的最后一幅了

（图⑤）。

按照上述分析,从左向右航行的话,照片拍摄的顺序是③,②,⑥,①,④,⑤,如果航向是从右到左的话,照片拍摄的顺序则是⑤,④,①,⑥,②,③。

【案例 3.4-36】　当你驱车沿一条平坦的路向前行驶时,为什么你前方那些高一些的建筑物好像"沉"到了位于它们前面那些矮一些的建筑物后面去了? 而当你经过他们之后,那些"沉"下去的建筑物又逐渐"冒"了出来,这其中的原因何在? 这一情形可以抽象为以下情景图:如果你所在的位置是 A ,你是否会看到后面那座高大的建筑物? 为什么?

这样的情景是很多学生经历过的,这样的问题能吸引他们的兴趣,而正确回答这个问题要涉及到视线、视点、视角、视距等许多与投影有关的概念,对这个问题的讨论会引导学生逐渐明了这样的道理:被视物体看上去的高矮是由视角 a 所决定的,而视角的大小又依赖于被视物的高度和视点与被视物之间的距离。距离越近,视角 a 越大,距离越远,视角 a 越小。如果 A 再向前挪动一点,视角 a 再大一点,那座高大的建筑物就会在你眼前消失。"沉"到矮的那座后面去。这样,问题就可以回答清楚了。

这些例子揭示了如何从普通生活中的情景出发,在分析讨论的基础上,找出几何模型,通过思考和简单的实验,不断认识、了解和把握实物与相应的平面图形之间的相互转换关系,通过切身的感受和体验建立空间观念。这样的题材接触多了,二维和三维空间之间的界限就会越来越模糊,空间观念就可以不断的生发并逐步形成。

3. 几何直观的培养策略

（1）几何中的几何直观：无处不在

小学数学、初中数学中的几何学,主要诉诸学生的直观感受,借以识别各种不同的几何图形及其关系。反映几何直观的相关内容,是一切几何学的基础,贯穿于几何学领域(即《数学课程标准》中的"图形与几何")之中,这些内容既是经验几何的中心内容,也是推理几何的重要参照和素材。因而,让中小学中的几何学"动"起来、数形结合等,都是为了有效发挥几何直观的作用,更好地培养学生的几何直观。

义务教育数学中的几何学,主要诉诸学生的直观感受,借以识别各种不同的几何图形及其关系。反映几何直观的相关内容,是一切几何学的基础,贯穿于几何学领域(即《数学课程标准》中的"图形与几何")之中,这些内容既是经验几何的中心内容,也是推理几何的重要参照和素材。因而,让中小学中的几何学"动"起来、数形结合等等,都是为了有效发挥几何直观的作用,更好地培养学生的几何直观。

与此同时,通过观察、操作等活动,进一步认识三角形、平行四边形、梯形、长方体、正方体等几何形体,利用学生周围常见的事物,引导学生感受和探索图形的特征,丰富图形与几何的活动经验,建立初步的空间观念和几何直观。

因而,保护学生先天的几何直观的潜质,培养和不断提高学生的几何直观水平,就成为数学教育的一个重要的价值追求。而积累几何活动经验就成为几何教育的一个更加直接的目标和追求。拥有丰富的几何活动经验并且善于反思的人,他的几何直观更有可能达到更高的水平。在"图形与几何"领域的教学中,这是切实培养学生几何直观最有效的渠道和方法。

(2) 数与代数中的几何直观——理解和把握代数抽象的有力工具

对于相对抽象的数与代数来说,恰当的几何直观往往是帮助学生建构理解的有力"抓手"。更一般地,几何直观有助于将抽象的数学对象直观化、显性化。

因而,在"数与代数"中,寻找数学对象的直观模型是有效发挥几何直观的重要环节之一,也是培养几何直观的有效途径。

例如,在小学分数除法教学中,下面的课堂实录①②很好地体现了几何直观帮助学生理解"除以一个数等于乘以这个数的倒数"的事实。

【案例 3.4-37】

师:上节课我们学习了整式除法,下面这个问题谁能帮老师解决呢?

① 孔凡哲. 中日课堂教学对比诠释及其启示(上)[J]. 小学教学(数学版),2009(4):51-52.
② 孔凡哲. 中日课堂教学对比诠释及其启示(下)[J]. 小学教学(数学版),2009(5):52-54.

> 3 升油漆能刷 6 平方米的墙,那么 1 升能刷多少平方米的墙?

想一想该怎么列算式呢?(教师板书)

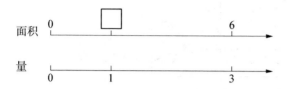

(在教师指导下,学生全体齐声读题)

学生甲:(口述算式)6÷3=2(老师板书)

师(总结): 总量÷份量＝一份的量

师(出示新问题):(全体学生读题)

> $\frac{1}{3}$ 升油漆能刷 $\frac{5}{8}$ 平方米的墙,问 1 升能刷多少平方米的墙?

师:利用上面的模型我们该如何画出类似于上图的示意图呢?

当你看到这个问题时候,结合我们学习过的整式除法,应该怎么计算呢?我们简单回顾一下上题,"3 升油漆能刷 6 平方米的墙,那么,1 升能刷多少平方米墙?",可以看出来,3 对应 $\frac{1}{3}$,6 对应 $\frac{5}{8}$,那么应该怎么列式呢?

(教师在学生中巡回发现两种典型的画法,将其抄在黑板上)……

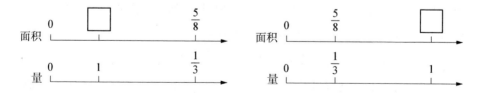

在这里,具有对应关系的两个射线式的数轴,就是帮助学生建立 $\frac{5}{8} \div \frac{1}{3} = \frac{5}{8} \times 3$ 的有力工具和重要载体,而学生针对 $\frac{5}{8} \div \frac{1}{3} = \frac{5}{8} \times 3$ 的发现竟然还可以通过图 3.4.34 得到(即,将一升油漆看作一个长方形,将其均分成三份,其中一份是

三分之一。再将每个三分之一的小长方形均分成八份,取其中的五份,三个五份就是最终的结果,即 15 份,而这里的每份是八分之一),这正是几何直观的妙用!

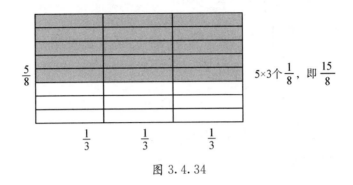

图 3.4.34

总之,在"数与代数"领域,借助于恰当的图形、几何模型进行解释,能够启迪思路,帮助学生理解和接受抽象的内容和方法,而抽象观念、形式化语言的直观背景和几何形象,都为学生创造了一个主动思考的机会和揭示经验的策略,使学生从洞察和想象的内部源泉入手,通过自主探索、发现和再创造,经历反思性循环,体验和感受数学发现的过程,进而使学生从非形式化的、算法的、直觉的相互作用与矛盾中,形成良好的数学观。

（3）统计与概率中的几何直观

在统计与概率的教学中,借助恰当的几何直观,可以帮助学生理解数据分析观念、感悟随机意识。

例如,前文中的案例 3.4 - 25 中,借助替代物"篮球图片"(一个"篮球图片"代表投中了一次),学生很快理解"当人数不同时,比平均数更公平",而采取"移多补少"的策略,通过移动实在的"篮球图片"理解平均数,确实起到理想效果,即帮助学生从实际操作中体会平均数的真正含义。事实上,几何直观的作用,一方面在于它对于数学认识活动有启动作用,另一方面则在于,直观直感的材料对于深化数学认识活动具有独特作用。因而,培养学生的几何直观也是认识论问题,是学生认知的重要基础。

（4）实践与综合中的几何直观

《义务教育数学课程标准》(2011 年版)的案例"例 76　包装盒中的数学"比较

好地体现了实践与综合中的几何直观的特殊作用。这个案例是：

① 让学生分组收集一些商品的空包装纸盒,请大家分别计算出他们的体积和表面积。

② 请学生将这些盒子拆开,看一看它们是怎样裁剪和粘接出来的。

③ 给一个矩形纸板(如 A4 纸大小),让学生根据上面的发现,裁剪、折叠出一个无盖长方体的盒子,并计算出它的体积。

④ 同组同学之间比较结果,分析谁的体积比较大,分析怎样能作一个体积更大(最大)的盒子(只是实验、比较,不要求证明)。

⑤ 结合一种具体的待包装物体(如 5 本书或 2 个茶杯)设计一个包装盒,使这个盒子恰能包容它们,如有可能,实际做出这个盒子。

正如《义务教育数学课程标准(2011 年版)》在该案例说明中指出的,“这是一个过程比较长的活动,可以引导学生体验一个比较完整的问题解决过程。让学生收集包装盒、拆开观察是一个很有益的过程,能很好地启发学生如何寻求解决后面问题的思路”,我们看来,这里的活动设计,充分考虑了实物直观(即这里的包装纸盒——客观实在的、几乎每天都能见到)、图形直观(如,拆盒子得到长方体的侧面展开图,用矩形纸板裁剪、折叠一个盒子)、替代物直观(如,给实物设计包装盒等),而学生亲身经历这种过程,正是几何直观得以发展的重要载体。其中的“问题⑤是一个实际应用,它的结果不唯一,可以交流展示学生的成果,请学生说明制作过程中的关键数据是如何得到的和裁剪方案是如何形成的”,正说明,借助实物的想象和直观意义上的推理,正在发挥重要作用。

（5）数学文化中“借助几何直观进行思考”的典型案例有助于发展学生的几何直观

在数学发展历程中,对数学中的很多问题的发现与解决,数学家的灵感往往发端于几何直观。数学家总是力求把他们研究的问题尽量变成可借助于图形直观加以分析解决的问题,使直观变成数学发现的向导。因而,借助几何直观进行思考,已经成为一种很重要的研究策略,在科学发现过程中起到不可磨灭的作用。

数学发展的历程表明,越是高度抽象的数学内容,往往越需要形象直观的模型作为其解释和支撑,即使是推理几何的功臣欧几里得,在进行几何学的论述过程中仍然依赖了头脑中的图形的直观。正如笛卡儿所确认的"起始原理本身则仅仅通过直观而得知"①。正所谓"物极必反"——越是抽象的数学对象,其数学本质越有可能用简捷而直观的图形来表达。

而学生作为一个个体,其数学学习历程与作为群体的人类的数学发展历程,在某种程度上具有一定的同构性、相似性。在数学教学中,借助恰当的图形、直观的模型,更有利于揭示数学对象的性质和关系,使思维更容易转向更高级、更抽象的空间形式,使学生体验数学创造性的工作历程,激发学生的创造激情,有利于形成良好的思维品质。

当然,无论是数学家的研究,还是学生的数学学习,直观本身不是目的,而是手段。对于学生的数学学习而言,直观是为了形成学生的生动表象并借以形成概念、发展规律,促进抽象思维的发展。

总之,几何直观是指借助于见到的(或想象出来的)几何图形的形象关系,对数学的研究对象(即空间形式和数量关系)进行直接感知、整体把握的能力。几何直观是影响中小学生数学发展的重要因素之一,培养和发展学生的几何直观,是数学课程"图形与几何"领域的核心目标之一。而培养和发展学生的几何直观,需要依托数学课程的每个领域,而不仅仅是"图形与几何"领域的任务。同时,有效的培养工作必须依托具体的数学课程教学内容、落实在课程内容之中、课堂教学细节之中。为此,教师具有培养学生几何直观的自觉意识是重要的,而将几何直观的培养自始至终落实在数学教学的每个环节,是至关重要的,这种工作以保护学生先天的几何直观的潜质作为起点,以有效提升学生的几何直观水平作为终点,最终形成针对几何的敏锐洞察力和深厚的数学素养。

四、运算能力及其培养

(一)运算能力的含义

数学运算是数学科学的重要内容,运算能力是数学能力的基本成分之一。

---

① 笛卡儿. 探求真理的指导原则[M]. 管震湖,译. 北京:商务印书馆,1991:11.

运算能力主要是指能够根据法则和运算律正确地进行运算的能力。培养运算能力有助于学生理解运算的算理,寻求合理简洁的运算途径解决问题。[①]

《普通高中数学课程标准(2017年版)》采用"数学运算"表达运算能力,即"数学运算是指在明晰运算对象的基础上,依据运算法则解决数学问题的素养。主要包括:理解运算对象,掌握运算法则,探究运算思路,选择运算方法,设计运算程序,求得运算结果等。数学运算是解决数学问题的基本手段。数学运算是演绎推理,是计算机解决问题的基础"。[②]

运算能力是指不仅会根据法则和运算律正确地进行运算的能力,而且要理解运算的算理、能够根据题目条件寻求简捷、合理的运算途径。通常所说的运算能力实际还包括运算技能,如心算、笔算以及四则运算、方程运算的技能等等。

在中小学数学中,运算能力实际上就是在运算律指导下对数进行计算、对式进行变形的能力。从而,计算能力是运算能力的一种特殊情况。

这里的"进行变形",如果抽掉变形的具体内容而看其本质内容,那么,实际上就是一个映射。所以,有人把运算理解为一个特殊的映射[③]:

代数运算实际上是一个特殊的映射。

事实上,定义一个 $A \times B$ 到 D 的映射叫做一个 $A \times B$ 到 D 的代数运算。如果 $a \in A$, $b \in B$,就可以通过这个代数运算,得到 $d \in D$。

所以,我们可以说,所给代数运算能够对 a 和 b 进行运算,而得到一个结果 d,这正是普通计算的特征。比方说,普通加法也不过是能够把任意两个数加起来,而得到另一个数。如此,实数集上的四则运算,就是四个代数运算。在自然数集上,求任意两个元素 a 与 b 的最小公倍数 $[a, b]$ 也是一种运算。同时,变换也可以作为运算的对象。如平面上的一个旋转变换 f_0,把平面上每一点 $P(r\cos \alpha,$ $r\sin \alpha)$ 变换为 $f_0(P):[r\cos(\alpha + \theta), r\sin(\alpha + \theta)]$。 在旋转变换集合 F 上,可以定义旋转的乘法运算:$f(\theta_1) \cdot f(\theta_2) = f(\theta_1 + \theta_2)$,于是,映射又可视为运算的对象。

① 中华人民共和国教育部. 义务教育数学课程标准(2011年版)[S]. 北京:北京师范大学出版社,2012:6.
② 中华人民共和国教育部. 普通高中数学课程标准(2017年版)[S]. 北京:人民教育出版社,2018:7.
③ 曹才翰. 中学数学教学概论[M]. 北京:北京师范大学出版社,1990.

（二）运算能力的特点

运算能力具有层次性和综合性的特点。

1. 运算能力的层次性

在数学科学中，各种运算是由简单到复杂、由具体到抽象、由低级到高级，逐步形成和发展起来的。

（1）运算能力是随着运算对象的发展而发展的

在中小学数学中，数、式、方程、不等式、函数、集合、对应、变换、命题、向量、矩阵等都是运算的对象；从运算的级次看，由加、减、乘、除等四则运算（即代数运算），到指数、对数、三角函数、反三角函数等超越运算，由有限的运算到极限、微分、积分等无限运算，运算的级次一级比一级高。

运算能力是随着知识逐步加宽、内容的不断深化、抽象程度的不断提高而逐步发展的，它不是一次就可以完成的。

（2）运算能力的发展具有层次性

理解运算意义，明确运算的公式与法则，这是了解运算的基本知识；在此基础上，必须经过适度的训练，才能掌握运算的程序与步骤，形成运算技能；同时，在不同问题、不同情境中灵活运用相应运算，才能形成能力。

2. 运算能力的综合性

（1）运算能力的发展与其他数学能力密不可分

运算能力不可能独立地存在和发展，而是与记忆能力、理解能力、推理能力、表达能力以及空间想象能力及其他能力互相渗透、互相支持的。如果对数学概念或基础知识的理解不透彻，或者根本不理解，运算时就必然带有盲目性。学生不善于推理，就无法选取合理的运算方法，甚至对显然不合理的运算结果也觉察不出。[①]

（2）在中小学数学中，运算常常作为解决问题、完成推理、做出判断的工具，这是运算能力综合性的又一种表现

运算能力本质上是逻辑思维能力在运算中的具体体现。运算能力是与其他能力互相渗透、互相支撑的综合数学能力。

---

① 曹才翰. 中学数学教学概论[M]. 北京：北京师范大学出版社，1990.

(三) 运算能力的培养

数学运算是数学科学的重要内容,运算能力主要是指逻辑思维能力与运算技能的结合,即不仅会根据法则正确地进行运算,而且要理解运算的算理;能够根据题目条件寻求简捷、合理的运算途径。它不能独立存在和发展,而是与观察力、记忆力、理解能力、推理能力、表达能力以及空间想象力等一般能力相互渗透、相互支撑形成一种综合性的数学能力。

运算能力在实际运算中形成和发展,并在运算中得到表现。这种表现有两个方面:一是正确性;二是迅速性。正确是迅速的前提,没有正确的运算,迅速就没有实际内容;在确保正确的前提下,迅速才能反映运算的效率。运算能力的迅速性表现为准确、合理、简捷地选用最优的运算途径。培养学生的运算能力必须做好以下几个方面:

1. 牢固地掌握概念、公式、法则

数学的概念、公式、法则是数学运算的依据。数学运算的实质,就是根据有关的运算定义,利用公式、法则从已知数据及算式推导出结果。在这个推理过程中,如果学生把概念、公式、法则遗忘或混淆不清,必然影响结果的正确性。学生运算能力差,普遍的表现为运算不正确,即在运算中出现概念、法则等知识性的错误。

因此,在教学中要注意以下几点:

首先,在讲授新课时,应经过由具体到抽象,由感性到理性的过程,自然形成概念,导出公式、法则,弄清它的来龙去脉,明确条件是什么,结论是什么,在什么范围内使用,并通过课堂练习及时巩固,使之在学习头脑中树立起清晰的记忆。

其次,在讲授概念、公式、法则时,要让学生在理解的基础上,用自己的话准确地表达出来,加深对公式、法则的理解和记忆,并与学生一道总结记忆概念、公式、法则的方法。对那些相关的概念、易混淆的公式、法则,可指导学生用同时对比或前后对比的"比较记忆法"(即找相同点、相异点来记),在比较的基础上,对识记的内容加工、整理、归类,然后分别采用"联想记忆法"(即把内容相近、相似、相反和有因果关系的内容联系起来记)。使用"分类记忆法"(即把内容按性质、形状、特点、意义等分门别类地记忆)这种记忆方法,可以收到事半功倍的效果。

最后,及时回收教学效果的反馈信息,一旦发现典型错误,就应及时通过正反

两方面的例子进行纠正,加深理解、强化记忆,使错误不再重现。

2. 掌握运算层次、技巧,培养迅速运算的能力

数学运算能力结构具有层次性的特点。在教学中,应该是一步一个脚印地走稳,一个层次一个层次地"夯实"打好基础,切不可轻视那些简单的、基础的运算。在每个层次中,还要注意运算程序的合理性。运算大多具有一定模式可循,这有呆板的一面。但是,由于运算中选择的概念、公式、方法的不同,往往繁简各异,在这种意义上,又有它灵活的一面,往往由于运算方案不同,有的繁琐容易出错,有的简便合理,运算迅速正确。要做到运算迅速、正确,应从合理上下功夫。

数学运算只抓住了一般的运算规律还是不够的,必须进一步形成熟练的技能技巧。因为在运算中,概念、公式、法则的应用千变万化,对象十分复杂,没有熟练的技能技巧,常常出现可想而不可及的麻烦。

此外,要求学生掌握口算能力。运算过程的实质是推理,推理是从一个或几个已有的判断,做出一个新的判断的思维过程。运算的灵活性具体反映思维的灵活性:善于迅速地引起联想,善于自我调节,迅速及时地调整原有的思维过程。一些学生之所以在运算时采用较为繁琐的方法,主要是因为他们思考问题不灵活,不能随机应变,习惯于旧的套路,不善于根据实际问题的条件和结论,迅速及时地调整思维结构,选择出最恰当的运算方法。

五、 数学模型思想及其培养

数学学习不仅要掌握基础知识、基本技能,而且要掌握基本思想和基本活动经验。在中小学数学课程教学中,最重要、最基本的数学思想是抽象、推理与模型。这些思想不仅是数学科学赖以存在与发展的核心思想,而且,也是对学生在数学上的终身可持续发展(乃至终身受益)的核心数学思想。

把握数学模型思想,对学生的数学学习至关重要。

(一) 数学模型思想的基本内涵

1. 数学课程标准中的相关界定

《义务教育数学课程标准(2011 年版)》指出,"模型思想的建立是帮助学生体

会和理解数学与外部世界联系的基本途径"①。

这句话实际上是明确了"数学模型思想"的作用,而随后提出的"建立和求解模型的过程",即"从现实生活或具体情境中抽象出数学问题,用数学符号建立方程、不等式、函数等表示数学问题中的数量变化和变量规律,求出结果、并讨论结果的意义",旨在帮助学生初步形成模型思想,提高学习数学的兴趣和应用知识。

《义务教育数学课程标准(2011 年版)》在教材编写中提出具体要求,即:

教材应当根据课程内容,设计运用数学知识解决问题的活动。这样的活动应体现"问题情境—建立模型—求解验证"过程,这个过程要有利于理解和掌握相关的知识技能,感悟数学思想、积累活动经验;要有利于提高发现和提出问题的能力、分析和解决问题的能力,增强应用意识和创新意识。

其实是阐述如何培养学生的模型思想、应用意识等。

《普通高中数学课程标准(2017 年版)》采用了"数学建模"一词,指出"数学建模是对现实问题进行数学抽象,用数学语言表达问题、用数学方法构建模型解决问题的素养。数学建模过程主要包括:在实际情境中从数学的视角发现问题、提出问题,分析问题、建立模型,确定参数、计算求解,检验结果、改进模型,最终解决实际问题。……数学建模主要表现为:发现和提出问题,建立和求解模型,检验和完善模型,分析和解决问题"。② 同时,在教材编写中提出"落实数学建模活动与数学探究活动"的具体要求。③

为此,很有必要厘清模型的基本含义以及模型思想的具体内涵。

2. 数学意义上的"模型"

"模型"是指为了某种特定目的将原型的某一部分信息简化、压缩、提炼而成的原型替代物。

在数学上,模型即数学模型(Mathematical Model)。

所谓数学模型,是指根据实际问题和研究对象的特点,为了描述和研究客观现象的运动变化规律,运用数学抽象、概括等方法,而形成的用以反映其内部因素

---

① 中华人民共和国教育部. 义务教育数学课程标准(2011 年版)[S]. 北京:北京师范大学出版社,2012:7.
② 中华人民共和国教育部. 普通高中数学课程标准(2017 年版)[S]. 北京:人民教育出版社,2018:5,6.
③ 同②92.

之间的空间形式与数量关系的数学结构表达式,包括数学公式、逻辑准则、具体算法或数学概念。

数学模型是数学抽象的高度概括的产物,其原型可以是具体对象及其性质、关系,也可以是数学对象及其性质、关系。数学模型有广义和狭义两种解释。广义地讲,数学概念,如数、集合、向量、方程都可称之为数学模型。数学中的各种基本概念和基本算法,都可以叫做数学模型。加、减、乘、除都有各自的现实原型,它们都是以各自相应的现实原型作为背景抽象出来的。① 狭义地说,只有反映特定问题和特定的具体事物系统的数学关系结构方可构成数学模型,而且这类数学模型大致可分为二类:一类是描述客体必然现象的确定性模型,其数学工具一般是代数方程、微分方程、积分方程和差分方程等;另一类是描述客体或然现象的随机性模型,其数学模型方法是科学研究与创新的重要方法之一。也就是说,按通行的比较狭义的解释,只有那些反映特定问题或特定的具体事物系统和数学关系的结构才叫做数学模型。例如,平均分派物品的数学模型是分数;元、角、分的计算模型是小数的运算;380 人的年级里一定有两个人一起过生日,其数学模型就是抽屉原理。

总之,所谓数学模型,简言之,是指为一种特殊目的、用以反映现实世界的一个抽象而简化的数学结构。用通俗的语言讲,模型就是一个故事,这个故事中包含两个或两个以上的量,这些量之间具有某种固定的关系。

3. 数学模型思想的基本内涵

(1) 模型是构建数学与外部世界的中介

按照弗赖登塔尔的观点:模型就是不可缺少的一种中介,用它把复杂的现实或理论来理想化或简单化,从而更易于进行形式的数学处理。数学化分为横向的和纵向的,"横向数学化把生活世界引向符号世界,在生活世界里,人们生活、活动,同时受苦受难。在符号世界里,符号生成、重塑和被使用,而且是机械的、全面的、互相响应的。这就是纵向数学化"②。在他看来,横向数学化把生活世界引向

① 张奠宙,孔凡哲,黄健弘,等. 小学数学研究[M]. 北京:高等教育出版社,2009:241.
② 弗赖登塔尔. 数学教育再探——在中国的讲学[M]. 刘意竹,杨刚,等译. 上海:上海教育出版社,1999.

符号世界。在符号世界里,符号生成、重塑和被使用,而且是机械地、全面地、相互呼应地,这就是纵向数学化;横向数学化和纵向数学化的区别依赖于特定的情境,牵涉到人及其周围环境。

如果说符号化思想更注重数学抽象和符号表达,那么,数学模型思想更注重数学的应用,更多地通过数学结构化解决问题,尤其是现实中的各种问题。当然,把现实情境数学结构化的过程也是一个抽象化的过程。《义务教育数学课程标准(2011 年版)》对符号化思想有明确要求,如要求学生"能从具体行进中抽象出数量变化和变化规律并用符号来表示",这实际上就包含了模型思想。但是,《义务教育数学课程标准(2011 年版)》对第一、二学段并没有提出模型思想的相关要求,只是在第三学段的内容标准和教学建议中明确提出了模型思想,要求在教学中"注重使学生经历从实际问题中建立数学模型",教学过程以"问题情境—建立模型—求解验证"的模式展开。

（2）学习数学就是为了学会数学化,其中的重要内容就是现实问题数学化、数学内容现实化

正如弗赖登塔尔所言:"与其说学数学,倒不如说学习数学化。"

所谓数学化,其本质在于现实问题数学化、数学内部规律化、数学内容现实化,其中,"现实问题数学化"就是将现实问题进行抽象,用数学的语言、形式刻画现实问题,形成数学模型,这个过程就是数学建模的过程;

"数学内部规律化"就是指用形式化的、逻辑的符号语言,表达数学内部的内容,最终形成一个结构化、简约化的数学结构,其极端状态就是希尔伯特所期望的形式化。

"数学内容现实化"意味着,主动寻找数学内容的现实模型,用数学模型刻画、解释现实世界。

从而,"数学化思考"或者称为数学化的思维,就是指在具体的情境中抽象出事物的本质,概括出事物的共同特征和规律,即抽象概念、建立数学模型。数学化思维也包括对数学模型进行分析推理。

因而,从这个角度讲,数学模型就是联系现实世界与数学世界的桥梁,让学生初步掌握模型思想,就是帮助学生体会和理解数学与外部世界联系,从而体会将现实问题抽象为数学模型以及主动寻找数学内容的现实原形的过程。

（3）数学模型思想的重要载体就是数学模型方法

数学建模是运用数学的语言和工具，对现实世界的相关信息进行适当的简化，经过推理和运算，对相应的数据进行分析、预算、决策和控制，并且经过实践的检验的过程。如果检验的结果是正确的，便可以指导我们的实践。

数学模型是沟通现实问题与数学工具之间联系的一座必不可少的桥梁。而构造数学模型，通过研究事物的数学模型来认识事物的方法，通常称之为数学模型方法，简称 MM 方法。建立模型思想的一个重要表现就是掌握数学模型方法。

从某种意义上说，解决问题就是一种模型化的过程，它的一般思路就是：

关注情境，获取信息—疏理情节，把握关键—抽象概括，建立模型—解决问题，拓展模型—检验结果，回归原始问题的答案。

（4）数学模型思想的关键在于建模，建立模型思想的关键在于具备将现实问题与数学内容之间构建关联的主动意识和能力

模型思想就是针对要解决的问题，构造相应的数学模型，通过对数学模型的研究来解决实际问题的一种数学思想方法。

以小学为例，小学最重要的两个模型就是"路程＝速度×时间""总价＝单价×数量"，有了这些模型，就可以建立方程等去阐述现实世界中的"故事"，就可以帮助我们去解决问题。

（二）在中小学数学教学中培养数学模型思想的基本途径、方法

1. 让学生亲身经历数学模型建构的一般过程

对于现实世界的一个特定对象，为了一个特定目的，根据特有的内在规律，做出一些必要的简化假设后，运用适当的数学工具，得到一个数学结构，这个过程就是数学建模。

数学建模的一般过程大致可以分为现实问题数学化、模型求解、数学模型解答、现实问题解答验证四个阶段。这四个阶段实际上是完成从现实问题到数学模型、再从数学模型回到现实问题的不断循环、不断完善的过程（如图 3.4.35 所示）：

数学化是指根据数学建模的目的和所具备的数据、图表、过程、现象等各种信息，将现实问题翻译转化为数学问题，并用数学语言将其准确地表述出来。

图 3.4.35　数学建模的一般过程

求解是指利用已有的数学知识,选择适当的数学方法和数学解题策略,求出数学模型的解答。

解释是指把用数学语言表述的解答翻译转化到现实问题,给出实际问题的解答。

验证是指用现实问题的各种信息检验所得到的实际问题的解答,以确认解答的正确性和数学模型的准确性。

图 3.4.35 直观地揭示了现实问题和数学模型之间的关系,即数学模型是将现实问题的信息加以数学化的产物。数学模型来源于现实、又超越现实,它用精确的数学语言揭示了现实问题的内在特性。数学模型经过求解得到数学形式的解答,再经过一次转化回到现实问题,给出现实问题的决策、预报、分析等结果,最后这些结果还要经受实践的检验,完成由实践到理论再到实践这样一个不断循环、不断完善的过程。如果检验结果基本正确或者与实际情况的拟合度非常高,就可以用来指导实践,反之,则应重复上述过程重新建立模型或者修正模型。

数学建模多以现实生活中的问题、其他学科中的问题作为问题情境,这些问题的解决必须借助于问题解决者的数学知识方法和数学解题策略。通过学生的数学建模活动,会使学生切身体验到数学并非只应用于数学自身,数学完全可以解决现实生活中和其他学科中的问题,数学完全可以在现实生活和其他学科中找到用武之地。

2. 密切结合中小学数学内容中的核心内容的学习,充分体现数学建模过程

模型思想的学习必须结合具体的数学学习内容而进行,不宜孤立地学习。以初中数学为例,方程、函数、不等式等核心数学内容的学习,都可以有效地体现模型思想,即由数量抽象到数,由数量关系抽象到方程、函数(如正反比例)等;通过

推理计算可以求解方程;有了方程等模型,就可以把数学应用到现实世界中,而不同的模型所表达的内容各不相同:

在运动变化过程中,如果用函数模型刻画运动变化的两个变量 x、y 之间的关系,那么,方程模型刻画的是 x、y 变化过程中某一瞬间的情况,而不等式模型刻画的是变化过程中 x、y 之间的大小关系,是更普遍存在的状态。而建立不等式模型,需要我们将现实问题"数学化",即根据问题情境中的数量关系,列出不等式,进而解不等式,最后还要将结果"翻译"到现实问题中,检验其是否符合实际意义。

对于函数模型思想的学习,必须倍加注意:函数是对现实世界数量关系的抽象,是建立函数模型的基础,具有良好的普适性和代表意义。因而,通过建立模型、分析模型、求解模型、解释规律等过程,引导学生理解函数是一个好的学习途径。

【案例 3. 4 - 38】 某服装厂每天生产童装 200 套或儿童西服 50 套,已知每生产一套童装需成本 40 元,可获得利润 22 元;每生产一套儿童西服需成本 150 元,可获得利润 80 元;已知该厂每月成本支出不超过 23 万元,为使赢利尽量大,若每月按 30 天计算,应安排生产童装和儿童西服各多少天(天数为整数)? 并求出最大利润。

分析:通过阅读、审题找出此问题的主要关系(目标与条件的关系),即是"生产童装和儿童西服的天数"决定了"利润",所以,将生产童装的参数变量设为 x 天,则生产儿童西服的天数为 $(30-x)$ 天,于是,每项利润即可表示了。在把"问题情境"译为"数学语言"时,为便于数据处理,运用表格(如表 3.4.7)或图形处理数据,有利于寻找数量关系。

根据表 3.4.7 所列信息,建立总利润模型为:$22 \times 200x + 80 \times 50(30-x)$,化简得 $400x + 120\,000$,同时注意到每月成本支出不超过 23 万元,据此可得 $40 \times 200x + 150 \times 50(30-x) \leqslant 230\,000$,从中求出 x 的取值限制为 $0 \leqslant x \leqslant 10$,且 x 为正整数,显然当 x 取 10 时,$400x + 120\,000$ 赢利最大,最大利润为 124\,000 元。

表 3.4.7

每月情况＼生产天数	生产童装 x 天	生产西服($30-x$) 天
每月套数(套)	$200x$	$50(30-x)$
每月成本(元)	$40 \times 200x$	$150 \times 50(30-x)$
每月利润(元)	$22 \times 200x$	$80 \times 50(30-x)$

在运用一次函数知识和方法建模时,有时要涉及到多种方案,通过比较,从中挑选出最佳方案。在实际教学中,除了使学生了解所学习的函数在现实生活中有丰富"原型"外,还应通过实例介绍或让学生通过运算来体验函数模型的多样性。

不仅如此,在现实生活中,普遍存在着最优化问题——最佳投资、最小成本等,常常归结为函数的最值问题,通过建立相应的目标函数,确定变量的限制条件,运用函数建模的思想进行解决。在日常教学中,结合实际问题,使学生感受运用函数概念建立模型的过程和方法,体会函数在数学和其他学科中的重要性,初步运用函数思想理解和处理现实生活和社会中的简单问题,进而逐步建立函数模型思想。

3. 在问题解决的过程中进一步体会模型思想

综合实践、问题解决类的教学特别有利于培养学生的模型思想。为此,需要采取一定的实施步骤,充分体现发现问题、提出数学问题、分析问题、解决问题的全过程:

（1）选题

鼓励学生自主提出问题,可从以下几个方面入手:①让学生了解选题的重要性和基本要求;②指导学生结合自己的生活经验寻找课题,也可由教师介绍往届学生的选题并加以点评,或者请本班同学介绍自己的选题计划,教师和学生一起分析其可行性;③教师创设一个问题环境,引导学生自主提出问题、确定课题。这时教师的指导应该是有启发性的,不要代替学生确定课题,而是启发学生自己去拓展问题链,让学生自己提出要解决的问题和解决问题的方案。

（2）模型准备、假设、分析与检验

首先要了解问题的实际背景,明确建模的目的,搜集建模必需的各种信息,如现象、数据等，尽量弄清对象的特征，由此初步确定用哪一类模型。

其次，根据对象的特征和建模的目的，对问题进行必要的、合理的简化，用精确的语言做出假设。这是建模的关键一步。

一般地，一个实际问题不经过简化假设就很难翻译成数学问题，即使可能，也很难求解。不同的简化假设会得到不同的模型。通常，一是出于对问题内在规律的认识，二是来自对数据或现象的分析，也可以是二者的综合。

最后，要对模型进行分析、检验，即对模型解答进行数学上的分析，有时要根据问题的性质分析变量之间的依赖关系或稳定状况，有时是根据所得结果给出数学上的预报，有时则可能要给出数学上的最优决策或控制，不论哪种情况，还常常需要进行误差分析、模型对数据的稳定性或灵敏性分析等。

在模型检验阶段，需要把数学上分析的结果翻译回到实际问题，并用实际的现象、数据与之比较，检验模型的合理性和适用性。这一步对于建模的成败是非常重要的。

模型检验的结果如果不符合或者部分不符合实际，问题通常出在模型假设上，应该修改、补充假设，重新建模。有些模型要经过几次反复，不断完善，直到检验结果获得某种程度上的满意。

（3）模型应用与实施过程

进行常规的综合实践、问题解决活动，一般可分为以下几个环节：

给学生提供课题背景，学生收集有关的信息，确定问题；根据问题确定调查提纲或待查信息；利用课余时间上网或进行相应的调查；自主解决问题，必要时寻求适当的指导帮助；讨论交流成果，师生相互欣赏、质疑、评价。

在这个过程中，问题形式与内容的变化，问题解决方法的多样性、新奇性，问题解决过程的不确定性，结果呈现层次的丰富性，无疑是对参与者创造力的一种激发、挑战和有效锻炼。为此，教师要鼓励学生个人钻研、独立思考，在此基础上，学生可以组成课题学习小组，集体讨论、互相启发、分工合作，探求解决方案。

（4）评价

评价过程具体涉及以下几个方面：①调查、求解的过程和结果要合理、清楚、简捷;②要有自己独到的思考和发现;③能够恰当地使用工具(如网络手段、计算工具);④采用合理、简捷的算法;⑤提出有价值的求解设计和有见地的新问题;⑥发挥每位组员的特长,合作学习有效果。

在中小学数学教学中,培养学生的模型思想,必须精心设计相应活动,相对完整地再现模型构建的全过程,进而让学生逐步感悟模型思想。

4. 采取问题驱动式的呈现方式呈现课堂教学内容,让学生亲身经历"问题-建立模型-求解-解释与应用"的基本过程

所谓问题驱动式,是教师在课堂开始之时,将本节堂课所要完成的教学任务,以问题的形式展示出来,利用学生对于问题的好奇心,引导学生采用自主、合作、探究等多种学习方式,解决问题、完成任务,而本节课的新知识、新技能、新方法等都在问题解决的过程中自然形成。

其中,"问题"的解决(或称之为"任务"的完成),是学生不断提出新问题、解决问题的过程,既蕴涵了学生应该掌握的知识技能,也蕴涵了学生应该获得的能力训练和情感体验。

为此,将学生的学习活动与课堂教学的主题任务密切结合,尤其是,将学生的学习活动自然地融入课堂教学的主题任务之中,就成为教学得以实施的关键。

在数学教学中,问题驱动式的一般环节是"情境—建模—解释应用—拓展反思"。其中,创设情境是问题驱动式课堂教学方式的关键一步,其难点在于,创设的问题情境是否能激起学生的兴趣和解决的主动性,同时,新知必须自然地融入到问题解决过程之中。为此,必须选择现实的、有趣的、富有挑战性的、有着丰富学科内涵的素材,作为情境创设的基本要素。对学生而言,明确问题本身,尤其是,分析问题的条件,明确旨在达到的目标,是其核心问题。

"建模"的重要环节就是"猜想假设",包括收集信息、制定计划,寻找解决思路,设计解决问题的方案,还包括"总结提炼、建立模型",即引导学生进行归纳、概括、总结提炼,获得有关问题的结论,并与先前的假设和预测比较,对某种因素和事物变化之间的一般联系做出判断,对证据进行批判性的思考和总结。为此,需要学生对收集到的信息进行加工处理,深入思考和分析,使之由现象到本质,形成结论。这也是问题驱动式课堂教学的关键环节。如果不能将问题解决过程中的新知及时明确地提取出来,那么,运用这种教学方式进行新授内容的教学任务,就无法落实。

"解释应用",即运用获得的新知分析解决以往尚未解决的问题,或者进行巩固性应用,特别是,要求学生能用自己的语言解释新知,提高对于新知的理解程度。对学生而言,解释应用才能更好地深化有关新知的理解,进而实现理解性掌握。

在"拓展反思"中,"拓展"意味着,将获得的新知运用到新的情境,意味着将新知与已有的知识、技能密切地联系在一起,意味着将新知纳入原有的认知结构之中,形成新的认知结构。而"反思"意味着,必须检查预定的问题解决的目标的达成情况,必须总结学习过程中的所思所想、所获所悟。对学生而言,拓展反思是为了更好地实现学习的迁移,达到举一反三、融会贯通的效果,这也有利于建立良好的认知结构,丰富和发展认知能力。

当然,这几个环节仅仅是基本步骤,在实际教学中,允许根据具体内容、具体学科,采取灵活形式,适当增加或者减少某些环节。

总之,建立数学模型可以帮助学生从数量关系的角度更准确、清晰地认识、描述和把握现实世界,必须关注学生数学学习的过程,重视数学建模需要的思维方法的训练,采取问题驱动式的教学方式方法,让学生在精心设计的问题解决的过程之中逐步感悟模型思想。而且,随着一个个问题的提出和解决,不但使学生逐渐深化对数学模型的理解、把握与构建,也使学生自然地养成从不同的问题情境中找出同一类数学结构关系的数学模型的思维习惯和观念意识,从而也就有可能使学生在面对不熟悉的问题情境乃至数学学科以外的现实世界时,像数学家那样进行"模型化"的处理,这个过程就是逐步理解和掌握模型思想的过程。

六、数据分析观念及其培养

在以信息和技术为基础的现代社会里,人们面临着更多的机会和选择,常常需要在不确定的情境中,根据大量无组织的数据,作出合理决策,这是每一位公民都应当具备的基本素质。而统计正是通过对数据的收集、整理和分析,为人们更好地制定决策提供依据和建议。因此,义务教育阶段数学课程应培养学生具有从纷繁复杂的情况中收集、处理数据,并作出恰当的选择和判断的能力。

(一)如何理解数据分析观念

也许有人会提出这样的问题:统计不就是计算平均数、画统计图吗?计算器、计算机做这些事情能做得很好,有必要从小就开始学习吗? 的确,在信息技术如此发达的今天,计算平均数、画统计图等内容不应再占据学生过多的时间。事实上,它们也远非统计学习的核心。在义务教育阶段,学生学习统计的核心目标是发展自己的"数据分析观念"。一提到"观念",就绝非等同于计算、画图等简单技能,而是一种需要在亲身经历的过程中培养出来的感觉,也有称为"数据感"或"信息观念"。无论用什么词汇,它反映的都是由一组数据所引发的想法、所推测到的可能结果、自觉地想到运用统计的方法解决有关问题的意识等。具体来说,数据分析观念可以在以下几个方面得到体现:认识到统计对决策的作用,能从统计的角度思考与数据有关的问题;能通过收集数据、描述数据、分析数据的过程,作出合理的决策;能对数据的来源、收集和描述数据的方法、由数据得到的结论进行合理的质疑。

1. 认识统计对决策的作用,能从统计的角度思考与数据有关的问题

培养学生"数据分析观念"的首要方面是,要培养他们有意识地从统计的角度思考有关问题,也就是,当遇到有关问题时能想到去收集数据、分析数据。

举个例子来说,也许你是一个球迷,在看球赛时会推测所喜爱的球队是否会赢,如果这时仅仅依靠主观喜好去作出判断,那么,你就不具备数据分析观念,并且你的判断往往是不合理的。但如果你意识到判断前需要先收集一定的数据——双方队员的技术统计、双方球队历次比赛的成绩记录等等,并且相信这些数据经过适当的整理和分析,可以帮助你对球队有个大概的了解。在此基础上,再对球队的输赢作出推测就会是比较可靠的,那么,就说明你具备了一定的数据分析观念。具备从统计的角度思考问题的意识显然是非常重要的,将来当你一旦遇到了与数据有关的问题,即使你不懂得或忘记了具体收集和整理数据的方法,只要你有了这个意识,就会去请教专业人员,在他们的帮助下就能作出比较合理的决策。

2. 能通过收集、描述、分析数据的过程，作出合理的决策

学生不但要具备从统计的角度思考问题的意识，而且还要亲身经历收集、描述和分析数据的过程，并能根据数据作出合理的判断。通俗地讲，就是不但要有意识，还得有一些办法。

这里包含两方面的含义：(1)学生要亲自收集、描述和分析数据，这一点是非常重要的。因为要建立"数据分析观念"，必须真正投入到运用统计解决实际问题的活动中，以逐步积累经验，并最终将经验转化为观念。(2)要能根据数据作出大胆而合理的判断，这是数学提供的一个普遍适用而又强有力的思考方式。

实际上，运用数据作出判断，虽然不像逻辑推理那样有 100% 的把握，但它可以使我们在常识范围内不能作选择的地方作出某种决策，而且提供足够的信心。这种思考方式在社会生活中经常使用，需要学生从小就去体会、去运用。还以"球赛问题"为例，学生不仅要意识到解决这个问题需要收集数据，而且还要讨论需要收集哪些数据，采取什么样的办法进行收集；还要亲自去做一些调查；面对收集到的数据，还要进行整理使之更清晰；最后，非常重要的是，基于对数据的分析还要推测自己喜欢的球队获胜的可能性。

3. 能对数据的来源、收集和描述数据的方法、由数据得到的结论进行合理的质疑

或许你会提出这样一个问题：如果我不从事与统计相关的行业，还需要去收集和分析数据吗？报纸、杂志、电视、广播、书籍、互联网等许多方面都会给我们提供数据，并做了一定的分析，我们只要留意一下就行了。这确实是一个真实的情况，随便打开一份报纸，人们就可以看到各式各样的统计数据，以及由此做出的一系列解释。但需要注意的是，这些数据和解释都是可信的吗？统计常常被用来错误地表示某些信息，这就需要你作出理智的选择和分析。

对数据进行合理的质疑其首要前提是能读懂数据，理解它所代表的信息，这一点对于义务教育阶段的统计学习是非常重要的。因为在信息时代里，充斥着各种数据，这些数据以及对其形象化处理的统计图表，给人们带来很大的直观冲击，于是，有人称我们进入了一个"读图时代"，还有人说"95% 的人造数据，5% 的人用数据"。为了能在这个"读图时代"里更好地生存，首先就必须能从大量"图"中获

取有用的信息。

【案例 3.4 - 39】　阅读下面图 3.4.36 所示的统计图,你能发现什么? 如何用数据说明你的观点?

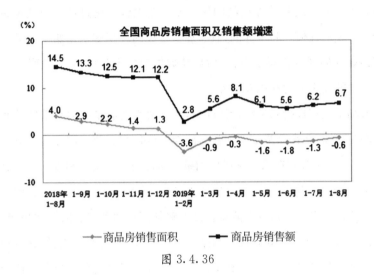

图 3.4.36

除了能读懂并有意识地从各种渠道获取数据外,我们还必须理智地对待新闻媒介、广告等公布的数据,了解数据可能带来的误导,初步形成对数据处理过程进行评价的意识。因此,当我们面对媒体公布的数据时,既要能从中获得尽可能多的有用信息,还要保持理智的心态,对数据的来源、收集数据的方法、数据的呈现方式、由此得出的结论进行合理的质疑,这正是作为一位合格公民所应具备的基本素质之一。

(二) 如何培养学生的数据分析观念

数学课程标准将“数据分析观念”作为义务教育阶段数学课程的重要目标之一,如何真正将数据分析观念的培养落到实处呢?

1. 使学生经历统计活动的全过程

“观念”的建立需要人们亲身的经历。要使学生逐步建立数据分析观念,最有效的方法是让他们真正投入到统计活动的全过程:提出问题,收集数据,整理数据,分析数据,作出决策,进行交流、评价与改进等。为此,数学课程标准在各个学段都将"投入统计活动的全过程"作为本学段统计学习的首要目标,并根据学生的身心发展规律提出了不同程度的要求,从"有所体验""经历"到"从事"。

从另一个角度看,数学的发现往往也经历了这样一个过程:首先是问题的提出,然后是收集与这个问题相关的信息并进行整理,然后再根据这些信息作出一些判断以解释或解决开始提出的问题。爱因斯坦曾经说过:"……纯逻辑的思维不可能告诉我们任何经验世界的知识,现实世界的一切知识是始于经验并终于经验的。"经验性的观察积累了数据,然后从数据中作出某种判断,这种活动将有利于发展学生的发现能力和创新精神。

要鼓励学生积极投入到统计活动中,就要留给他们足够的动手实践和独立思考的时间与空间,并在此基础上加强与同伴的合作与交流。例如,《义务教育数学课程标准(2011 年版)》在第一学段中列举了这样一个活动:"调查一下你跑步后脉搏跳动会比静止时快多少,并将测得的数据记录下来,与同伴进行交流。"学生在从事这一活动时将体会到数据能使自己了解脉搏在运动前后的变化情况;将考虑如何收集数据、用什么图表来展示数据、数据表示出什么趋势、能从这些数据中得到怎样的结论等;把自己的数据和结论与同伴进行交流。在一个个这样的活动过程中,学生的数据分析观念会得到逐步发展。

2. 使学生在现实情境中体会统计对决策的影响

要培养学生从统计的角度思考问题的意识,重要的途径就是要在课程和教学中着力展示统计的广泛应用,使学生在亲身经历解决实际问题的过程中体会统计对决策的作用。为此,义务教育各学段都提出"要注重所学内容与日常生活、社会环境和其他学科的密切联系",针对三个学段的特点对运用统计解决实际问题提出具体要求,如,在第三学段,"认识到统计在社会生活及科学领域中的应用,并能解决一些简单的实际问题";同时,各学段要求学生能根据统计结果作出合理的判断,以体会统计对决策的作用。如,"根据统计图表中的数据提出并回答简单的问题,能和同伴交换自己的想法","能解释统计结果,根据结果作出简单的判断和预测,并能进行交流","根据统计结果作出合理的判断和预测,体会统计对决策的作用,能比较清晰地表达自己的观点,并进行交流"。这些目标及其具体案例旨在阐明,在统计教学中必须创设大量的现实情境,使学生在解决问题中认识到统计的作用,逐步树立从统计的角度思考问题的意识。

现实生活中有多种渠道可以提供有意义的问题,我们要充分挖掘适合学生学习的材料,既可以从报纸杂志、电视广播、网络等许多方面寻找素材,也可以从学生的生活实际中选取,如有关学校周围道路交通(运输量、车辆数、堵塞情况、交通事故等)状况的调查、本地资源与环境的调查、对自己所喜爱的体育比赛的研究等。还可以安排一些实践活动、社会调查等,使学生亲自经历解决实际问题的过程。如,可以收集报纸、杂志、电视中公布的数据,分析它们是否由抽样得到,有没有提供数据的来源,来源是否可靠等;全班合作,统计一段英文文章中字母出现的频率,并了解键盘的设计原理和破译某种密码的方法等。这些素材能使学生把统计当做了解社会的一个重要手段,提高自己分析问题、解决问题的能力,更好地认识现实世界,同时能理智地对待新闻媒介、广告等公布的数据,对现实世界中的许多事情形成自己的看法。

总之,义务教育阶段的统计学习应使学生体会统计的基本思想,认识统计的作用,既能有意识地、正确地运用统计来解决一些问题,又能理智地分析他人的统计数据,以作出合理的判断和预测。

第五节　数学思维方式、数学品格与数学文化

数学教育真正应该教给人的应该是一种有效的科学的思维方法，而不仅仅是一种专门的知识和解题的技巧。[①]

不同国籍、文化背景的人看待事物的角度、方式不同，便是思维方式的不同。思维方式是思考问题的根本方法。思维方式的不同决定了一个人做事和处理问题的风格和行为的不同。[②] 思维方式是看待事物的角度、方式和方法，它对人们的言行起决定性作用。正如数学家张恭庆所言，一个人是否受过数学文化熏陶，在观察世界、思考问题时会有很大差别，有了数学修养的经营者、决策者在面临市场有多种可能的结果、技术路线有多种不同选择的时候，会借助于数学的思想和方法，甚至通过计算来作判断，以避免或减少失误。[③]

一、数学思维方式

（一）什么是数学思维方式？

思维是人脑对客观现实的概括和间接反映，属于人脑的基本活动形式。数学思维就是用数学思考问题和解决问题的思维活动形式。

数学家丘维声（1945—　）把它概括成：观察客观现象，从中抓住主要特征，抽象出概念或建立模型；然后进行探索，探索时常用直觉判断、归纳、类比和联想；探索后可以做出某种猜想，但是需要证明，这要进行深入分析、逻辑推理和计算，往往要付出艰辛的劳动；之后才可以揭示出事物的内在规律。[④] 客观现象纷繁复杂，

① 胡作玄，邓明立. 大有可为的数学[M]. 石家庄：河北教育出版社，2006：39-40.
② 张定强. 数学课改新视点：数学思维方式的培养[J]. 数学教学研究，2014，33(2)：2-6，27.
③ 张恭庆. 谈数学职业[J]. 数学通报，2009(7)：1-7.
④ 丘维声. 代数学的发展与数学的思维方式[J]. 数学通报，2006，45(12)：25-26.

而内在规律却井然有序,这体现了数学思维方式的威力。

数学思维方式的五个重要环节:观察—抽象—探索—猜测—论证。①

数学的思维方式是一个全过程:观察客观现象,抓住主要特征,抽象出概念;提出要研究的问题,运用直觉、归纳、类比、联想和逻辑推理等进行探索,猜测可能有的规律;经过深入分析,只使用公理、定义和已经证明了的定理进行逻辑推理来严密论证,揭示出事物的内在规律,从而使纷繁复杂的现象变得井然有序。②

(二) 数学思维方式的由来

心理学研究表明,一个人的思维方式与其情绪反应密切相关。认知心理学认为,一个人的情绪并非由事件所引起,而是由个体的思维方式所决定的,即思维决定情绪。③

东西方思维方式的差异主要体现在辩证思维与逻辑思维上:学者们常常用辩证思维来描述东方人,尤其是中国人的思维方式,而用逻辑思维或者分析思维来描述西方人,尤其是欧美人的思维方式。在他们看来,中国人的辩证思维包含着三个原理:变化论、矛盾论及中和论。变化论认为,世界永远处于变化之中,没有永恒的对与错;矛盾论则认为万事万物都是由对立面构成的矛盾统一体,没有矛盾就没有事物本身;中和论则体现在中庸之道上,认为任何事物都存在着适度的合理性。

正是因为思维方式取向的不同,在不少情况下,东方人与西方人在对人的行为归因上往往正好相反:美国人强调个人的作用,而中国人强调环境和他人的作用。

思维方式溶于知识之中,是客观存在的,它是学习者在学习知识、了解观点、掌握和运用方法的基础上形成的,其中,知识、观念、方法等要素发挥重要作用。

思维方式是思维结构的一个重要部分,无论是思维的广度、深度、还是速度方面,思维结构都受思维方式的影响;反过来,离开具体的思维结构,就无法理解思维方式。任何客观的思维方式都不是与个体无关的,它必然存在于个体思维之中,通过个体的思维结构发挥作用。离开个体思维结构,思维方式就无以寄托,不

① 丘维声.数学的思维方式与创新[M].北京:北京大学出版社,2011.
② 丘维声.用数学的思维方式教数学[J].中国大学教学,2015(1):9-14.
③ BRANCH R, WILLSON R.认知行为疗法(第2版)[M].陈彦辛,译.北京:人民邮电出版社,2013.

为个体所接受掌握的思维方式是毫无意义的。

数学思维方式是学习者在数学活动中学习的数学知识和掌握的数学思维方法结合起来的多级系统,是数学知识与主体的认识长期相互作用的结果,是随着知识的学习在头脑中逐步建立,并在学习过程中不断发展的。[①]

数学是在人们对客观世界定性把握和定量刻画、逐步抽象概括、形成方法和理论并进行广泛应用的过程中形成的一门科学。数学思维方式的本质在于"定量刻画、定性把握",即,针对一个现实问题,从事物数量关系与空间形式的视角分析问题、解决问题,从定性的视角对问题进行把握。

(三) 数学思维方式的类型[②]

思维方式是内化于人脑中的世界观和方法论的理性认识方式,也是体现一定思维方法和一定思维内容的思维模式。因此,数学思维方式就是数学思维过程中主体进行数学思维活动的相对定型、相对稳定的思维模式。它是数学思维方法与数学思维形式的统一,并且通过一定的数学思维内容而得以体现。

数学思维方式的形成与数学思维关联系统的各种要素的相互作用有关,也就是说,数学思维方式的构成要素包括数学知识、数学思想、数学方式方法、数学观念、数学语言、个性品质、思维传统等。

由于数学思维形式和方法的多样性,数学思维方式的层次和类型也有各种不同的划分。从个体思维的角度分析,数学思维方式的层次是与个体思维发展的阶段相吻合的,按照层次逐渐提高的顺序是:直观动作思维→具体形象思维→抽象逻辑思维→动态辩证思维。

数学思维方式的类型可以从不同的角度进行划分。

1. 按思维活动的形式,数学思维方式可分成逻辑思维、形象思维和直觉思维三类

数学逻辑思维是以数学的概念、判断和推理为基本形式,以分析、综合、抽象、概括、(完全)归纳、演绎为主要方法,并能用词语或符号加以逻辑地表达的思维方

① 曹才翰. 中学数学教学概论[M]. 北京:北京师范大学出版社,1990.

② 孔凡哲,曾峥. 数学学习心理学[M]. 2 版. 北京:北京大学出版社,2012:206 - 208.

式。它以抽象性和演绎性为主要特征,其思维过程是线型或枝叉型地一步步地推下去的,并且每一步都有充分的依据,具有论证推理的特点。逻辑思维的主要功能在于验证真理,而不是发现真理。①

数学形象思维是以数学的表象、直感、想象为基本形式,以观察、比较、类比、联想、(不完全)归纳、猜想为主要方法,并主要通过对形象材料的意识加工而得到领会的思维方式。它以形象性和想象性为主要特征,其思维过程带有整体思考、模糊判别的合情推理的倾向。

数学直觉思维是指能够迅速地直接地洞察或领悟数学对象性质的思维方式,包括数学直觉和数学灵感两种独立表现形式。它们以思维的跳跃性或突发性为主要特征,正如名著《数学领域中的发明心理学》②译者序中所言"直觉思维在发明创造中具有逻辑思维所无法取代的重要作用",尽管到目前为止数学直觉思维的许多规律尚不能被完全揭示,但是,数学直觉思维与数学逻辑思维等共同发挥作用,这是毋庸置疑的。

2. 数学思维方式按照思维指向可以分成集中思维和发散思维两类

集中思维是指从一个方向深入问题或朝着一个目标前进的思维方式。在集中思维时,全部信息仅仅只是导致一个正确答案或人们认为最好的或最合乎惯例的一个答案。

发散思维则是具有多个思维指向、多种思维角度并能发现多种解答或结果的思维方式。在发散思维时,我们是沿着各种不同的方向去思考的,即有时去探索新愿景,有时去追求多样性。因此,在看待集中思维时,需要看到它在某种程度上存在单维型、封闭型与静止型思维特点的一面,而发散思维则较明显地具有多维型、开放型和动态型思维的特征。

3. 数学思维方式按照智力品质可以分成再现性思维和创造性思维两类

再现性思维是一种整理性的一般思维活动,而创造性思维是与创造活动,即与数学有关的发明、发现、创造等能产生新颖、独特、有社会或个人价值的精神或

---

① 阿达玛.数学领域中的发明心理学[M].陈植荫,肖奚安,译.南京:江苏教育出版社,1989:69.
② 同①译者序 3.

物质产品的活动——相联系的思维方式。

创造性思维是再现性思维的发展,再现性思维是创造性思维的基础,创造性思维是一种开放性和动态性较强的思维活动,是人类心理非常复杂的高级思维过程,是一切创造活动的主要精神支柱。

在具体的数学思维过程中,数学形象思维和数学逻辑思维往往是交织在一起不能分开的,它们相互渗透、相互启发,并向立体思维转化,使思维的方向朝着不同的角度、不同的方面舒展开来,呈现出一种发散的多维型思维的特征,并进而使原来的思维向更高级的思维形式——辩证思维转化和升华,因此,立体思维(或多维型思维)是指逻辑思维与形象思维的结合,集中思维与发散思维的结合。立体思维是一种初级形式的辩证思维,当立体思维达到一定水平,能从动态的、全面辩证的观点看待事物的本质和规律时,它就进入了辩证思维。

有学者将数学思维方式区分为哲学层次、逻辑层次、系统层次、科学层次、数学层次。[①] 按照这种分类,抽象与一般化是现代数学方法的核心,分析与综合是最常见的科学思维方式,抽象与一般化、分析与综合等属于哲学层面的数学思维方式,公理化方法属于逻辑层次的数学思维方式,比较与类比属于系统层次的数学思维方式,建模属于科学层次的数学思维方式,而等价变换、归结与简化、转换原理等则属于数学层次的数学思维方式。

对于数学思维方式的类别,曹才翰(1933—1999)教授曾做过比较深入的阐述。[②]

数学思维方式是从具体的数学知识中抽象发展起来的,但这种抽象不是一次就达到这样高的层次,在其抽象和运用过程中,体现出从低级到高级的发展和适用范围逐步扩大的四个层次:

(1) 具体的解题方法(如证明线段相等);

(2) 一般数学思维方法(如同一法、换元法等);

(3) 数学的发展与创新的方法(如归纳、演绎、类比、RMI 原理等);

---

① 胡作玄,邓明立.大有可为的数学[M].石家庄:河北教育出版社,2006:40-45.
② 曹才翰.中学数学教学概论[M].北京:北京师范大学出版社,1990.

（4）运用数学理论研究对象的内在联系和运动规律的方法。

前两个层次在数学学习中发挥重要作用,而后两个层次则具有重要的方法论意义,因为这些方法已不是一般意义的方法,而是相应方法的精神实质与理论依据,是在数学思维结果的基础上,抽象其具有指导意义和普遍思维价值的思想精髓。数学由于其本身的特点,是具有方法论意义的科学,数学思维方式随科学的数学化,而被众多的学科所吸收,显示出其重要的迁移作用,抽象程度较高的思维方式因其具有普遍的指导作用,在建立更高层次和更大范围的思维结构过程中有重要意义。

数学思维方式是思维结果的总结,由于数学内容是交互融合的,所以,数学思维方式也是融合的,在思维过程中综合起作用。数学知识是不断发展的,新的分支不断涌现,新的方法不断产生、不断补充,已有的方式也要不断完善、不断发展。这些数学思维方式不仅有重要的方法、工具价值,而且其中的一些也是近代数学思想的反映。因此,在中小学数学教学中,渗透这些思维方式对学生掌握现代数学思想具有重要的意义。

(四) 中小学数学中的常见数学思维方式

曹才翰教授结合中学教学实际,以中学数学知识结构为依据,系统阐述了中小学数学中常见的五种数学思维方式,非常具有代表性。

1. 集合对应的思维方式

函数的对应说,是集合对应思维方式的数学基础,抽象其中的数学思维内容,并用之于数学实践,就可总结出其思维方式[1]为:

（1）将有待于解决的问题与其他问题区分并准确定义;

（2）将问题转化到已知的解题系统中加以解决;

（3）反射解题结果,解决原来的问题并将结论推广。

数学研究和应用中的关系映射反演(RMI)原理及模型化方法,就是这种思维方式的典型应用。

---

[1] 曹才翰. 中学数学教学概论[M]. 北京:北京师范大学出版社,1990.

　　关系映射反演(RMI)原理是我国著名数学家徐利治(1920—2019)提出的①，其基本思想就是转化思想。即把一种待解决或未解决的问题，通过某种转化过程，归结到一类已经解决或比较容易解决的问题中去，最终求得原问题的解答。②

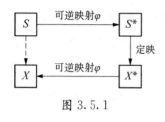

图 3.5.1

　　如图 3.5.1 所示，设 S 为含有目标原像 X 的、具有某种关系结构的集，若在 S 中直接求 X 有困难，可建立可逆映射 φ，将问题 S 影射为 S^*，通过寻找 S^* 的解 X^*，然后利用可逆映射 φ 将解 X^* 转换为解 X，即求得问题 S 的解 X。

　　【案例 3.5-1】　柯尼斯堡七桥问题。

这是最著名的古典数学问题之一。

　　18 世纪初普鲁士的柯尼斯堡，普雷格尔河流经此镇，奈发夫岛位于河中，共有 7 座桥横跨河上，把全镇连接起来(如图 3.5.2 左图)。当地居民热衷于一个难题：是否存在一条路线，可不重复地走遍七座桥。这就是柯尼斯堡七桥问题。

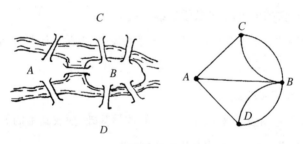

图 3.5.2

　　当欧拉于 1736 年访问柯尼斯堡时，他发现当地的市民正从事一项非常有趣的消遣活动，这项有趣的消遣活动是，在星期六作一次走过所有七座桥的散步，每座桥只能经过一次而且起点与终点必须是同一地点。

　　欧拉把每一块陆地考虑成一个点，连接两块陆地的桥以线表示。除了起点以

① 徐利治. 数学方法论选讲[M]. 武汉：华中工学院出版社，1983.
② 陈大波. 关系映射反演法(RMI 原则)[J]. 宁德师专学报(自然科学版)，2004，16(1)：3-5，7.

外,当一个人每次由一座桥进入一块陆地(或点)时,他(或她)同时也由另一座桥离开此点(如图 3.5.2 右图所示)。所以,每行经一点时,算作两座桥(或线),从起点离开的线与最后回到始点的线亦计算两座桥,因此,每个陆地与其他陆地连接的桥数必为偶数。如图 3.5.2 右图所示,七桥所成的图形中,没有一点含有偶数条桥数,因此,上述的任务无法完成。

欧拉的这个考虑非常重要,也非常巧妙,它全面刻画了数学家处理实际问题的独特之处——把实际问题抽象成合适的数学模型。这种研究方法就是数学模型方法。

关系映射反演方法在中学数学中有以下六种方法:坐标法、复数法、参数法、对数法、换元法和向量法等。在以往的教学中,这六种方法是在不同的年级和不同的学习阶段,采用单一的方法逐个讲授的,即只给学生讲授了他们的个性,而没有提及他们普遍存在的通性——RMI 原理,这是很不够的。在教学中,应以唯物辩证法作指导,既对上述方法"各个击破",使学生掌握其个性,又要在高中阶段学习这些方法的理论依据——RMI 原理,还要结合函数的对应说,介绍更高层次的数学思维方式——集合对应思维,使学生了解这些方法的共性。这对学生全面理解、熟练掌握和灵活运用这些一般方法,提高分析问题和解决问题的能力大有益处。

2. 公理化、结构化的思维方式[①]

现代科学发展的基本特点之一,就是科学理论的数学化,而公理化是科学理论成熟和数学化的一个主要特征。

在一个数学理论系统中,从尽可能少的原始概念和一组不加证明的公理出发,用纯逻辑推理的法则,把该系统建立成一个演绎系统的方法,就是公理化方法。

在数学中,公理化方法是研究逻辑结构的特殊工具,是人们的认识由感性到理性的飞跃。公理系统是数学分支发展的新的起点,公理一经确定,其内容就能相对独立地发展下去,推出新的命题和结论。所以,公理化方法不仅仅起到整理作用,也是发展理论、发现新知识的工具之一。

---

① 曹才翰.中学数学教学概论[M].北京:北京师范大学出版社,1990.

　　古希腊数学家欧几里得(Euclid,约公元前 330 年—公元前 275 年)在总结前人积累的几何知识基础上,把形式逻辑的公理演绎方法应用于几何学,运用他所抽象出来的一系列原始概念和公理,完成了传世之作《几何原本》,标志着数学领域中公理化方法的诞生,但是,欧氏几何存在明显的缺陷。1899 年,德国数学家希尔伯特(David Hilbert,1862—1943)在前人工作的基础上,著《几何基础》一书,解决了欧氏几何的欠缺,完善了几何公理化方法,创造了全新的形式公理化方法。几何学的公理化,成为其他学科分支的楷模。之后相继出现了各种理论的公理化系统,如理论力学公理化、相对论公理化、数理逻辑公理化、概率论公理化等。同时,形式公理化方法推动了数学基础的研究,并为机算机的广泛应用开阔了前景。

　　与公理化思想密切相关的是"结构思想"。所谓结构思想,是指把认识对象当作一个系统,通过对其中结构的研究来探讨对象性质的思想方法。而结构作为系统的主体,其要素是整体与优化的观念,整体是基本的,而部分是派生的,结构是部分及关系组成的统一体,结构的建立与完善是构造与优化的过程,优化的核心是整体的优化。

　　这两种思想的优点在于具备较高的形式化程度,仅顾及对象之间的关系及所应满足的法则,而与具体内容无关。因此,可用来研究任何满足这些公理的对象的"关系"和"形式"。

　　在中小学数学课程教学中,公理化方法是数学材料逻辑组织化的重要方法。结构化的思维方式在教学中的主要表现就是力图用统一的观点处理数学内容,重视通性通法,并以此作为教学的基础,这种结构化的处理方式,首先,使数学更呈现出整体性,有利于学生的数学观念的形成,使学生的整体思维结构得到发展。其次,通过结构之间的相似性,使学生能举一反三、由此及彼,如双曲线、抛物线具有某些与椭圆相对应的性质(如动点到定点与定直线之比为定值)。最后,通过合理的结构去掌握知识,从思维过程上说是简单的,在时间上说是经济的,可以减轻学生记忆的负担,提高思维的敏捷性。

3. 空间思维方式

　　空间思维是在头脑中构成研究对象的空间形状和简略的结构,对空间映象在头脑中进行相应操作的过程。

空间思维的主要操作单位不是词而是映象，并且不是所有映象，而是能表现客体空间特征的映象，如构成客体的各因素的形状大小、相互位置，客体各因素在平面上、空间上相对于任何特定位置的排列次序等。空间思维由于有这些特征而不同于其他形象思维，反映客体的空间特征和关系是空间思维的内容。对于形象思维，区分空间特征并不是它的核心因素。

空间思维活动的目的在于改变已建立起来的映象，即按照问题的要求运用映象。

空间思维是一种相当复杂的过程，它不仅包括逻辑（语言概念）操作，也包括大量的感知活动，没有这样的活动，以映象为形式的思维过程便不能进行，也就是说，辩认真实客体及辩认用各种图示手段表现的客体，或在解答题目的过程中运用映象等过程都不能进行。

4. 变量思维方式

函数发展史上经历了变量说、对应说和关系说几个阶段。变量思维方式是在变量说基础上发展起来的。变量思维方式在数学研究和数学教学中有着重要的地位。由于数学研究的对象大都是运动变化着的量及其相互关系，而这种思维方式就显示出其优点，其基本过程是：

（1）从运动和变化中提出数学对象；

（2）运用因果、相似等关系去解决数学问题；

（3）将解决结果返回到原来的问题情境中，重视说明数学对象的丰富内容。

变量思维方式在数学教学中有各种应用。如，解方程 $f(x)=0$ 就是求函数 $f(x)$ 的零点，解不等式 $f(x)>0$（或 $f(x)<0$）就是求函数 $f(x)$ 的正（负）值区间。数列就是定义在自然数集上的函数等，还有大量的问题都可以通过把常量作为变量的瞬时状态置于一定的过程中考察而得到解决。

变量思维方式的另一种形态就是把问题变换、转化加以解决。如，利用换元法解双二次方程，其所设的辅助未知数就是通过建立变量间的关系将问题转化。但也有一些数学问题虽有相似之处，却不能建立起确切的函数关系将问题转化，此时，我们一般先解决其中某个较易的问题，然后去推知另一个问题可能会有同样的结果，或从中受到启发，找到解决问题的方法。例如，从三角形有外接圆和内切圆,运用相似性,推测四面体可能也有外接球和内切球。

变量思维反映了数学自身的内在联系,是对事物及其关系的变化、相互联系和相互转化的认识,它要求从联系中去发现数学结论与解题方法。因此,在教学中,要培养学生广泛联想的能力,在相互联系中研究问题。

5. 程序分析型思维方式[1]

这种思维方式是从计算机工作机制及程序设计原理总结出来的。计算机文化是算法推理的文化,人们使用计算机时必须学习根据算法进行的思维。在编制程序时,人们要做到:

(1) 能用非常简单的语言表达思维;

(2) 向计算机解释怎样解决问题;

(3) 把任务分解成小的能被清晰理解的组成部分;

(4) 把过程分解成小步子,找出各步间的逻辑关系;

(5) 发现程序设计中的障碍并排除。

这些是人们在使用计算机时必须执行的一些操作步骤,总结抽象其中的精神实质,就得到了程序分析型思维方式。这种思维方式不同于前四种思维方式,属于一种分析型的思维方式,特别是操作步骤(3)、(4)条很有启发性,对分析、解决数学问题有普遍指导意义。

(五) 数学思维方式的培养

思维方式是学生利用自身的思维对外界事物进行加工的决定性因素,其决定了学生的思维往哪个方向走,决定着对事物的判断结果。[2]

数学思维方式是人们在遇到问题时有意识地应用数学知识、思想、方法等去思考解决问题的过程中所形成的途径,不同的人有不同的思维途径。这种途径通常表现为对问题的迅速的进行检试、模式认别、知识搜集、方法探试、解决尝试等路径。[3]

---

① 曹才翰.中学数学教学概论[M].北京:北京师范大学出版社,1990.
② 朱崇林.从核心素养角度看初中数学思维方式的培养[J].数学教学通讯,2017(11)(中旬):58.
③ 周春荔,张景斌.数学学科教育学[M].北京:首都师范大学出版社,2001:174,177.

培养数学思维方式需要统筹规划,体现在设计过程、实施过程、评价过程中。①

1. 在设计过程中,不论是教学过程的设计、还是作业的设计、考试的设计都要有强烈的动机、开放心态去创造性地体现数学思维方式的培养,要使学生在探究问题时产生不同的思维方式、让学生在做中经历、感受、体验数学思维的力量、提升数学思维的质量。

2. 在教学过程中,主要是通过问题解决、数学活动来培养和深化学生的数学思维方式。当然,作业中的思维优化、日常交流中的思维优化也不可轻视,要从思维的意识、思维的方法、思维的习惯养成入手,在教学中点点滴滴渗透思维优化意识。

3. 在评价过程中,时刻以思维能力的提高作为判断教学效果的主线,在平时的教学效果反馈中、作业批改中、考试改进中要经常地反复地思考思维方式提升的幅度、力度,产生的效果。不管即时评价,还是在发展性评价中,每一个实施效果的检测都要为学生搭建思维发展的适宜平台,才能使学生的思维更加具有开放性、发散性、审美性。为学生创设易于他们接受的问题情境,使学生在评价的过程中能找到数学思维方式的着力点,只有从不同的角度引发学生在学习过程中审视数学思维方式问题,才能真正树立思维优化意识。

特别地,有学者②认为,数学建模就是数学思维方式的具体体现。学生在数学建模过程中,对数学思维方式的培养集体体现为:

(1)培养"翻译"能力。即把经过一定抽象、简化的实际问题用数学的语言表达出来形成数学模型(即数学建模的过程),对应用数学方法进行推演或计算得到的结果,能用"常人"都懂的语言表达出来。

(2)培养分析能力。即应用已学到的数学方法和思想进行综合应用和分析,并能掌握新知识,创造性地利用新知识。

(3)培养联想能力。即培养学生有广泛的兴趣,多思考、勤奋踏实学习,通过熟能生巧而达到触类旁通的境界。

① 张定强. 数学课改新视点:数学思维方式的培养[J]. 数学教学研究,2014,33(2):2-6,27.
② 付军,朱宏. 关于数学思维方式与数学建模的研究[J]. 吉林师范大学学报(自然科学版).2006(4):76-77.

（4）培养洞察能力。即培养学生深入、清楚地洞察学习过程中事物的本质。

（5）培养使用计算机及相应的各种数学软件的能力。即培养学生在短时间内得到直观形象的结果，便于与他人讨论和交流。

二、数学品格及其养成

（一）数学品格的概念

对数学教育而言，数学品格是比数学思想和数学意识更上位的价值追求，它是一种不断生成、不断累积并富有持久生机的内容，也是数学教育的原点。

汉语词汇"品格"谓品性、性格，可以指人的品格，也指文学、艺术作品的质量和风格，物品的质量、规格等。

"品格"与"人格"都含有"品质、品行"之意，比如，可以说一个人"人格高尚"，也可以说"品格高尚"。

"人格"除了上述涵义之外，此外还特指人的性格、气质、能力等特征的总和。

人的品格是一个人的基本素质，它决定了这个人回应人生处境的模式。

一般认为，数学品格一是它的工具性品格，二是它的文化性品格。[①] 也有学者认为，"数学品格主要包括思维严谨和理性精神两大方面"[②]，《普通高中数学课程标准（2017 年版）》采用了"必备品格"与"具有数学基本特征的思维品质"一词，也有学者将其简化为"思维品质"。

正如孙晓天教授指出的，"如果客体是人（教师和学生），品格和品质可以算作同义词。可一旦跳出课程领域，这两个词的区别就大了。因为品格适用的客体一般都是人，而品质还可以用在除人以外的其他客体上，诸如面料的品质、咖啡的品质、某种服务的品质等，几乎成了质量的同义语。就数学课程而言，由于对象是人，因此，品格的说法肯定比品质更贴切，内涵也更博大"[③]。

---

① 孔凡哲，史宁中.中国学生发展的数学核心素养概念界定及养成途径[J].教育科学研究，2017(6)：5-11.

② 徐云鸿，王红艳.数学品格——数学核心素养的应有之义（上）[J].小学数学教师，2018(2)：40-43.

③ 孙晓天.关于必备品格问题的几点思考[J].小学教学（数学版），2018(7-8)：20-23.

思维品质是个体的思维活动中的智力特征的表现[①],即思维发生发展过程中所表现出来的个性差异就是思维品质,也叫作思维的智力品质。思维品质实质是人的思维的个性特征。思维品质是发展培养思维能力或智力的主要途径。

思维品质反映了个体智力或思维水平的差异,主要包括深刻性、灵活性、独创性、批判性、敏捷性和系统性六个方面。

心理品格一般主要包括性格、兴趣、动机、意志、情感等方面。

数学品格及健全人格养成,特指长期从事数学活动,有助于养成实事求是、一丝不苟等品质,有助于形成良好的数学学习动机、激发浓厚的数学学习兴趣,形成丰富的数学情感及意志力,这些心理品格不仅具有良好的数学特征,而且,有助于塑造健全的人格,其主体统称非智力因素。正如林崇德指出的,"所谓非智力因素是指除了智力与能力之外的又同智力活动效益发生交互作用的一切心理因素,包含情感过程、意志过程、个性意识倾向性过程、气质、性格等。非智力因素……对智力与能力的发展也有促进作用"[②]。

(二) 数学品格提出的缘由与数学品格的养成

数学的工具性品格与文化性品格,共同锻造了它在人类文明中的显要地位,同时也是数学学科育人价值的两大源泉。

法国著名数学家雅克·阿达玛在阐述数学领域的发明心理学时曾断言,"发明就是选择,选择是被科学的美感所控制的""逻辑起始于初始的直觉""几何想象往往是在直觉中产生的"[③],而国内著名数学家徐利治、朱梧槚等指出,"数学是一种文化,这也是古今有之的一种共识,只是由于数学科学在应用上的极端广泛性,特别是 18 世纪微积分诞生以来,它在应用上的光辉成果,更是一个接着一个,久而久之,数学所固有的那种工具的品格就愈来愈突出,以致人们渐渐淡忘了数学所固有的和更为重要的那个文化素质的品格"[④],更明确地说,"数学有两种品格,其一是工具品格,其二是文化品格","数学无形地渗透在科学的每个分支里,为其

---

① 朱智贤,林崇德. 思维发展心理学[M].北京:北京师范大学出版社,2002.
② 林崇德,罗良. 情境教学的心理学诠释——评李吉林教育思想[J].教育研究,2007(2):72-76,82.
③ 阿达玛.数学领域中的发明心理学[M].陈植萌,肖奚安,译.南京:江苏教育出版社.1989:28,85,87.
④ 徐利治,朱剑英,朱梧槚.数学科学与现代文明(上)[J].自然杂志.1997,19(1):5-10.

提供必要的工具；数学是理性精神的化身，深刻地影响着人们的观念、精神以及思维方式的养成"①。

"数学抽象、逻辑推理、数学建模、直观想象、数学运算、数据分析"更多地表达了高中数学所特有的数学学科核心能力而非数学学科核心素养。

将品格与能力并列为学科素养结构中不可或缺的组成部分，有利于重视和加强数学品格的培养与提升，从而使数学的核心能力与必备品格真正相伴相生，更好地发挥数学学科立德树人的教育功能。

三、数学文化

(一) 数学文化的基本内涵

什么是文化？什么是数学文化？

"数学文化"一词的内涵，简单说，是指数学思想、精神、方法、观点，以及他们的形成和发展；广泛些说，除上述内涵外，还包含数学家、数学史、数学美、数学教育、数学发展中的人文成分、数学与社会的联系、数学与各种文化的关系，等等。②

有学者认为：简而概之，数学文化是指一群人（数学家），当他们从事数学活动时，遵守共同的数学规则，经过长期的、历史的沉淀，形成了许多关于数学知识、数学精神、思想方法、思维方式等的共同约定，这些共同约定的总和就是数学文化。③

《普通高中数学课程标准（2017 年版）》指出：数学文化是指数学的思想、精神、语言、方法、观点以及它们的形成与发展；还包括数学在人类生活、科学技术、社会发展中的贡献和意义，以及与数学相关的人文活动。④

梁漱溟（1893—1988）⑤在他的《东西文化及其哲学》⑥中谈到，"文化是那个时

---

① 李奕娜，刘同舫. 工具与文化之间的数学品格——模式观的数学本体论下对数学意义的探索［J］. 自然辩证法通讯，2013，35（1）：82－86.
② 顾沛. 数学文化［M］. 北京：高等教育出版社，2008.
③ 杨豫晖，吴姣，宋乃庆. 中国数学文化研究述评［J］. 数学教育学报. 2015，24（1）：87－90.
④ 中华人民共和国教育部. 普通高中数学课程标准（2017 年版）［M］. 北京：人民教育出版社，2018：10.
⑤ 梁漱溟，著名的思想家、哲学家、教育家、社会活动家、爱国民主人士、著名学者、国学大师，主要研究人生问题和社会问题，现代新儒家的早期代表人物之一。
⑥ 梁漱溟. 东西文化及其哲学［M］. 北京：商务印书馆，2005.

代人活的样子。文明是那个时代人们创造出来的东西"。梁漱溟讲得非常有道理,规范地说:"文化是生活的形态表现,文明是生活的物质表现。数学文化是数学的形态表现,它涉及到数学内容,但本质上不是数学的内容,它更多关心的是数学的表现形式、数学的历史发展、数学的思想,核心是思想,没有思想就没有文化。"①

(二) 数学的基本思想

所谓思想,一般是指客观存在、反映在人的意识中经过思维活动而产生的结果,是人类一切行为的基础。简单地说,思维之思维即思想。

其实,思维活动的结果属于理性认识,一般也称之为"观念"。人们的社会存在决定人们的思想。一切根据和符合于客观事实的思想,都是正确的思想,它对客观事物的发展起促进作用;反之,则是错误的思想,它对客观事物的发展起阻碍作用。

所谓数学的基本思想,是指数学科学赖以产生、发展的那些思想,是学生领会之后能够终身受益的思想。

按照弗赖登塔尔所言的"与其说学数学,倒不如说学习数学化"②,中小学数学课程教学的核心目标在于"学会数学化"。按照其在中小学数学课程中的具体呈现过程,"数学化"可以细分为"现实问题数学化""数学内部规律化"和"数学内容现实化"三个核心阶段,而每个阶段分别对应着数学的一种基本思想。③

数学思想是对数学事实与理论经过概括后产生的本质认识;数学基本思想则是体现或应该体现于基础数学中的具有奠基性、总结性和最广泛的数学思想,它们含有传统数学思想的精华和现代数学思想的基本特征,并且是历史地发展着的。数学思想的核心在于,"数学科学自身发展所必需的最重要的、最核心的思想"④。

在这个意义下,数学的基本思想一般包含抽象、推理和模型。⑤

在中小学数学中,最重要的基本思想属于数学抽象、数学推理与数学模型。

---

① 史宁中. 数学的基本思想[J]. 数学通报,2011,50(1):1-9.

② 弗赖登塔尔. 作为教育任务的数学[M]. 陈昌平,唐瑞芬,等编译. 上海:上海教育出版社,1995.

③ 孔凡哲. 基本思想的含义、作用与渗透[J]. 福建教育(小学版),2012(9):44-46.

④ 孔凡哲,史宁中. 对《数学课程标准(2011版)》的解读[J]. 福建教育(小学版),2012(6):30-33.

⑤ 同③.

这是对学生在数学上的终身可持续发展(乃至终身受益)的核心数学思想。

(三) 数学文化的渗透

数学课堂离不开其丰富的数学文化。目前,中国将数学文化渗入数学课堂教学主要有两种方式[①]:

第一,以数学史料为载体,通过数学课渗透数学文化;

第二,将数学文化作为一门课程或者课程模块开设,提高学生的数学素养。

数学是人类文化的重要组成部分,数学教育是数学文化的教育,而数学史是数学文化的一种载体,数学史融入数学课程有助于学生理解数学、感受数学文化不等于数学史,数学文化也不是数学史的简单堆砌。

数学文化课或数学文化课程模块的形式,在中国高等教育和基础教育中已经较为普遍。高中和初中专门开设"数学文化"课程模块,小学阶段主要通过数学书上的"阅读材料"引出数学史,或通过"习题内容"引出数学史。有的小学数学教材专门设计了"数学文化"专题,比如,西南师范大学版本的小学数学教材从第一册到第十二册连续设计了数学文化系列专题。高等教育做得最好的当属南开大学顾沛教授,他把数学文化作为一门公选课,并因此而获得全国首个文化类课程的精品课程,同时获得国家教学成果奖和教学名师称号。他在相关论文中阐述了数学文化课程对大学生数学素养培养的重要性,同时为高校如何开设数学文化课程提供了典范。

(四) 数学基本思想的渗透[②]

数学的基本思想需要加以特别培养,特别地,基本思想离不开数学知识、数学技能,大多存在于基础知识、基本技能的形成过程之中。

1. 数学抽象思想存在于数学概念、命题的发展过程之中,在获得概念、命题的同时也要关注数学抽象思想的培养

【案例3.5-2】 小学"两位数加一位数的进位加法"的"十位"的抽象:27＋5＝？ [③]

---

① 杨豫晖,吴姣,宋乃庆. 中国数学文化研究述评[J]. 数学教育学报. 2015,24(1):87-90.
② 孔凡哲. 基本思想的含义、作用与渗透[J]. 福建教育(小学版),2012(9):44-46.
③ 张胜利,孔凡哲. 数学抽象在数学教学中的应用[J]. 教育探索,2012(1):68-69.

借助于"十个鸡蛋一盒"这个非常现实的经验,学生已经有相对丰富的类似经验或经历,27 表示两盒鸡蛋,另有一盒不满的鸡蛋(即盒子里有 7 个鸡蛋,这意味着空着 3 个空位),另有 5 个鸡蛋。一共几个鸡蛋呢?

借助生活经验,学生很自然地将 5 个鸡蛋中的 3 个拿出来,填补在第三盒鸡蛋的 3 个空位上,即将空位补齐,凑成一整盒,余下 2 个鸡蛋。

这就是,将 5 分成 3 与 2 的和,而 3 与 27 凑成 30,因而,结果是 32。

这是最朴素的"凑十进位",而这里的"一(整)盒"就是最直接、最形象的"十位",属于典型的借助"实物"的直接抽象。

2. 数学推理思想存在于数学内部的发展之中,需要分类加以培养

【案例 3.5-3】 在小学"两位数乘两位数的乘法"课堂上,经过引入两位数乘两位数的乘法的必要性、如何计算的教学环节,学生们通过十分钟的当堂巩固练习,大部分同学几乎都能比较熟练地进行两位数乘两位数的计算。此时,教师可以出示如下的问题:

(1) 计算下列的三个算式,你有什么发现?

$12 \times 11, 13 \times 11, 15 \times 11, 17 \times 11$。

(2) 用你刚才的发现,先猜一猜 45×11 应该得多少?然后再用竖式实际算一算,看看你的猜测是否正确?需要修改你的发现吗?用 11×63 再验证一下你修改后的结论。

(3) 总结你的发现,说一说其中的道理。

事实上,学生从 $12 \times 11 = 132$, $13 \times 11 = 143$, $15 \times 11 = 165$, $17 \times 11 = 187$ 中,似乎可以得出"乘积是三位数,百位都是一;十位数字似乎与其中的一个乘数有关"。当学生发现 $45 \times 11 = 495$ 后,往往会修改自己的猜测,部分同学会得出"两边一拉,中间一加"的猜测,即"将乘数 45 的两位数字一拉,中间放上这两个数字之和 $4+5$,即 9,得到的数就是乘积";同时,学生还可以用 11×63(或者自己编一些题目,如 11×27)验证自己的"发现",即先猜 11×63 是多少,即 693,再实际用列竖式的方法验证自己的猜想。

在上面的课堂教学中,让学生经历这样的过程,其真正的意图在于,在巩固基础知识、基本技能的过程中,让学生再经历一次归纳、猜测的思维过程,获得:

个案 1,…,个案 n—归纳出一个共性规律,猜测—验证自己的猜测—得出一般的结论。

事实上,这样做的目的,不仅在于获知结论,而且,同时让学生经历一次归纳的思维过程,获得归纳的实际经验和体验,进而感受一次"数学家式"的思考过程、数学真理的"发现"过程,这个普适性的规律就是:

先分析个案 1,再分析个案 2,尝试着归纳其共性的规律,将其猜一猜;将猜得的结论用在新的个案上,分析理论上的结果,再利用实际的操作,验证其实际的结果与猜想的结果是否吻合,如果吻合,确认结论,如果有问题,修正猜想,做出一个更贴切的猜想。

这个普适性的规律正是数学家发现的奥秘之一!

3. 数学模型是数学联系外部世界的桥梁,需要重点关注,并逐步形成学生的模型思想

例如,对于典型的鸡兔同笼问题。

【案例 3.5－4】　今有雉兔同笼,上有三十五头,下有九十四足,问雉兔各几何?

采取列方程法解决问题,关键在于建立方程"模型"的抽象过程:

① 发现问题中的等量关系,即"鸡脚数与兔脚数之和,就是总脚数;鸡头数与兔头数之和,就是总头数;每只鸡的脚数比每只兔的脚数多 2",并用自然语言表达出来;

② 用等式表达关系,即

鸡脚数＋兔脚数＝总脚数,

鸡头数＋兔头数＝总头数,

每只鸡的脚数＝每只兔的脚数－2。

③ 用符号语言表达关系,即

$\boxed{鸡}+\boxed{兔}=94$,

$\textcircled{鸡}+\textcircled{兔}=35$。

其中，⬚鸡表示鸡的总脚数，⬚兔表示兔的总脚数；◯鸡表示鸡的总头数，◯兔表示兔的总头数。

④ 用含有未知数的方程表达关系，即

设笼中有兔 x 只，由第二个关系知道鸡有 $(35-x)$ 只，于是，兔的总脚数为 $4x$，鸡的总脚数为 $2(35-x)$。将这个关系带入另一个等式，得

$$4x+2(35-x)=94。$$

至于解方程，其基本思路就是，将含有未知数的项放在方程的一边，将不含未知数的项放在另一边，进行代数式化简和计算，即可将方程化为 $ax=b$ 的形式，进而求出解 $x=12$。

利用列一元一次方程解决问题，核心在方程建模的过程，即

发现问题中的等量关系—用等式表达关系—用符号语言表达关系—用含有未知数的方程表达关系——元一次方程。

而解方程的要点在于"化繁为简、化生为熟"的化归思想。

总之，数学的基本思想的培养必须融入数学知识、技能的日常教学之中，而不能孤立地加以培养：

首先，在数学概念、命题等的形成过程中培养学生的抽象思想。这是数学的抽象思想培养的主渠道。在课程教学实施中，在展示数学对象逐级抽象的同时，也要充分展示数学真知发生发展的鲜活过程，即通过直觉、借助归纳，进而猜想，预测结论，通过演绎推理验证结论，亦即，既要教抽象，也教归纳思维和演绎思维。[①]

其次，在数学概念、数学技能和数学命题、法则等的教学中培养归纳、类比、逻辑推理等数学思想。归纳、类比、逻辑推理等数学的基本思想的培养必须融入到日常的基础知识、基本技能的教学之中，这是小学数学、中学数学教学的主渠道。

最后，在数学应用中培养学生的建立模型的数学思想。对此，案例 3.5-4 已经有所阐述。

---

① 张胜利，孔凡哲. 数学抽象在数学教学中的应用[J]. 教育探索，2012(1)：68-69.

4. 基本思想与基础知识、基本技能、基本活动经验是一个整体，需要统筹考虑，不能厚此薄彼。尤其是，基本思想、基本活动经验与基础知识、基本技能一样重要。

（1）双基教学是我国的教学传统，但是已经不能适应时代发展

从方法论的角度分析，我国中小学数学教育的优势在于基础知识（概念记忆与命题理解）扎实、基本技能（证明技能与运算技能）熟练，这与"数学双基教育"所希望达到的目的是一致的。但是，从人的发展的角度考虑，从培养创新性人才的角度考虑，这种知识靠记忆、技能靠熟练的方法，依赖于"熟能生巧"的传统模式，这些是不够的、甚至是不利的。事实上，真理的发现主要靠归纳（即广义的归纳，也称之为合情推理），而验证、证明真理需要靠演绎。从而，必须将基本思想、基本活动经验放置到与基础知识、基本技能同等重要的位置。

（2）让学生获得基本思想和基本活动经验是培养创新的需要

创新本质上源于归纳。而归纳能力是建立在实践的基础上的，归纳能力的培养可能会更多的依赖于"过程的教育"，依赖于经验的积累。这种积累正是基本思想、基本活动经验的积累和形成过程，也就是说，基础思想、基本活动经验只能在过程中加以培养，而不能采取简单的结果式教育方式。但是，这里的"过程的教育"并不是指在授课时要讲解、或者让学生经历知识产生的过程，甚至不是指知识的呈现方式，而是指，学生探究的过程、学生思考的过程、学生抽象的过程、学生预测的过程、学生推理的过程、学生反思的过程，等等。通过这些过程，让学生亲身感悟归纳、演绎的思想与方法，逐渐积累归纳、演绎并举的思考与实践的经验。可以看到，这些恰恰是现在的许多数学课堂教学中被忽视的东西。

（3）基本思想、基本活动经验的培养必须融入基础知识、基本技能的日常教学之中

长期以来，我们习惯于直接教结果，而不关注过程。2001年改革以来，人们开始关注过程，但是，过程之中到底传递什么？其实，传递的就是基本思想、基本活动经验，而这些内容恰恰在日常的基础知识、基本技能的教学之中。

在案例3.5－3中，设计的真正意图在于，在巩固"两位数乘两位数"基础知识、基本技能的过程中，让学生再次经历归纳、猜测的思维过程、推理过程，获得"个案1，…，个案 n —归纳出一个共性规律，猜测—验证自己的猜测—得出一般结论"的直接经验和体验,经历一次"数学家式"的思考过程,感受智慧产生的过程,体验创新的快乐,而教学的层次性并不是在知识技能的简单重复上下功夫,而是按照知识技能的复杂程度、学科思维的深广度、待解决问题的繁难程度等多条线索,交替螺旋上升,进而,让学生获得知识技能形成的经验、独立思考的经验、猜测发现的直接经验和体验,最终形成良好的学科直观,提升其学科素养。这种过程性的教学正是数学教育的魅力之所在!

让学生经历学科抽象的过程,不仅可以体会学科知识是如何产生发展的,也可以有效降低学习的难度,便于理解与掌握,同时,更有利于帮助学生经历抽象的过程,逐步发展抽象思维能力,为正确认识事物的本质、培养创新基本素养,奠定坚实的基础。因而,按照学科抽象过程的不同层次,设计教学的层次性,是当前学科分层教学、个性化发展的重要前提和学理基石。

不仅如此,基本活动经验的教学也需要密切结合基础知识、基本技能的日常教学。基本活动经验既包含着学生进行知识技能学习过程中的思考的经验和体验,也包含着学生对于知识技能的自我诠释。例如,"直接的活动经验可以通过诸如购买物品、校园设计等活动获得。而间接的活动经验作为创设实际情景、构建数学模型中所获得的数学经验,可在诸如鸡兔同笼、顺水行舟等问题的解决中获得。而设计的活动经验是单纯的数学活动中所获得的经验,在随机摸球、地面拼图等活动中可获得。思考的活动经验则是通过分析、归纳等方法获得的数学经验,如预测结果、探究成因"[1]。

四、数学品格的组成要素分析[2]

教育部在《教育部关于全面深化课程改革落实立德树人根本任务的意见》[3]中

---

[1] 孔凡哲. 基本活动经验的含义、成分与课程教学价值[J]. 课程·教材·教法,2009(3):33-38.

[2] 本段内容由孔凡哲指导的博士生祖丹完成,曾公开发表:祖丹,孔凡哲. 数学必备品格的组成要素分析——基于数学家的视角[J]. 天津师范大学学报(基础教育版),2020,21(2):59-65.《人大复印报刊资料·初中数学教与学》2020年第6期第3-7,12页全文转载.

[3] 中华人民共和国教育部. 教育部关于全面深化课程改革落实立德树人根本任务的意见[S]. 教基二,2014:1.

明确提出,"学生应具备适应终身发展和社会发展需要的必备品格和关键能力","必备品格"作为教育专业名词进入学术视野。作为核心素养要素之一的"必备品格",是当下教育关注的焦点之一。如何将"必备品格"落实到课程教学之中,其难点之一在于明确"必备品格"的内涵。《普通高中数学课程标准(2017 年版)》中强调:"学科核心素养是育人价值的集中体现,是学生通过学科学习逐步形成的正确价值观念、必备品格与关键能力。"①数学品格是数学核心素养的重要内容,是在数学学习过程中逐渐形成发展的,数学品格能否有效落实于课程教学之中,直接影响学生数学核心素养的形成与发展。

　　因此,基于数学学科本质,明确数学品格的内涵与要素,显得尤为重要。

一、数学品格的内涵及要素

(一) 数学品格的内涵

　　品格汉译为"品性、品行",英译为"character",可解释为"品质特性"或"道德行为"②,心理学认为,品格等同于具有道德评价意义的性格,"品格是指体现了一定道德规范(如核心价值和美德),包含了认知、情感和意志品质的道德习惯"③。"心理品格一般主要包括性格、兴趣、动机、意志、情感等方面"④,可以把品格解释为具有道德价值的心理品格。国内著名数学家徐利治、朱梧槚指出,"数学有两种品格其一是工具品格,其二是文化品格"⑤。这里的文化品格指的是数学文化素养对陶冶人的情操、锻炼人的思维能力,提升人的综合素质水平所起的精神文化功效。有观点认为,数学品格具有教育性与数学性。⑥ 综合这些观点,数学品格是指具备鲜明的数学特征的心理品格,这里的心理品格包含道德价值的意蕴。

　　正如孔凡哲、史宁中指出的,明确"中国学生发展的数学核心素养"概念内涵,

① 中华人民共和国教育部. 普通高中数学课程标准(2017 年版)[S]. 北京:人民教育出版社,2018:4.
② 中国社会科学院语言研究所词典编辑室. 现代汉语大词典[M]. 北京:商务印书馆,1980. P. 868 - 869.
③ 高德胜. 人格教育在美国的回潮[J]. 比较教育研究,2002(6):25 - 29.
④ 孔凡哲,史宁中. 中国学生发展的数学核心素养概念界定及养成途径[J]. 教育科学研究,2017(6):5 - 11.
⑤ 李奕娜,刘同舫. 工具与文化之间的数学品格——模式观的数学本体论下对数学意义的探索[J]. 自然辩证法通讯,2013,35(1).
⑥ 徐文彬. 试论小学数学的必备品格[J]. 江苏教育,2017(33):16 - 18.

必须立足两个基本出发点：一是中国学生发展的数学核心素养，具有典型的数学学科特性，是数学学习所特有的，并无法通过其他学科的学习替代之，二是中国学生发展的数学核心素养，是中国学生发展核心素养在数学学科中的具体化，并与其他学科核心素养一起，对学生的全面发展与终身可持续发展共同发挥作用。

数学品格作为数学核心素养的重要组成，其内涵构建也应立足于这两个出发点。基于此，可确定数学品格的内涵为，具有良好的数学特征、且能促进人的全面发展和人格完善的心理品格。

（二）相关研究述评

以"必备品格"为关键词，对 CNKI（中国知网，China National Knowledge Infrastructure）收录的文献（2000.01.01—2019.09.30）进行全面、详细梳理和归纳可以发现，明确以"必备品格"作为研究对象的文章 68 篇，而其中的教育领域文章 35 篇。为更好的了解研究成果的分布趋势，我们以统计视角从文献分布年度、研究内容、作者、研究层次分布等维度加以分析。

首先，从文献年度分布来看，2014 年以前，教育领域的研究鲜少出现。2014 年起，随着必备品格概念的提出，研究者逐渐开始将研究重点聚焦到必备品格。2016 年，随着中国学生发展核心素养研究成果发布，研究呈现迅猛上升的态势（如图 3.5.3 所示）。究其原因，必备品格作为数学核心素养的重要组成部分被提出的时间较短，研究年限不长，文献年度分布较集中，但一经提出，就得到广泛热议。

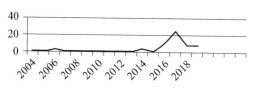

图 3.5.3 文献年度分布图

其次，从研究内容来看，教育领域研究主要涉及数学品格内涵，"必备品格"的重要性，对某一必备品格进行分析，必备品格的培养策略。研究视角单一，多为微观层面，研究内容的选取缺乏系统化和整体化，且各课题之间关联性低。

第三，通过对研究文献作者的统计分析可知，"必备品格"研究的最高产作者发文量为 4 篇(周卫东)。依据普莱斯公式 $N=0.749 \times \sqrt{n_{max}}$ 测算核心作者发文 $N \approx 2$,而发文量为 2 篇及以上者仅 2 人(周卫东,成尚荣),这表明各作者之间并没有形成合作关系,研究的核心作者群并未形成。

最后,从研究机构来看,研究还处于探索阶段。从各研究机构发文量上来看(如图 3.5.4),以南京市长江路小学为例的一线中小学对必备品格的关注度较高。究其原因,我国课程与教学研究对情感领域的关注较少,与教学一线急需落实情感目标之间存在矛盾。为解决这一矛盾,一线教师从实践的角度对必备品格的培养策略进行经验性的总结与反思。

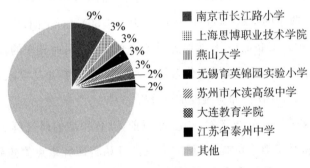

图 3.5.4　文献所属研究机构分布扇形图

通过上述分析不难发现,研究群体并未形成,且研究呈现研究视角宽泛、研究内容不系统、研究方法经验化等特征。可见,国内关于必备品格的研究还处于起步阶段,各学科必备品格内涵和要素组成并不明确,对学科必备品格的探讨更是凤毛麟角。

二、数学品格的要素分析

数学家是数学品格的集中体现者,他们最了解数学的本质特征。作为具有鲜明数学学科特征的数学品格,数学家对此的普遍认识具有鲜明代表性。

(一) 确定研究对象

"学科专家对自己的专业领域非常熟悉,他们有能力根据该学科的训练方法、内容等,指出该学科对其他人可能做出的贡献"[1],"数学家成材与他们的认知兴趣

---

[1] 泰勒. 课程与教学的基本原理[M]. 罗康,张阅,译. 北京:中国轻工业出版社,2014:8.

浓厚、强烈的好奇心、敢于智力活动的冒险、渴望心灵深处的自由创新、极强的自信心和持之以恒的进取心等息息相关,同时与他们受到的创造性思维教育又是密切联系的"[①]。

一般认为,数学发展史大致分为数学萌芽期、初等数学时期、变量数学时期、近代数学时期、现代数学时期五个阶段。

因此,本研究对除数学萌芽期(公元前 600 年以前,相关著作中对该时期数学家的记录较少)之外的四个时期,进行随机抽样,共选取了 28 位数学家,包括:克莱因、亚里士多德、欧几里得、陈景润、华罗庚、高斯、柯朗(R. Courant,1888—1972)、罗宾(H. Robbins,1915—2001)、怀特海(A. N. Whitehead,1861—1947)、希尔伯特、庞加莱(J. H. Poincaré,1854—1912)、笛卡儿、莱布尼茨、罗素、苏步青(1902—2003)、蒙日(G. Monge,1746—1818)、刘徽(约 225—约 295)、拉普拉斯(P. S. M. de Laplace,1749—1827)、贝尔(E. T. Bell,1883—1960)、祖冲之(429—500)、康托尔、弗赖登塔尔、牛顿、毕达哥拉斯(Pythagoras,约前 580—约前 500)、皮尔逊(K. Pearson,1857—1936)、柏拉图、欧拉、丘成桐(S. T. Yau)、波利亚(G. Polya,1888—1985),(每个时期 7 位)作为研究对象。

(二) 数学品格的关键词提取

对 28 位数学家的代表性著作及相关言论之中明确提及有关数学品格的关键词进行提取、统计,共提取出 33 个关键词(如表 3.5.1 所示)。对含义相同或相近的关键词合并,梳理得到 11 个数学品格:创新、严谨、坚强意志、勤奋、坚持不懈、理性、化繁为简、独立思考、实事求是、勇于质疑,数学兴趣。

表 3.5.1　数学家视角下的数学品格

数学品格	关　键　词
创新	创造性、独创性、创新
严谨	缜密周详、严密
坚强意志	意志坚强、败而不馁、克服艰难险阻、坚韧毅力
勤奋	勤奋、勤能补拙、刻苦、下苦功

① 罗俊丽,李军庄.数学家成材之路对数学教育的启示[J].数学教育学报,2007(1):25-28.

（续表）

数学品格	关　键　词
坚持不懈	锲而不舍、有恒心、坚持不懈
理性	理性思维、理智、以窍理实
独立思考	独立思考、独立
勇于质疑	质疑、疑问、提出问题、批判精神、怀疑精神
实事求是	实事求是
化繁为简	抓住本质、了解本质、简化问题做减法、抓住事物主体
数学兴趣	兴趣

（三）数学品格要素析取

1. 数学品格的相关性

为进一步了解各数学品格之间的联系,采用皮尔逊(Pearson)相关分析技术,分析各数学品格的相关程度(如表 3.5.2)。

表 3.5.2　数学品格相关分析表[①]

	创新	严谨	坚强意志	勤奋	坚持不懈	理性	化繁为简	独立思考	实事求是	勇于质疑	数学兴趣
创新	1.000	0.309	0.073	0.181	0.242	0.345	0.177	0.156	0.280	−0.044	0.677
严谨	0.309	1.000	−0.183	−0.044	0.000	0.132	0.167	0.000	−0.111	0.238	0.377
坚强意志	0.073	−0.183	1.000	0.580	0.475	0.073	−0.228	−0.032	−0.122	−0.183	0.118
勤奋	0.181	−0.044	0.580	1.000	0.919	0.018	−0.132	0.156	0.280	−0.221	0.278
坚持不懈	0.242	0.000	0.475	0.919	1.000	0.073	−0.068	0.194	0.304	−0.183	0.324
理性	0.345	0.132	0.073	0.018	0.073	1.000	−0.132	−0.062	−0.132	0.132	0.278
化繁为简	0.177	0.167	−0.228	−0.132	−0.068	−0.132	1.000	0.059	0.222	0.000	0.350
独立思考	0.156	0.000	−0.032	0.156	0.194	−0.062	0.059	1.000	0.471	0.236	0.343
实事求是	0.280	−0.111	−0.122	0.280	0.304	−0.132	0.222	0.471	1.000	−0.111	0.413
勇于质疑	−0.044	0.238	−0.183	−0.221	−0.183	0.132	0.000	0.236	−0.111	1.000	0.162
数学兴趣	0.677	0.377	0.118	0.278	0.324	0.278	0.350	0.343	0.413	0.162	1.000

① 注:相关系数的绝对值＝1时,称两变量完全相关;相关系数的绝对值＞0.8时称为强相关;相关系数的绝对值＜0.3时称为弱相关。

数据显示：数学兴趣与创新（0.677）、严谨（0.377）、坚强（0.118）、勤奋（0.278）、坚持不懈（0.324）、理性（0.278）、化繁为简（0.350）、独立思考（0.343）实事求是（0.413）、勇于质疑（0.162）之间具有正相关性，数学兴趣与其他数学品格之间存在相互促进作用。数学兴趣是数学学习的内在动力，同时也是其他数学品格形成的基础。勤奋与坚持不懈（0.919）之间具有强相关性，两者都属于个体在调节自己的心理活动时表现出的心理特征，且内涵相近。勇于质疑与独立思考（0.236）具有正相关性，面对问题不随波逐流，是独立思考的基础。著名教育家陶行知（1891—1946）认为："创造始于问题，有了问题才会思考，有了思考，才有解决问题的方法，才有找到独立思路的可能"，著名数学家华罗庚也曾强调"独立思考是科学研究和创造发明的一项必备才能。在历史上任何一个较重要的科学上的创造和发明，都是和创造发明者的独立地深入地看问题的方法分不开的。"可见，勇于质疑是独立思考的第一步，独立思考是创新的基础。

总的来看，大部分数学品格之间都具有正相关性，但相关程度不高，这说明个数学品格之间既具有相互促进作用，又具有良好的独立性，且具有独特内涵。

2. 数学品格的权重分析

"确定权重的方法有很多种，主观赋权法、客观赋权法、德尔菲法、层次分析法等。主观赋权法因为主观意识的成分居多，通常容易引起争议；德尔菲法和层次分析法因为操作过程比较复杂也很少采用；客观赋权法是最为简单直接的方法，也是最常用的方法。"[1]本研究采用主成分分析法，对各数学品格进行权重分析。具体地，在对数据进行主成分分析的基础上，构建综合得分模型，其中，综合得分模型中每个指标所对应的系数反映了对应指标的权重。

为确定主成分分析的可行性，对数据进行 KMO 检验[2]和巴特利特（Bartlett）球形检验[3]，其中，KMO 取样适切性量数为 0.713，$df = 45$，$p \leqslant 0.001$，卡方值 113.158，说明变量之间可以做主成分分析。主成分分析结果表明，共有 6 个因子对总方差解释较大。其中，主成分 1（22.031），主成分 2（16.450），主成分 3

① 刘晓霞. 满意度研究中的指标权重确定[J]. 市场研究（网络版），2004(6).
② KMO 检验是 Kaiser，Meyer 和 Olkin 提出的抽样适合性检验。
③ 巴特利特球形检验是一种检验各变量之间相关性程度的检验方法。

（14.871），主成分 4(11.153)，主成分 5(10.878)，主成分 6(10.654)，6 个主成分累计方差贡献率为 86.036%＞85%，基本可以反映全部指标的信息。

　　为对数学品格重要性排序，需构建综合得分模型，以了解每一种数学品格占总体的权重。

　　令 x_1，x_2，……，x_{11} 分别表示 11 个数学品格，Y 代表综合得分，a_{ij} 代表变量在每个因子上的得分系数，综合得分模型为

$$Y = \sum_{i=1}^{11} (a_{i1} \times 22.031 + a_{i2} \times 16.450 + a_{i3} \times 14.871 + a_{i4}$$
$$\times 11.153 + a_{i5} \times 10.878 + a_{i6} \times 10.654)/86.036$$

　　表 3.5.3 为各因子得分系数矩阵，将该表数据带入公式，可绘制数学品格权重表（如表 3.5.4 所示）和权重柱形图（如图 3.5.5 所示）。

表 3.5.3　各因子得分系数矩阵

	1	2	3	4	5	6
创新	−0.059	0.083	0.428	0.031	0.104	−0.230
严谨	0.029	−0.096	−0.136	−0.119	0.887	−0.012
坚强意志	0.414	−0.300	0.060	0.227	−0.326	0.234
勤奋	0.390	0.032	−0.117	−0.065	0.128	−0.031
坚持不懈	0.358	0.064	−0.089	−0.073	0.162	−0.042
理性	−0.093	−0.105	0.660	−0.187	−0.239	0.058
化繁为简	0.024	−0.152	−0.082	0.892	−0.161	0.063
独立思考	−0.007	0.477	−0.055	−0.136	−0.109	0.338
实事求是	−0.099	0.532	0.006	−0.050	−0.063	−0.230
勇于质疑	0.046	−0.022	−0.046	0.042	−0.014	0.800
数学兴趣	0.081	0.071	0.250	0.282	0.043	0.120

表 3.5.4　各数学品格权重表

数学品格	创新	严谨	坚强意志	勤奋	坚持不懈	理性
权重	0.063	0.061	0.076	0.090	0.094	0.023
数学品格	化繁为简	独立思考	实事求是	勇于质疑	数学兴趣	
权重	0.066	0.090	0.034	0.102	0.134	

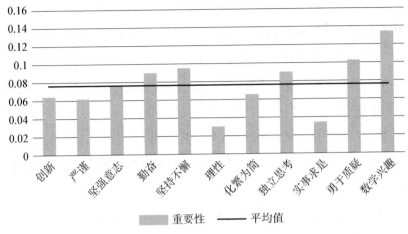

图 3.5.5 数学品格权重柱形图

11个数学品格权重平均值为 0.075902。由图 3.5.5 可得,数学兴趣(0.134381)、坚强意志(0.076208)、勤奋(0.08968)、坚持不懈(0.0943440)、独立思考(0.0903467)、勇于质疑(0.1023617)这 6 个数学品格的权重明显高于平均值,具有非常高的重要性。特别地,数学兴趣的权重值最大,且明显大于其他数学品格的权重值。这表明,数学兴趣的重要度最高,这与 Schiefele 等人[①]的研究结论"个人兴趣与成就之间的相关接近 30％"不谋而合。创新(0.063426)、严谨(0.0608)、化繁为简(0.0659868)三者的权重值相近,略低于平均值。这表明,三者在数学家眼中的重要度相近,属于比较重要的数学品格。

总的来看,大部分数学品格具有较高的权重,这表明,第一次筛选出的大部分数学品格在数学家们眼中具有较高的重要性,可以考虑作为数学品格的组成要素。

三、结论与启示

(一) 研究结论

1. 数学品格的要素构成

首先,从 28 位数学家的普遍观点看,数学兴趣、坚强意志、勤奋、坚持不懈、独

① SCHIEFELE U. Topic interest and levels of text comprehension//RENNINGER K A, HIDI S, KRAPP A. The role of interest in learning and development [M]. Hillsdale, NJ: Lawrence Erlbaum Associates, 1992:151-182.

立思考、勇于质疑六个数学品格的重要性明显高于平均水平,可考虑作为数学品格的基本组成要素。同时,由量化分析可知,勤奋与坚持不懈和坚强之间具有强相关性,三者概念相近,可合并为自强不息。

其次,化繁为简与严谨的重要性虽略低于平均值,但其权重值与坚强意志、勤奋等品格的权重值差值不大,重要程度相近。由因子分析可知化繁为简(0.892)与严谨(0.887)分别在主成分4与主成分5上具有较大的负荷,即主成分4和主成分5分别基本反映了化繁为简和严谨的信息,故须将两者列入数学品格的组成要素中。

特别地,《关于深化教育体制机制改革意见》[1]强调"培养创新能力,激发学生好奇心、想象力和创新能力,养成创新人格,鼓励学生勇于探索、大胆尝试、创新创造",而欧盟、美国、日本等也纷纷将创新素养列为适应学生终身发展和社会发展需要的核心素养的重要组成。[2] 可见,各国都重视创新性人才的培养,故非常有必要将创新列为数学品格的组成要素之一。

综上所述,可以确定数学兴趣、创新、自强不息、严谨性、勇于质疑、化繁为简、独立思考作为数学品格的七个最重要的组成要素。

2. 数学品格的组成要素符合课程标准的总目标要求

数学品格的组成要素作为数学课程的重要目标,已在现行各学段数学课程标准中有所呈现:

《义务教育数学课程标准(2011年版)》(以下简称《标准》)[3]强调要培养学生对数学的好奇心和求知欲,敢于发表自己的想法、勇于质疑、敢于创新,养成认真勤奋、独立思考、合作交流等学习习惯。

《普通高中数学课程标准(2017年版)》[4]强调应提倡独立思考、自主学习等多种学习方式,激发学习数学的兴趣,养成良好的学习习惯,促进学生实践能力与创

---

① 中共中央办公厅国务院办公厅.关于深化教育体制机制改革意见[S].中共中央办公厅国务院办公厅,2017:1.
② 刘义民.国外核心素养研究及启示[J].天津师范大学学报(基础教育版),2016(2).
③ 中华人民共和国教育部.义务教育数学课程标准(2011年版)[S].北京:北京师范大学出版社,2012:5.
④ 中华人民共和国教育部.普通高中数学课程标准(2017年版)[S].北京:人民教育出版社,2018:3.

新意识的发展。

可见,基于数学家视角提取出的数学品格要素组成符合中小学数学课程的总目标要求。

(二) 研究启示

品格教育是利用隐性的、潜移默化的培养策略达到培养长期品格的效果。美国《品格教育宣言》[1]中指出,"品格教育并不只是一堂课或一个课程,一个迅速实行的计划或是贴在墙上的口号。它是学校不可缺少的一部分。在有目的、有组织的品格教育活动中,学校可以成为责任感强、努力学习、诚实守信、乐于助人这些美德被教授、被期待、被赞扬、并不断被实践的小社会"。数学品格具有鲜明的数学特点,数学课程是数学品格培养的重要途径。因此,如何将数学品格很好地融入于数学课程标准中,渗透于数学教科书中,落实到教学实施与评价中,是现阶段亟待解决的问题。

1. 数学品格能够渗透于教科书,但需整体规划,理性设计

"数学内容本身无疑会激起正直与诚实的内在要求……教师本身酷爱课题,就会促使他去积极培养学生类似的情感……就不由地参与到形成学生道德基础的过程中去了"[2]。作为课程的物化形式,教科书是数学教育的重要工具和资料,同时也是数学品格的重要载体。数学品格在教科书中有效、系统、高质量的呈现,将有助于学生数学品格及健全人格的养成。

数学品格内容在教科书中呈现,并非从零开始。现行各版数学教科书中设计的许多数学活动都渗透了数学品格内容。以北师版小学数学教科书为例,在"有趣的图形"一节,设计了下面的数学活动。

发挥你的想象力,用七巧板拼出一个你最喜欢的图形,并展示给同学。

通过七巧板的拼图游戏,意在使学生积累创新的情感体验,形成创新意识,增强数学兴趣。

虽然多版教科书中都或多或少将数学品格渗透于教科书中,但编排与组织形

---

① 谢狂飞. 美国品格教育研究[D]. 上海:复旦大学,2012.
② 孔凡哲,朱秉林. 数学情感及其规律[J]. 数学教育学报,1993(2).

式仍需整体规划和理性设计。就呈现方式而言,数学品格在教学书中的呈现应以隐性方式为主。人的思维过程其实是认知、情感、意志相伴的过程。数学品格需与基础知识、基本技能、基本思想、基本活动经验同时达成教育目标。故数学品格在教科书中的呈现应以数学的基本知识、基本技能、基本思想、基本活动内容为载体,并"藏"于数学问题解决的过程中。

就组织形式而言,应关注学生数学品格发展的连续性与阶段性。数学品格的达成是循序渐进、日积月累的过程,因此,保证数学品格在教科书中渗透的连续性就显得尤为重要。教科书设计应以数学核心素养的教科书编制理念为导向,从整体上把握数学教科书的内容体系,确保学生能累积形成数学品格所必需的长期情感体验。同时还应注意的是学生必备品格形成具有阶段性。课程标准中应以各阶段学生心理发展为出发点,对各学习阶段数学品格目标提出不同的要求。例如,小学阶段,在数物体的时候,用来表示物体个数的 1,2,3,…,叫做自然数。虽然,在此层次上这是一个定义,但随着知识的增长和心理状态的逐渐完善,需从更高层次上对严谨提出要求,即开始使用公理化的方法对自然数进行严格定义。

2. 重视数学品格培养情境创设,关注品格教育课堂情境创设

数学品格的培养要关注人作为品格建构主体的能动性,重视学生在数学化情境中长期的情感体验和潜移默化的情感建构。合理的设计数学化问题情境,使学生在与问题情境有效互动中逐渐形成数学品格。

事实上,数学教学实践中严谨的逻辑推导、精确的数学运算等长期情感积累的过程,是严谨、自强不息、独立思考品格形成的过程;对现象观察、比较、归纳,进而提取事物本质属性的过程,是透过问题看本质的情感体验过程,这是化繁为简的养成过程;创造性地运用转化、类比、特殊化等方法解决数学问题,是逐渐形成创新意识和勇于探索精神的过程,也是创新品格的形成过程;发现问题、提出问题、分析问题、解决问题的情感体验过程,是勇于质疑的形成过程。

课程开发者和教师设计培养数学品格的情境时,应注意到各数学品格之间不是独立、割裂的,恰当、合理的数学情境可以让学生同时获得多种情感体验。例如:

比较下列每组算式的计算结果,能发现什么规律? 能用只含一个字母的式子表达这个规律吗？能证明你的规律吗？[①]

$$\begin{cases} 1\times 3=\underline{\hspace{2cm}}, \\ 2\times 2=\underline{\hspace{2cm}}。\end{cases} \quad \begin{cases} 11\times 9=\underline{\hspace{2cm}}, \\ 10\times 10=\underline{\hspace{2cm}}。\end{cases}$$

$$\begin{cases} 13\times 15=\underline{\hspace{2cm}}, \\ 14\times 14=\underline{\hspace{2cm}}。\end{cases} \quad \begin{cases} 25\times 25=\underline{\hspace{2cm}}, \\ 24\times 26=\underline{\hspace{2cm}}。\end{cases}$$

通过认真观察、分析每组算式中出现的数字之间的关系，可以发现，算式中涉及三个连续自然数，且积的结果之间相差1，具体如下：

$1\times 3=3, 2\times 2=4$，有 $1\times 3=2\times 2-1$；

$11\times 9=99, 10\times 10=100$，有 $11\times 9=10\times 10-1$；

$13\times 15=195, 14\times 14=196$，有 $13\times 15=14\times 14-1$；

$24\times 26=624, 25\times 25=625, 24\times 26=25\times 25-1$。

对上述四组式子进行分析，可归纳出一般规律：

比某数小1与比这个数大1的两个数相乘，所得的积比这个数的平方小1。

将自然语言抽象成符号语言，即

$$(a-1)\times(a+1)=a^2-1。$$

但是，这样的猜想正确吗？利用多项式相乘的法则可以给出证明，于是

$$(a-1)\times(a+1)=a\times a+a\times 1-1\times a-1\times 1$$
$$=a^2+a-a-1$$
$$=a^2-1。$$

在上面的数学活动中，学生经历了观察、比较、归纳的探索过程，获得了透过问题看本质的情感体验，这是独立思考和化繁为简的养成过程。对运用归纳法发现的规律进行严格证明，使学生感悟数学的严谨，并增强数学兴趣。

3. 提升教师品格教学的能力

基于核心素养的课程改革，不仅教材将发生质的变化，课堂教学也将发生根

---

① 孔凡哲.基本活动经验的含义、成分与课堂教学价值[J].课程·教材·教法,2009(3):34.

本性的变革。具体地,基于数学学科核心素养的教学活动,教师应"把握数学的本质,创设合适的教学情景、提出合适的数学问题,引发学生思考与交流,形成和发展数学学科核心素养"①。数学教师应在关注学生关键能力提升的同时,也要关注学生必备品格的养成,把知识、能力与数学品格一起交给学生。

基于核心素养的课堂教学变革,对教师提出了新的要求。首先,数学教师应不断地提升自身的数学素养。数学教师对数学本质的正确理解,对教学内容的宏观把握,以及对跨学科知识的了解,都将对数学化问题情境创设的适切性与恰当性产生影响,进而影响学生健全人格的养成。

其次,多途径提升数学教师的品格教学。一直以来,相较于对知识技能目标和过程方法目标的深入把握,数学教师对情感目标的理解和把握相对薄弱。主要原因在于缺乏相应的质量监管规范,并且教师自身重视程度与学习动力不足。针对这种情况,应基于数学核心素养的理念,在已有的教师评价体系中增加必备品格指标,从制度上保证数学教师核心素养教学的质量。同时教师也应有意识地加强自身对情感目标的理解与掌握,提升品格教学技能。

最后,数学教师应不断寻求知识技能目标与情感目标的契合点,积极开发和利用各种教学资源,运用多元的教学策略,有意识地引导学生在数学学习活动中体验和实践数学品格。

4. 构建对数学品格的教学评价体系

与以往的知识为本的评价理念相比,核心素养为本的评价理念更多关注对过程的评价。基于核心素养的评价理念,数学品格评价应以促进学生数学品格发展和提升数学核心素养为目的,立足于考查学生数学品格的现实状况,诊断学生学习和教师教学过程中的优缺点。

与知识技能不同,对情感态度与品格的评价需以情境活动为引导。因此,数学品格评价的重点在于学生是否能在现实情境中运用这些品格做出良好的表现。对数学品格的考查过程,应让学生在放松的状态下参与数学活动,教师则跟踪记录学生的自然表现,比较分析学生在不同时期的变化与表现情况,了解和考查学

---

① 中华人民共和国教育部. 普通高中数学课程标准(2017 年版)[S]. 北京:人民教育出版社,2018:81.

生在数学化情境中的真实表现。

　　事实上,国内正在实践许多评价,诸如综合素质评价、过程性评价等都为构建数学品格的教学评价体系提供了宝贵经验。考虑到反映学生数学品格状况的信息是多层次、多角度的,可依据多元化原则选择评价方式。丰富的评价方式,可以公正、客观、全面地反映学生个体数学品格的形成程度,并针对性地为每位学生提供具体、可行的改进意见。另外,为更好地记录学生的达成度,确保数学品格切实有效地落实到课程与教学中。还可以参照 PISA 对学生数学素养 6 个水平等级的划分,进而对不同学习阶段数学品格表现水平进行划分。

第四章
发现与提出问题、分析与解决问题的 能力与合作问题解决能力

学生和数学对象(数学活动),是数
学学习和应用的两个主体,数学核心素
养表现在数学对象(数学活动)上,就是
发现问题、提出问题、分析问题和解决问
题的能力。

第一节　数学能力

核心素养是具有数学基本特征的思维品质、关键能力以及情感、态度与价值观的综合体现，数学能力是其中的一个重要成分。厘清数学能力的内涵及其发展是十分重要的。

一、能力

所谓能力，《中国大百科全书·心理学》指出：作为掌握和运用知识技能的条件并决定活动效率的一种个性心理特征，一个人具有某种能力，就意味着具有掌握和运用某方面知识技能的可能。

《在线汉语字典》对"能力"（英文 ability；capability）的解释[1]是：掌握和运用知识技能所需的个性心理特征。一般分为一般能力与特殊能力两类，前者指大多数活动共同需要的能力，如观察力、记忆力、思维力、想象力、注意力等；后者指完成某项活动所需的能力，如绘画能力、音乐能力等。

一般来说，表现人们智能活动水平的能力是一种比较稳固的通过相应的活动发展起来，并主要是在完成该类活动中体现出来的个性心理特征。[2]

这里说它"比较稳固"是相对其他个性特征（气质、性格等）而言，如它"不像气质那样稳固"，亦不像性格那样容易变化。

说它是"个性心理特征"，是指区别于需要、兴趣、动机和意志等个性意识倾向，又区别于知识、技能和方法技巧。

说它"通过活动发展起来"是指人的某种能力并非是先天的，决定能力发展最

---

① http://xh.5156edu.com/html5/z20m21j337884.html. [2019-08-19].
② 孔凡哲，曾峥. 数学学习心理学[M]. 2 版. 北京：北京大学出版社，2012：212.

根本的条件是社会实践。

强调"相应的活动"则是培养各种能力须从事特定的有关活动。

说它"主要是在完成该类活动中表现出来",是说离开了有关活动就无法对相应的能力进行考察和测定。

所谓"主要"是指能在其他活动中体现出来,就是强调能力与活动有着密切的联系。

能力具有四个特征:

(1) 能力只有在活动中才能体现出来。活动是能力产生和发展的源泉,能力的形成对活动的进程及方式直接起调节、控制作用。

(2) 能力是符合活动要求、影响活动效果的个性心理特征的总和。

(3) 能力是一种稳固的心理特征。

(4) 能力仅是与顺利完成某项活动直接有关的可能性。要完成某种活动往往不是需要单一能力就能完成的,而是需要多种能力的综合才能完成。

例如,与数学活动有关的心理条件很多,但是,只有观察力、判断力、创造性思维能力、空间观念、推理能力、运算能力和数据分析的能力等,才是成功地进行数学活动必备的心理条件,才属于个性能力特征的范畴。

二、数学能力

数学能力是一种特殊能力,是人们顺利完成数学活动所必须具备的稳固的心理特征,它是与数学活动相适应、保证数学活动顺利完成所必备的心理特征。

能力不是知识、技能本身,而是那些在知识、技能的获得或形成过程中表现出来的心理特性。

例如,解方程 $\frac{1}{2}(x-1)+x=1$。

按照解一元一次方程的基本步骤"去分母、去括号、移项、合并同类项、化归为 $ax=b$ 的形式"解方程,自然可以获得方程的解;而认真分析方程的特点,想到将方程转化为关于 $x-1$ 的方程 $\frac{1}{2}(x-1)+(x-1)=0$,轻松获得方程的解 $x-1=$

0,即 $x=1$,想到这样做则是具备了"运算能力",而将"1"从方程的右边移过来要变成"-1"则是具体的运算技能。

掌握一定的基础知识(包括陈述性知识和程序性知识)是形成基本技能的前提,而能力的形成与发展是在数学活动中完成的。

三、 数学能力的历史发展

数学能力的研究是数学教育研究的一个重大课题,随着数学在社会生产实践和科学技术中的作用日益提高,人们越来越清醒地认识到在数学教学中不但要向学生传授知识、技能,而且要培养学生的数学能力。

1963 年 5 月教育部编制的 12 年制《全日制中学数学教学大纲(草案)》首次提出"培养学生正确而且迅速的计算能力、逻辑推理能力和空间想象能力"的要求,这是新中国成立以来首次明确提出"能力",而且是"三大能力"同时出现,这是至此以来中国数学教育中"数学能力"的最初版本。

1978 年教育部制订的《全日制学校中学数学教学大纲(试行草案)》,在"具有正确迅速的运算能力、一定的逻辑思维能力和一定的空间想象能力"基础上,首次提出了"逐步培养学生分析问题和解决问题的能力",其中,将 1963 年大纲中的"计算能力"改为"运算能力",将"逻辑推理能力"改为"逻辑思维能力"。

1986 年颁布的《全日制中学数学教学大纲》保持了 1978 年大纲关于能力的表述,只不过将"具有正确迅速的运算能力"改为"培养学生的运算能力"。

1992 年颁布的《九年义务教育全日制初级中学数学教学大纲(试用)》,继承了"三大能力"的表述,将"空间想象能力"改为"空间观念",同时,删去了"分析问题和解决问题的能力",仅强调"能够运用所学知识解决简单的实际问题"。

2000 年 3 月颁布的《九年义务教育全日制初级中学数学教学大纲(试用修订版)》和《全日制高级中学数学教学大纲(试用修订版)》延续了 1992 年大纲对于能力的表述,但增加了"培养数学创新意识"的要求。

2002 年颁布的《全日制普通高级中学数学教学大纲》除了提到一般数学能力外,更明确地界定了只有数学学科才有的"数学思维能力",包括空间想象、直觉猜想、归纳抽象、符号表示、运算求解、演绎证明、体系构建等诸多方面，这种提法涵盖了"三大能力"，但更具体明确。

2001 年颁布的《全日制义务教育数学课程标准（实验稿）》将能力要求界定为"发展学生的数感、符号感、空间观念、数据分析观念、应用意识和推理能力"。

2004 年颁布的《普通高中数学课程标准（实验）》将能力界定为"空间想象、抽象概括、推理论证、运算求解、数据处理等基本能力"以及"数学地提出、分析和解决问题（包括简单的实际问题）的能力，数学表达和交流的能力，发展独立获取数学知识的能力"和"数学应用意识和创新意识"。

2012 年颁布的《义务教育数学课程标准（2011 年版）》将能力界定为"培养学生的抽象思维和推理能力，创新意识和实践能力"，"发展学生的数感、符号意识、空间观念、几何直观、数据分析观念、运算能力、推理能力和模型思想"和"应用意识和创新意识"。

2018 年颁布实施的《普通高中数学课程标准（2017 年版）》将能力界定为"获取数据和处理数据的能力"，"思维能力、实践能力和创新意识"，"应用数学解决实际问题的能力"，"价值观念、必备品格、关键能力"，"数学抽象、逻辑推理、数学建模、直观想象、数学运算和数据分析"，"交流能力"，"从数学角度发现和提出问题的能力、分析和解决问题的能力"，"自主学习的能力"。

其中，核心是"四能"（即发现和提出问题的能力、分析和解决问题的能力）、"六核"（即数学抽象、逻辑推理、数学建模、直观想象、数学运算和数据分析）。

从新中国成立以来中国数学教学大纲（课程标准）对于数学能力的演变可以发现，数学能力始终是我国数学课程教学的重要目标之一，提高学生的数学能力一直是数学教学的主要任务，从"三大能力"（运算能力、逻辑思维能力、空间想象能力），到"六核"（数学抽象、逻辑推理、数学建模、直观想象、数学运算和数据分析），从"两能"（分析问题和解决问题的能力）到"四能"（从数学角度发现和提出问题的能力、分析和解决问题的能力），数学能力的内涵不断在继承中发展。

第二节　发现与提出问题、分析与解决问题的能力

数学核心素养表现在数学对象（数学活动）上，就是发现问题、提出问题、分析问题和解决问题的能力。数学教育的目标并不仅仅是为了让学生学到一些数学知识，而且也要让学生在这个充满挑战、问题及其答案常常都不确定的世界中，能够运用数学发现问题、提出问题并加以分析和解决，进而，用数学提高自己的生存本领，拓展自己的生存空间。

一、重要意义

数学的起源和发展就是由问题引起的，数学就是在不断地发现和提出问题并不断地加以解决中前进的。历史证明，数学地提出问题、思考问题、解决问题是推进数学发展的一个重要途径。有时是问题本身得到解决，有时是问题的反面得到解决，有时是问题虽然还不能解决，但在试图解决它的过程中发展出许多新的思想、方法。

例如，由讨论一元五次或五次以上代数方程是否有根式解到伽罗瓦（E. Galois，1811—1832）提出群论；由设法证明欧几里得第五公设到非欧几何的建立；希尔伯特在 1900 年在巴黎召开的第二届国际数学家大会上提出的 23 个问题，推动了世界数学 20 世纪整整 100 年的发展，甚至未来 100 年的数学发展还会受 23 个问题的驱动；费马大定理的解决，甚至可以追溯到古希腊时代；为了解决几何三大问题，人们发明了穷竭法，发现了圆锥曲线。

数学界有一个相当普遍的共识：学好数学的有效途径是"做数学"。在比较初级的阶段，就是在理解课程基本内容的基础上多做习题（这是必需的！），包括独立做一些较难而有启发性的习题。因为我们知道习题只给了条件和结论，甚至只给了条件和问题，那么，学生解决问题的过程实际上就是一个再创造的过程，而较难

的习题经常需要学生经过一段时间的反复思索。这种再创造过程自然可以培养创新能力；而一段时间的反复思索则可以锻炼学生的坚持性，也就是培养了创造毅力，同时培养坚韧不拔、百折不挠的精神。

因此，在中小学数学教育中，学习发现问题、学会提出数学问题，是创新意识、创造能力培养的一个非常重要的内容之一。

二、发现与提出问题的能力、分析与解决问题的能力内涵分析

（一）发现与提出问题的能力

所谓"发现问题的能力"，是指学生在学习和问题探究中，有困惑或在显而易见之中发现"问题"的能力，其核心就是经过多方面、多层次、多角度的数学思维，从看似无关的表面现象中找到空间形式或数量关系方面的某些矛盾或联系。

所谓"提出数学问题"，就是把找到的矛盾或联系，以数学问题的形态，用数学语言表达出来，简称"提出问题"。

发现问题和提出问题是一对相对独立、又彼此关联的数学活动，即观察分析数学情境，形成问题意识—对问题信息收集整理、分析加工—形成问题表征—选择恰当的数学语言表达数学问题。其中，提出问题是把发现问题的内容用某种数学语言形式表达出来，也可以说，提出问题是发现问题的进一步升华。如果仅仅停留在发现问题，而尚未提出问题，认识的层次和高度就会缺失。

特别地，这里的"发现问题"不同于"科学发现"，科学发现旨在对未知事物或规律的揭示，包括事实的发现和理论的提出，它是科学活动的直接目标和科学进步的主要标志。对中小学生而言，发现问题更多地指发现了不曾学习过的新方法、新观点、新途径，知道了以前不曾知道的新内容。

（二）分析与解决问题的能力

分析与解决问题的能力是指，能理解问题的陈述材料，综合应用所学的数学内容（包括数学知识技能、思想方法、观念意识等）解决相应问题的能力，而这里的问题不仅包括数学问题，而且包括相关学科中的问题、社会中的相关现实问题。

发现与提出问题的能力、分析与解决问题的能力，其实是运算能力、推理能力、直观想象能力等多种的数学基本能力的综合体现。

（三）发现与提出问题的能力、分析与解决问题的能力之间的关系

爱因斯坦说过"提出一个问题往往比解决一个问题更重要"。分析与解决问题涉及的是已知，而发现与提出问题涉及的是未知。正是问题才激励我们去学习、去发展我们的知识，去实验，去观察。①

发现与提出问题，比分析与解决问题更重要，难度也更高。在发现问题的基础上提出问题，需要理论抽象与逻辑推理，需要精准的概括，才能在错综复杂的事物中抓住问题的核心，进行条理清晰的陈述，并给出解决问题的建议。提出问题的关键是能够认清问题、概括问题②，提出好的问题，关键在于数学抽象、数学建模的能力。

通常情况下，发现与提出问题、分析与解决问题的综合能力也称作问题解决能力。

三、 如何培养发现与提出问题、分析与解决问题的能力

（一）利用"问题解决"整体培养发现与提出问题、分析与解决问题的能力

《义务教育数学课程标准（2011年版）》将"问题解决"作为总目标的一个方面，并明确"初步学会从数学的角度发现问题和提出问题，综合运用数学知识解决简单的实际问题，增强应用意识，提高实践能力。获得分析问题和解决问题的一些基本方法，体验解决问题方法的多样性，发展创新意识。学会与他人合作交流。初步形成评价与反思的意识"，其核心就是"培养发现问题、提出问题、分析问题和解决问题的能力"，即问题解决能力。

《普通高中数学课程标准（2017年版）》明确提出"提高从数学角度发现和提出问题的能力、分析和解决问题的能力"。

---

① 波普尔.猜想与反驳:科学知识的增长[M].傅季重,纪树立,周昌忠,等译.上海:上海译文出版社,1986:318.
② 史宁中,柳海民.素质教育的根本目的与实施路径[J].教育研究,2007(8):10-14,57.

无论是义务教育阶段，还是高中阶段，发现与提出问题、分析与解决问题的能力培养需要整体规划，体现在概念的生成、法则公式的形成和定理的确认之中。

《普通高中数学课程标准(2017年版)》在内容中将"数学探究、数学建模、数学文化"作为贯穿整个高中数学课程的重要活动，渗透或安排在每个模块或专题中，正是与此能力培养的一个呼应，就是希望强调如何引导学生去发现问题、提出问题。在教学中，我们可以按照不同的层次进行，例如，可以改变结论的条件或结论，或是对结论的推广；可以在不同的维度，比如对平面几何与立体几何之间的类比，或者从一维到多维的推广；可以是带着任务的实验操作；也可以是针对某个问题进行数学建模活动等。在教材编写中，也要关注问题的提出，为学生发现问题、提出问题留有空间。

特别地，问题驱动式教学是培养学生发现与提出问题、分析与解决问题的能力的有效途径。

问题驱动式教学实际上是将数学知识、技能、经验、思想、方法等新知的学习，融入到一个有趣的问题解决的过程之中，而不是"赤裸裸地"学习新知，通过"问题情境—建立模型—解释应用—拓展反思"的基本环节，诱发学生在有趣的、有个人意义的问题串之中，自觉地思考其中的问题，探索其"谜底"，随着"谜底"的揭晓，新概念、公式、法则、原理、观念、思维方法等新知自然"登场"，尔后在"解释应用"之中，新学习的内容得到巩固、强化，而"拓展反思"将新旧内容更好地融为一体。

(二) 专项培养发现与提出问题的能力

培养学生的发现与提出问题的能力，需要从质疑意识、问题意识的培养、创设的良好氛围与恰当的问题情境等方面开展。

1. 引导学生敢于质疑、能有理有据地质疑

创新始于问题。问题往往产生于质疑，质疑是探索知识、发现问题的开始，是获得真知的必要步骤。没有质疑，就没有创新，没有反思就没有提高。

2. 培养学生的问题意识

所谓问题意识，是指学生在认识活动中意识到一些难以解决的问题，并产生一种怀疑、困惑、探究的心理状态，这种心理状态可以驱使学生积极思维，不断提出问题和积极解决问题。

让学生认识到问题的存在、有意识地培养学生的问题意识，是发现与提出问题能力培养非常重要的一个方面。教师应当整合学习过程中可利用的"质疑点"，创设合适的学习时机，引导质疑，鼓励质疑，培养学生的问题意识。

3. 设置恰当的问题情境，激发良好的氛围

数学研究从问题开始，问题总依托于某种情境，离开了数学情境，数学问题的产生就失去了肥沃的土壤。有效的数学情境能起到引趣、激疑、诱思的作用。

一般地，高质量的问题情境满足三个基本条件：

首先，高质量的问题情境与学生的生活经验有关，适宜充当数学课程内容与学生已有经验之间的接口和桥梁。

其次，能成为学生运用所学内容做出创新与发现的载体。

第三，帮助学生完成从现实内容到数学内容的抽象。

(三) 定向培养分析与解决问题的能力

培养分析与解决问题的能力，一直是我国数学教育的传统。培养分析与解决问题的能力，需要融入数学课程教学的每个阶段。

解决问题的思维活动开始于问题情境，在分析问题的已知与未知条件，明确问题的意义和目的状态后，就进入了转换和寻求解决途径的阶段。所谓转换，即变换问题，是把问题变换为自己的语言和易于解决的形式，寻求问题解决的途径和求得解答并不是简单利用已知信息，而是要把各种信息进行加工和改造，通过对解决问题的各种可能途径的比较与筛选，确定出问题解决的方法并求得问题的解答。最后，还需要对解决问题的途径和问题的解答进行检验、反思。这个过程正是分析与解决问题的过程。提升分析与解决问题的能力，必须从审题能力、合理选择使用分析与解决问题的一些基本方法、提升数学建模能力、体验解决问题方法的多样性等多方面综合培养。

第三节　合作问题解决能力

　　"合作"与"问题解决"是信息社会发展的内在需要和不竭动力,合作问题解决已经成为当今信息社会的一种最基本、最急需的公民素养。"合作问题解决是人类区别于动物的三大特征之一,理应成为教育的目标之一"①。

　　合作问题解决能力,英文 Collaborative Problem Solving(简称 CPS),又译"协作问题解决",1926 年国际学术界就有人论及,如日本学者大久保(K. Ohkubo)发表的日文论文。② 2011 年,格雷夫(S. Greiff)在伦敦"关于合作解决问题的皮尔森专家组会议"上提出"合作问题解决"评价设想。③ 2013 年,经济合作与发展组织(即 OECD)将"合作问题解决"列为一种能力(素养),颁布《PISA2015 合作问题解决框架草案》④,于 2015 年付诸实测。

一、合作问题解决能力的内涵

　　OECD 在 PISA2015 中将合作问题解决能力定位为:

　　个体有效地参与由两名或以上成员组成的团队,通过共享理解,达成共识,寻

---

① ALSCHULER A, MCMULLEN R, ATKINS S, et al. Collaborative problem solving as an aim of education in a democracy: the social uteracy project [J]. Journal of applied behavioral science. 1977, 13(3):315 - 327.

② OHKUBO K. P1 - 14 A study on teaching composition for children with PDD focus on collaborative problem solving [J]. Journal of clinical investigation, 1926,3(1):65 - 108.

③ GREIFF S. Some thoughts on the assessment of Collaborative Problem Solving [A]. London: Pearson expert group meeting on Collaborative Problem Solving, Rozhledy, 1964:693(2011 - 12 - 12) [2016 - 12 - 28]. http://orbilu. uni. lu/handle/10993/3580.

④ OECD. PISA2015 draft collaborative problem solving framework [R/OL]. (2013 - 9 - 17)[2016 - 10 - 01]. http://www. oecd. org/pisa.

求解决方案,汇集团队成员知识、技能和行动以解决问题的能力。①

　　合作问题解决能力是从 OECD 2003 年提出的"问题解决的知识与技能"到 2010 年的"问题解决能力",经历两次演变而成,关注点最终落在问题解决的合作与参与。问题解决的测评从侧重于认知性素养,过渡为强调情感性素养,逐渐发展为以测评社会性素养为核心。

　　合作问题解决能力是一个全新的概念,它起源于问题解决,指向合作性,聚焦问题解决与合作之间的动态交融,强调在解决问题的个人层面(即在探究和理解、表征和系统化、计划和执行,以及监控和反思四个环节之中),适切融入合作性社会素养,聚焦于建立和维持共识、采取合适行动解决问题,以及建立和维持团队组织形式。合作问题解决能力立足于个人问题解决素养的基础,全程性的统筹团队智慧,通过理解、共享、情感管理,实现社会交互,强化合作认知。

　　合作问题解决不仅包含认知技能,还包括社交技能,因为问题的解决不仅依赖于个体的认知技能,还依赖于与他人的认知方式相互沟通的技能。

　　合作问题解决作为一种能力,实际上是问题解决能力与合作能力复合而成的一种综合能力。合作问题解决能力作为当今信息社会的一种基本的生存本领,理应成为中小学数学课程的重要培养目标之一。

二、 合作问题解决与数学课程

　　数学课程内容本身也需要发展合作问题解决能力。

　　首先,数学课程的部分内容适合合作问题解决能力,而且是培养合作问题解决能力的最佳途径。如"算法多样化",体现了数学思维的多元化,要求学生在合作中交流分享不同的、个性化的方法,从而将工具性理解发展为关系性理解;

　　其次,数学学习的发展性需要合作问题解决。随着学段的提升,数学课程中

---

① OECD. PISA2015 draft collaborative problem solving framework [R/OL]. (2013 - 09 - 17)[2016 - 10 - 01]. http://www.oecd.org/pisa.

不少内容逐渐涉及相对复杂的数学活动,在没有更有效的数学工具之前,往往需要采取合作的方式加以解决。

【**案例4.3-1**】 包装盒中的数学:如何用一张矩形纸制作一个无盖的长方体盒子,以确保它的容积最大。[①]

该问题本质上是一元三次函数最值问题,需要用到导数理论。对于义务教育阶段的学生而言,仅仅采取"两边夹"的数学逼近思想,仍可以获得相对理想的近似解,但其计算量大,采用分组合作方式,其效果更佳:

对于边长分别为 a cm、b cm 的矩形纸,设四个角分别剪掉边长为 x cm 的正方形,此时,制成的无盖长方体的容积为 $V = x \cdot (a - 2x) \cdot (b - 2x)$ (cm³)。

对于给定的矩形,比如,长 a 为 30 cm、宽 b 为 20 cm,此时,由于剪出的长方体盒子的长、宽、高都是正数,于是,可以确定 x 的取值范围为:$30 - 2x \geqslant 0$ 且 $20 - 2x \geqslant 0$ 且 $x \geqslant 0$。从而,$10 \geqslant x \geqslant 0$。

于是,将 0 至 10 cm 按照 1 cm 为单位分段,分别计算每个点相应的容积 V,比较 V 值的变化趋势,寻找可能出现的最大值(如表 4.3.1 所示):

表 4.3.1

x	0	1	2	3	4	5	6	7	8	9	10
$30 - 2x$	30	28	26	24	22	20	18	16	14	12	10
$20 - 2x$	20	18	16	14	12	10	8	6	4	2	0
V	0	504	832	1 008	1 056	1 000	864	672	448	216	0

舍去不必要的区间,确定第二次的区间,比如,[3,5],按照 3、3.2、3.4、3.6、3.8、4、4.2、4.4、4.6、4.8、5,分别计算相应的体积,可以发现,[4,4.4] 之间的 V 值最大(如表 4.3.2 所示)。

---

① 中华人民共和国教育部. 义务教育数学课程标准(2011 年版)[S]. 北京:北京师范大学出版社,2012:122.

表 4.3.2

x	3	3.2	3.4	3.6	3.8	4	4.2	4.4	4.6	4.8	5
$30-2x$	24	23.6	23.2	22.8	22.4	22	21.6	21.2	20.8	20.4	20
$20-2x$	14	13.6	13.2	12.8	12.4	12	11.6	11.2	10.8	10.4	10
V	1 008	1 027.072	1 041.216	1 050.624	1 055.488	1 056	1 052.352	1 044.736	1 033.344	1 018.368	1 000

按更小单位,将[3.8,4.2]分段,加细到 3.85、3.9、3.95、4、4.05、4.15、4.2,不断压缩、两边夹挤,最终可以找到相对理想的近似值。

对初中生而言,这是一个相对陌生而富有挑战性的课题,合作解决问题显得尤为重要。

最后,合作问题解决能力有利于形成创新意识和创新能力。在数学学习中,学生经验背景的差异往往导致对问题理解的差异,而这种差异恰恰是难得的学习资源:相互的表达与倾听,可以清晰表达自己的观点、全面了解他人的想法,进而摆脱自我中心的思维倾向;相互质疑与批判,可引发思维冲突、激发自我反思、深化认识,激发新灵感,提出新假设。

可见,CPS 既符合数学本质的必然要求,也是学生数学学习的自身需要。

三、 合作问题解决能力的测评标准

OECD 在《PISA2012 的问题解决测评框架草案》[①]中给出 CPS 的评判指标体系(如表 4.3.3 所示):

表 4.3.3　PISA 2015 合作问题解决能力的测评矩阵

	建立、维持共识	采取合适的行动解决问题	建立和维持团队组织形式
探究和理解	发现成员的观点和能力	发现 CPS 任务类型和目标	理解成员角色
表征和系统化	建立共同表征,商讨问题含义	鉴别和描述任务	描述角色和团队组织形式(交流和参与原则)

———————

① OECD. PISA2015 draft collaborative problem solving framework [R/OL]. (2013 - 09 - 17)[2016 - 10 - 01]. http://www.oecd.org/pisa.

（续表）

	建立、维持共识	采取合适的行动解决问题	建立和维持团队组织形式
计划和执行	与成员交流或当下活动	制定计划	遵守参与原则
监控和反思	监控和修复共识	监控行为结果和评估问题解决是否成功	监控、反馈适宜的团队组织形式和成员角色

综合考虑数学课程标准的文本属性，可以发现，CPS 在课程标准、教科书中的呈现取决于三个关键要素：

其一，CPS 内涵的符合度。即呈现时是否关注合作、问题解决以及两者的动态联系。

其二，数学性内涵的符合度。即呈现是否符合数学内容、数学学习的发展性需求等。

其三，功能指向的差异性。即分为直接功能和间接功能，亦即功能指向侧重于学习性，还是侧重于情感性。

其呈现方式显现与否，主要取决于文本是清晰、明确地表述，还是隐含、模糊地表述（参见表 4.3.3）。

四、 合作问题解决在课程标准、教科书中的体现

《义务教育数学课程标准（2011 年版）》在课程总目标中明确提出：学生要"学会与他人交流合作""养成……合作交流、反思质疑等学习习惯"。在"课程目标"、"课程内容""实施建议"及"附录"中明文涉及"合作问题解决"的内容和要求，共计 17 次，出处既有目标设定，又有评价建议，既有教学设计，又有教学建议。这些内容足以彰显《义务教育数学课程标准（2011 年版）》对"合作解决问题"的重视。

进一步的研究表明：

（1）尽管《义务教育数学课程标准（2011 年版）》先于 CPS 测评框架颁布，但无意之中，不仅已经渗透 CPS 的内涵与要求，而且在"问题解决"课程目标、82 个案

例、实施建议等内容中,均有良好的呈现效果;只不过,对于 CPS 的渗透与培养,虽有先见之明,但并不彻底,虽有意为之,但亟需完善。①

（2）就 CPS 的课程内容而言,人教版小学数学全套 12 册教科书与《义务教育数学课程标准（2011 年版）》具有良好的一致性;小学数学人教版 12 册教科书相对系统地呈现了 CPS,不仅整体表现为显性呈现,呈现效果良好,而且,在各年级的呈现比例相对均衡、呈现效果彼此协调一致;CPS 的六种呈现水平在小学两个学段分布比例的一致性,反映出教科书编者的精心设计、统筹安排。充分考虑两个学段小学生心理发展的阶段性和数学思维发展实际,进一步提升 CPS 呈现的层次性、结构性,进一步凸显数学本质属性,是改进人教版 CPS 课程内容编制的努力方向。②

（3）就 CPS 的呈现而言,小学数学北师版 12 册教科书与《义务教育数学课程标准（2011 年版）》具有良好的一致性;北师版虽没有直接提出 CPS 一词,但相对系统地渗透了 CPS,不仅显性呈现,呈现效果良好率高达 51％;而且,CPS 的 6 种呈现水平在 6 个年级的相对呈现比例是递增的,每种水平的呈现比例在 6 个年级是均衡的;在"问题解决"特色版块中,关注具有现实情境的数学问题,CPS 的呈现具有"少且精"的特点,这些充分反映出教材编者的精心设计、统筹安排。充分考虑两个学段小学生心理发展的阶段性和数学思维发展实际,进一步提升 CPS 呈现的层次性,进一步凸显数学本质属性,是改进完善小学数学北师版教科书 CPS 呈现效果的方向。③

（4）以《美国学校数学教育的原则和标准（2000 版）》《美国州际核心数学课程标准（2010 版）》和中国《义务教育数学课程标准（2011 版）》为比较对象,从 CPS 的呈现量、呈现比例、呈现效果三方面对其进行定量刻画、定性诠释表明:先于PISA2015 颁布的三版课程标准已或多或少呈现了 CPS,虽有意为之,但仍有较大

① 孔凡哲,赵娜. 合作问题解决视角下的数学课程标准的定量研究——基于 PISA2015 CPS 测评框架[J]. 数学教育学报,2017,26(3):30-38.

② 孔凡哲,张丹丹,周青. 合作问题解决在人教版小学数学教科书中的呈现及与标准的一致性分析[J]. 课程·教材·教法,2019(2):92-99.

③ 孔凡哲,张丹丹,赵娜. 北师版小学数学中 CPS 的呈现及其与课程标准的一致性分析[J]. 新世纪小学数学,2018(5).

的改进空间,CPS 的课程样态和教学路径是今后研究的焦点;中国 2011 版和美国 2000 版的部分内容,相对高效地呈现了 CPS,功能指向良好;从美国 2000 版到美国 2010 版,CPS 的呈现量及效果不仅大幅下降,而且其观点与美国 2000 版完全相左,折射出美国数学课程改革似乎正摇摆不定。①

---

① 赵娜,孔凡哲,史宁中. 中美中小学数学课程标准的定量比较研究——基于合作问题解决(CPS)的视角[J]. 教育理论与实践,2017,37(19):46 - 52.

第五章
中国学生发展数学核心素养的培养路径

数学核心素养是每位公民在生活和工作中可以表现出来的数学特质，是具有数学基本特征的思维品质、关键能力以及情感、态度与价值观的综合体现，是在数学学习和应用过程中逐步形成和发展的。

促进学生数学核心素养的形成和发展，需要课程教材载体、课堂教学载体和特定的评价载体。中国学生发展数学核心素养的培养需要特定的师资要求。

第一节　数学思维及其特点分析

核心素养是具有数学基本特征的思维品质、关键能力以及情感、态度与价值观的综合体现,数学思维是其核心成分。把握数学思维及其特点规律,才能更好地培养数学核心素养。

一、思维与数学思维的含义

所谓思维,是指人脑借助于语言对客观事物的概括和间接的反映过程,属于人脑的基本活动形式。

思维具有两个含义,一是能反映,二是有意识。

有意识,这是指人脑和动物脑的一个显著区别,人脑可以产生意识(头脑中已有知识和自觉摄取知识的习性),而动物没有意识。用意识装备起来的头脑去反映的可以是一类事物共同的、本质的属性和事物间内在的、必然的联系,亦即,这时已超出了感性认识的界线,属于理性认识。这就是思维的直接本质。思维的本质是具有意识的头脑对于客观事物的反映[①],这种反映的方式不是直接的、零散的,而是间接的和概括的。

数学思维是人脑和数学对象交互作用并按照一般的思维规律认识数学本质和规律的理性活动。具体来说,数学思维就是以空间形式和数量关系为思维对象,以数学语言和符号为思维的载体,并以认识发现数学规律为目的的一种思维。

一般而言,数学思维就是用数学思考问题和解决问题的思维活动形式。也有学者把数学思维称为"进行数学活动中的思维",而数学活动指的是数学学习、数

---

① 曹才翰. 中学数学教学概论[M]. 北京:北京师范大学出版社,1990.

学教学、数学研究和数学应用。[①]

数学思维既从属于一般的人类思维,具有一般思维的特征,同时由于数学及其研究方法的特点,数学思维又具有不同于一般思维的自身特点,表现在思维活动是按客观存在的数学规律进行的,具有数学的特点与操作方式。

特别是,作为思维载体的数学语言的简约性和数学形式的符号化、抽象化、结构化倾向,决定了数学思维具有不同于其他思维的独特风格。

二、 数学思维的特点

数学思维主要具有概括性、整体性、相似性和问题性等特点。[②]

(一) 概括性

数学思维的概括性比一般思维的概括性更强,这是由于数学思维揭示的是事物之间内在的空间形式和数量关系及其规律,能够把握一类事物共有的数学属性。数学思维的概括性与数学知识的抽象性是互为表里、互为因果的。

数学思维方法、思维模式的形成,是数学思维概括水平的重要表现,概括的水平能够反映思维活动的速度、广度和深度、灵活程度以及创造程度。

因此,提高学生的数学概括水平是发展数学思维的重要标志。

(二) 整体性

数学思维的整体性主要表现在它的统一性和对数学对象基本属性的准确把握。

数学科学本身是具有统一性的,人们总是谋求新的概念、理论,把以往看来互不相关的东西统一在一个相对统一的理论体系之中。数学思维的统一性是就思维的宏观发展方向而言的,它总是越来越多地抛弃对象的具体属性,用统一的理论概括零散的事实。这样既便于简化研究,又能洞察到对象的本质。

数学思维对数学对象基本属性的准确把握,本质上源于数学中的公理化方

---

① 欧阳绛.略论数学思维[J].科学、技术与辩证法,1986(4):61-65.
② 孔凡哲,曾峥.数学学习心理学[M].2版.北京:北京大学出版社,2012:205-206.

法。这种整体性的思维方式,对人们思考问题具有深远的影响。

(三) 相似性

相似性在创造性思维活动中发挥着重要作用。数学思维中到处渗透着异中求同、同中辨异的比较、分析过程。数学中的相似表现有几何相似、关系相似、结构相似与实质相似、静态相似与动态相似等。数学思维中的联想、类比、归纳和猜想等都是运用相似性探求数学规律、发现数学结论的主导方法。对相似因素和相似关系的认识,能加深理解数学对象的内部联系和规律性,提高思维的深刻性,发展思维的创造性。因此,相似性是数学思维的一个重要特征。

(四) 问题性

数学思维的问题性是与数学科学的问题性相关联的。问题是数学的心脏,数学科学的起源与发展都是由问题引起的。由于数学思维是解决数学问题的心智活动,它总是指向问题的变换,表现为不断地发现问题、提出问题、分析问题和解决问题,使数学思维的结果形成问题的系统和定理的序列,达到掌握问题对象的数学特征和关系结构的目的。因此,问题性是数学思维目的性的体现,解决问题的活动是数学思维活动的中心。这一特点在数学思维方面的表现比任何思维都要突出。因此,20 世纪 80 年代世界数学教育界将"数学问题解决"作为其主要任务,是有道理的。

三、 数学思维品质

一般认为,数学思维具有七种品质,即思维的深刻性、广阔性、灵活性、独创性、目的性、敏捷性和批判性[1]:

(1) 思维的深刻性,通常被称为分清实质的能力成分,这种能力成分表现为能洞察所研究的每一事实的实质及这些事实之间的相互关系,能从所研究的材料中揭示被掩盖着的某种个别、特殊情况;能组合各种具体模式等。思维的深刻性还表现在不满足于个别的特殊的结论,而注意探索其一般的规律。从特殊到一般进

---

① 孔凡哲,曾峥.数学学习心理学[M].2 版.北京:北京大学出版社,2012:209.

行联想,是培养思维深刻性的一个重要方面。

(2)思维的广阔性,即思路广阔,善于多角度探求问题的解,善于多角度、多层次地思维。例如,代数问题的几何模型。

【**案例 5.1-1**】　对于任意三角形,其三边长 a、b、c 与三角形的面积 S 满足 $a^2 + b^2 + c^2 \geqslant 4\sqrt{3}S$(当且仅当三角形为正三角形时,即 $a = b = c$ 时取等号)

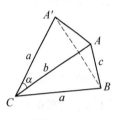

图 5.1.1

分析:对于这个代数形式的几何不等式,从表面看这是不等问题,但是,从不等号取相等时的条件可以发现,此时的三角形为正三角形。从这个信息出发,构造一个正三角形,寻找 $a^2 + b^2 + c^2 - 4\sqrt{3}S$ 的几何表示,思维的广度大大增加,作图 5.1.1 发现,$a^2 + b^2 + c^2 - 4\sqrt{3}S$ 实际上是一条线段长度的平方的二倍,自然是非负数。

证明:对于任意三角形 ABC,其三边长分别为 a、b、c,其面积为 S。于是,

$$c^2 = a^2 + b^2 - 2ab\cos C;\ S = \frac{1}{2}ab\sin C。$$

如图 5.1.1 所示,以 $\triangle ABC$ 的边长 a 为边、在直线 BC 的同一侧构造一个边长为 a 的正三角形 $\triangle A'BC$,可以发现

$$
\begin{aligned}
|A'A|^2 &= a^2 + b^2 - 2ab\cos(60° - C) \\
&= a^2 + b^2 - 2ab(\cos 60°\cos C + \sin 60°\sin C) \\
&= a^2 + b^2 - 2ab\left(\frac{1}{2}\cos C + \frac{\sqrt{3}}{2}\sin C\right) \\
&= a^2 + b^2 - ab\cos C - \sqrt{3}ab\sin C \\
&= a^2 + b^2 - \frac{1}{2}(a^2 + b^2 - c^2) - 2\sqrt{3}S \\
&= \frac{1}{2}(a^2 + b^2 + c^2 - 4\sqrt{3}S) \\
&\geqslant 0,
\end{aligned}
$$

当且仅当点 A 与点 A' 重合时取等号，此时，$\triangle ABC$ 为正三角形。

（3）思维的灵活性，指能够根据客观条件的发展与变化，及时地改变先前的思维过程，寻找新的解决问题的途径，亦即，能够及时克服、摆脱心理定势。

【案例 5.1-2】 已知 $2x+3y+4z=10$ 且 $y+2z=2$，求 $x+y+z$。

从通常思路上看，这是两个方程、三个未知数的方程组，一般无确定的解。但是，深入分析可以发现，该问题的条件可转化为 $2(x+y+z)+(y+2z)=10$ 且 $y+2z=2$，从而 $x+y+z=\dfrac{1}{2}[10-(y+2z)]=4$，问题获解。

数学思维灵活性的常用策略主要有进退相互转化策略、正难则反策略、动静结合策略等。

（4）数学思维的独创性，是指独立思考创造出有社会（或个人）价值的具有新颖性成分的成果的智力品质。思维的独创性其结果不论是概念、理论、假设、方案，或是结论，都包括着新的因素，它是一种探新的思维活动。当然，这种新颖不是脱离实际的荒唐，而是具有社会价值的新颖。

【案例 5.1-3】 求证：多边形的外角和为 $360°$。

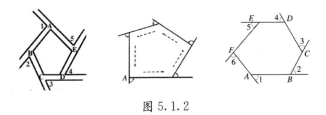

图 5.1.2

分析：利用生活经验，如图 5.1.2 左图、中图所示，早晨围着一个多边形的广场的边缘跑步，从线段 EA 上的某点出发，沿着 EA 方向跑步，在 A 点转身，转到 AB 方向，转了 $\angle 1$；跑到端点 B 处，转到 BC 方向，转了 $\angle 2$；跑到端点 C 处，转到 CD 方向，转了 $\angle 3$；跑到端点 D 处，转到 DE 方向，转了 $\angle 4$；跑到端点 E 处，转到 EA 方向，转了 $\angle 5$；继续跑，回到起点。身体仍是沿着 EA 方向。在此过程中，身体总共旋转了一圈，360°，先后转了∠1、∠2、∠3、∠4、∠5，于是，∠1＋∠2＋∠3＋∠4＋∠5＝360°。

按照此思路，可以采取全新的方法证明。

证明：对于任意多边形 $ABCDEF$，其外角分别为∠1、∠2、∠3、∠4、∠5、∠6，过顶点 A 分别作射线 AA'、AB'、AC'、AD'、AE'、AF'，分别平行于多边形的各边 AF、AB、BC、CD、DE、EF，根据"两条边分别平行的角相等（或互补）"，可以发现，∠1、∠2、∠3、∠4、∠5、∠6 分别等于∠$A'AB'$、∠BAC'、∠$C'AD'$、∠$D'AE'$、∠$E'AF'$、∠$F'AA'$，而∠$A'AB'$、∠BAC'、∠$C'AD'$、∠$D'AE'$、∠$E'AF'$、∠$F'AA'$ 恰好构成一个周角，因此，∠1＋∠2＋∠3＋∠4＋∠5＝360°。

解决多边形问题的传统方法是将多边形化归为若干个三角形（如图 5.1.2 右图，连接 AE、AD、AC，将多边形 $ABCDEF$ 化为若干个三角形△AEF、△ADE、△ACD、△ABC），利用三角形的内角和求得多边形的内角和，而后再求多边形的外角和。上述案例的思路本质上是将多边形的所有外角拼摆在一起，变成一个周角，这种思路其实与三角形内角和定理的证明思路是一致的（如图 5.1.3，将∠2、∠3 分别移动到∠4、∠5 的位置，而∠1、∠4、∠5 构成一个平角），都是将散居的角集中在一起。

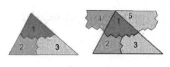

图 5.1.3

（5）数学思维的目的性，指的是在思考问题时，力求把思维的方向聚焦于该目的上，从而作出明智的选择，力求达到寻求目的的捷径。目的性往往与求知欲联系在一起，表现为主体持续不断地探索问题，有努力获得知识的愿望。因而，思维的目的性含有思维的主动性因素。

（6）数学思维的敏捷性，指思维过程中的简缩性和快速性，主要表现在能简缩运算环节和推理过程，"直接"得出结果。

克鲁捷茨基（B. A. Крутецкий，1917—1991）的研究表明，推理的缩短取决于概括，能"立即"进行概括的学生，也能"立即"进行推理的缩短。[1] 培养学生的概括能力与水平，可以提升学生思维的敏捷性。

---

① 克鲁捷茨基. 中小学数学能力心理学[M]. 李伯黍，洪宝林，艾国英，译. 上海：上海教育出版社，1983.

（7）数学思维的批判性，是指在思维过程中善于严格地估计思维材料和精细地检查思维过程的思维品质。

数学思维的七种品质之间相互联系、互为制约，其中，思维的深刻性是一切思维品质的基础，思维的批判性是在深刻性基础上发展起来的品质，而灵活性和独创性是在深刻性基础上引申出来的两个思维品质。

第二节 有利于培养数学核心素养的数学课程载体及其典型案例分析

促进学生数学核心素养的形成和发展,需要特定的课程教材载体、课堂教学载体,也需要特定的评价载体。数学核心素养既是相对独立,又相互交融成一个有机整体。从而,数学核心素养的培养既可以分项培养,也可以依附特定载体集中培养。

一、关键能力的培养

思维能力唯有当思维活动产生之际,学习者才能作为一种经验、得以体悟。[①]

关键能力的培养需要课程支撑。培养数学关键能力,既可以采取单个能力专门培养的方式,也可以把若干个关键能力放在一起加以培养。

下面的案例就是体现数学抽象能力培养的教科书案例设计,属于教科书的正文内容。

【**案例 5.2-1**】 一元一次方程。[②]

(一) 文本内容

图 5.2.1

---

① 钟启泉.基于核心素养的课程发展:挑战与课题[J].全球教育展望,2016,45(1):3-9.
② 张胜利.数学概念的教科书呈现研究——以初中数学为例[D].长春:东北师范大学,2011.

图 5.2.2

你能算出她买了几份汉堡包吗？那么如何建立方程来解决这个问题呢？

这就是本章所要研究的问题。

§4.1　一元一次方程

问题表述

乐乐用 72 元买了汉堡包和爆米花共 10 份,若汉堡包每份 8 元,爆米花每份 6 元,那么她买了几份汉堡包?

模型构建

问题中的未知量是买汉堡包和爆米花的份数,题中存在的数量关系是:

买汉堡包所需钱数＋买爆米花所需钱数＝总钱数 72 元,

汉堡包的数量＋爆米花数量＝总数 10 份。

由于"单价×数量＝所需钱数",用 汉 表示汉堡的数量、用 爆 表示爆米花的数量,于是

$$8\ \text{汉} + 6\ \text{爆} = 72,$$

$$\text{汉} + \text{爆} = 10。$$

让学生分组进行猜想:

一份汉堡:$1\ \text{汉} + 9\ \text{爆} = 1 \times 8 + 9 \times 6 = 8 + 54 = 62,$

二份汉堡:$2\ \text{汉} + 8\ \text{爆} = 2 \times 8 + 8 \times 6 = 16 + 48 = 64,$

三份汉堡:$3\ \text{汉} + 7\ \text{爆} = 3 \times 8 + 7 \times 6 = 24 + 42 = 66,$

四份汉堡:$4\ \text{汉} + 6\ \text{爆} = 4 \times 8 + 6 \times 6 = 32 + 36 = 68,$

五份汉堡：5 ⑳ $+5$ ⬚ $=5×8+5×6=40+30=70$，

六份汉堡：6 ⑳ $+4$ ⬚ $=6×8+4×6=48+24=72$，

……

如果用 x 表示汉堡的数量，可以知道，爆米花的数量就是 ⬚，即

$$⬚ =10-x。$$

于是，

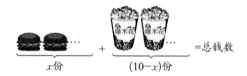

即

$$8x+6(10-x)=72。$$

像 $8x+6(10-x)=72$ 这样含有未知数的等式叫做方程（equation），如 $2x+7=19$，$4y=260$，$x+y=175$，$x^2-2x-1=0$ 也都是方程。

方程 $2x+7=19$，$4y=26$ 中只含有一个未知数，并且未知数的次数是1，这样的方程叫做一元一次方程（*linear equation with one unknown*）。

解释应用

例1　根据下列条件列出一元一次方程：

文字表述	一元一次方程
x 的 3 倍比 x 大 4	
y 的一半与 3 的和等于 y 与 2 的差	
9 比 z 的 25% 大 7	

解：$3x=x+4$；$\dfrac{1}{2}y+3=y-2$；$9=25\%z+7$。

例 2 甲、乙两名工人共生产零件 144 个,其中,乙生产的零件数是甲生产零件数的 $\frac{1}{2}$,如果设甲生产 x 个零件,那么如何建立方程?

解:首先,确定问题所蕴含的数量关系,即

甲生产的零件数＋乙生产的零件数＝两人共生产的零件数 144 个,

乙生产的零件数＝甲生产的零件数的 $\frac{1}{2}$。

如果采用形象符号表示,有

$$⟨甲⟩ + ⟨乙⟩ = 144;$$

$$⟨乙⟩ = \frac{1}{2}⟨甲⟩。$$

> 可以设乙生产零件的个数吗? 试一试,你喜欢哪种设法?

于是,如果用 x 个表示甲生产的零件数量 ⟨甲⟩,那么,乙生产的数量可以表示为

$$⟨乙⟩ = \frac{1}{2}x。$$

从而

$$\boxed{甲生产的零件数} + \boxed{乙生产的零件数} = 144$$
$$\quad x \qquad\qquad \frac{1}{2}x$$

即

$$x + \frac{1}{2}x = 144。$$

思考:在上面的问题中,是否可以这样列方程?

如果用 x 个表示甲生产的零件数量 ⟨甲⟩,那么,乙生产的数量可以表示为 ⟨乙⟩ $= 144 - x$。

从而,$144 - x = \frac{1}{2}x$。

随堂练习

1. 在下列方程中,哪些是一元一次方程? 哪些不是一元一次方程?

(1) $6x - 5 = 14$;(2) $0.3x + 0.9 = 4.5x$;(3) $y - x = 9$;(4) $x^2 - 3x = 10$;

(5) $4t - 17 = 5 - 2t$。

2. 根据下列图示列出一元一次方程：

图示表述	一元一次方程
x千克　0.5 kg　2.5 kg	
x元　1.2元　4元	
我们俩相差28岁。小明x岁　爸爸40岁	

3. 足球表面由黑色五边形与白色六边形皮块共32块围成的，黑、白皮块的块数比是3：5，

　　(1) 设黑色皮块有 x 块，则可列出方程＿＿＿＿＿＿＿＿＿；

　　(2) 设白色皮块有 y 块，则可列出方程＿＿＿＿＿＿＿＿＿；

　　(3) 设比的 1 份是 t 块，则黑色皮块有＿＿＿＿＿块，白色皮块

有＿＿＿＿＿块，可列出方程＿＿＿＿＿＿＿＿＿＿。

4. 列一元一次方程：

　　(1) 一个长方形的长比宽多 3 cm，若其周长为 26 cm，则其宽为多少厘米？

　　(2) 一桶方便面 x 元，一瓶矿泉水比一桶方便面便宜 3 元。小明准备买 2 桶方便面和 3 瓶矿泉水，他需付的钱数为＿＿＿＿＿元；他拿出 20 元钱应找回的钱数为＿＿＿＿＿元；如果这 20 元买 2 桶方便面和 3 瓶矿泉水刚好用完，得到的方程为

＿＿＿＿＿＿＿＿＿。

阅读窗　　历史上是谁引进方程的？

　　"方程"一词在英语里是 equation，表示相等的意思，可以引申理解为"含有未知数的等式"。按此含义，早在 3 600 年以前的埃及的书中就出现了方程。现代意义的方程形式是在 1637 年法国数学家笛卡儿的《几何学》中出现的，他是第一个用 x、y、z 表示未知数的人。

　　中文里的"方程"一词出自两千多年前的我国古代名著《九章算术》。《九章算术》成于公元一世纪左右，一般认为，它是经历代各家的增补修订，流传至今版本是在三国时期魏元帝景元四年(263 年)，刘徽为《九章》所作的注本，唐朝时期传入朝鲜、日本以及东南亚各国，现在已译成日、俄、法、英等文字流传于世。《九章算术》的第八章的标题就是《方程》。公元三世纪古代中国数学家刘徽这样解释："程，课程也。……令每行为率，二物者再程，三物者三程，皆如物数程之，并列为行，故谓之方程。"其中的"令每行为率"是按条件列等式的意思。"如物数程之"意思是有几个未知数列几个等式。当时用算筹(竹制的棍)表示未知数的系数，结果摆成一个方阵。由此可知，"方程"的"方"就是把一个算题用算筹列成方阵的形式，"程"是度量的总名。而且，我国古代的"方程"相当于现在的多个方程(就是以后要学的方程组)。清朝初，翻译 equation 时，译成"相等式"。1859 年我国清代数学家李善兰(1811—1882)将 equation 译成"方程"，沿用至今。

　　此外，《方程》章还在世界数学史上首次阐述了负数及其加减运算法则。

　　《九章算术》是一本综合性的历史著作，是当时世界上最简练有效的应用数学，它的出现标志着中国古代数学形成了完整的体系。

　　正如吴文俊(1919—2017)[①]院士所述的，"以《九章算术》为代表的中国传统数学和以《几何原本》为代表的古希腊数学，犹如两颗璀璨的明珠，在世界的东西方交相辉映"。

————————

① 吴文俊，出生于上海，祖籍浙江嘉兴，数学家、中国科学院院士、数学与系统科学研究院研究员、系统科学研究所名誉所长。涉足数学的诸多领域，其主要成就表现在拓扑学和数学机械化两个领域，为拓扑学做了奠基性的工作。1956 年荣获国家自然科学奖一等奖，2001 年获国家最高科学技术奖，2019 年 9 月 17 日荣获"人民科学家"国家荣誉称号。

习题 4.1

A 组

1. 判断下列各式是不是一元一次方程,如果是,指出其中的已知数与未知数。

(1) $x-3=6$, 　(2) $3x+4y=0$, 　(3) $3x-5$, 　(4) $\frac{3}{4}x=6$。

2. 根据下列语句,分别设适当的未知数,列出一元一次方程:

(1) 某数的 $\frac{1}{3}$ 与该数的 $\frac{1}{2}$ 的和等于 9_____;

(2) 某数的相反数比它的 3 倍多 7_____。

3. 建立下列各题中的方程

(1) A 种饮料的单价比 B 种饮料少 1 元,小峰买了 2 瓶 A 种饮料和 3 瓶 B 种饮料,一共花了 13 元,如果设 B 种饮料单价为 x 元/瓶,那么,应如何建立方程?

(2) 在"地球停电一小时"活动的某地区烛光晚餐中,设座位有 x 排,每排坐 30 人,则有 8 人无座位;每排坐 31 人,则空 26 个座位,那么应如何建立方程?

B 组

你做过用筷子夹花生豆的游戏吗?请试一试,并回答下列问题。

甲碗里有 20 粒花生,乙碗里有 13 粒花生。若要使乙碗里的花生是甲碗里花生的 2 倍,必须从甲碗里夹过去多少粒花生?设从甲碗向乙碗里夹过去 x 粒花生,试着填一填下表:

	甲碗	乙碗
原来花生数		
夹过后花生数		

问题中的相等关系是_____,所列出的方程是_____。

(二) 设计理念分析

教科书呈现本着方程是从现实生活到数学的一个提炼过程,是一个用数学符号提炼现实生活中的特定关系的过程。方程思想的核心在于建模、化归。

方程的学习,从一开始就应该让学生接触现实的问题,把日常生活中的自然语言转化为数学语言,得到方程和方程的解,进而解决有关问题。让学生经历以下过程:

从身边的生活问题出发—进行第一次抽象(分组猜想、半符号化阶段)—进行第二次抽象(符号化阶段)—得出方程概念及方程的解。

在估计方程的解的部分更贴近生活、更具有实际意义,真正体现能用方程解决生活实际问题。

在推导过程中,采用由特殊到一般的归纳推理过程,此种方法更符合初中生的认知规律。在归纳的基础上,要先从题目中找到用文字语言表示的等量关系,然后合理设出未知数后,用半符号语言来表示等量关系,并把等量关系用图示直观地表示出来,最后列出方程。概念的整个呈现过程,体现了概念抽象的过程,通过学习,能够帮助学生经历抽象思维过程,积淀抽象思维的经验,提升数学抽象能力水平。

二、 基本思想的培养[①]

教科书作为课程的具体物化形式,不仅是基础知识、基本技能的载体,更应当成为基本思想的重要载体和必需的物化形式。

(一) 基本思想在教科书中的几种常见呈现形式及其典型案例分析

数学思想是数学的重要内容之一,作为数学思想的核心内容,基本思想对于体现数学自身的思维方式和学科思维特征具有不可或缺的重要作用,对数学科学如此,对于作为中小学数学课程内容出现的基本思想,依然如此。从而基本思想作为数学课程内容的重要组成部分,应该体现在其中。而其具体的呈现方式,受制于课程的基本规律——尤其是课程组织的基本规律。依据课程组织的基本规律、综合考虑教科书的编排特点,基本思想既可以以显性方式加以教科书呈现,也可以采取其本源的方式(即数学思想原本就是隐含在数学内容之中)、以渗透式加以呈现。

---

① 本段内容曾在全国数学教育研究会 2012 年国际学术年会与首届华人数学教育会议上发表:孔凡哲,严家丽. 基本思想在数学教科书中的呈现形式的研究[C]//首届华人数学教育会议论文集. 北京:北京师范大学;2014.

1. 外显式

设立专门介绍数学思想的章节，穿插于数学知识之中加以呈现。

当前，《普通高中数学课程标准（实验）》在数学课程内容中，在"选修 2-2"中设立"推理与证明"。与此相对应，各个版本的高中数学教科书普设有专门的章节，系统介绍"（广义）归纳思想"等内容。

【案例 5.2-2】 归纳推理。

人民教育出版社 2007 年 4 月出版的《普通高中课程标准实验教科书·数学（选修 2-2·B 版）》第二章推理与证明第 2.1.1 节合情推理就是典型的呈现基本思想的教科书案例（其主体是介绍"归纳推理"，详见图 5.2.3）。

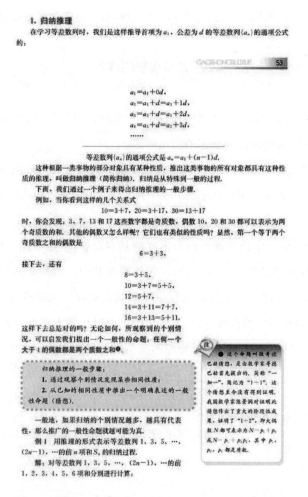

1. 归纳推理

在学习等差数列时，我们是这样推导首项为 a_1，公差为 d 的等差数列 (a_n) 的通项公式的：

$$a_1 = a_1 + 0d,$$
$$a_2 = a_1 + d = a_1 + 1d,$$
$$a_3 = a_2 + d = a_1 + 2d,$$
$$a_4 = a_3 + d = a_1 + 3d,$$
$$\cdots\cdots$$

等差数列 (a_n) 的通项公式是 $a_n = a_1 + (n-1)d$。

这种根据一类事物的部分对象具有某种性质，推出这类事物的所有对象都具有这种性质的推理，叫做归纳推理（简称归纳）。归纳是从特殊到一般的过程。

下面我们通过一个例子来得出归纳推理的一般步骤。

例如，当你看到这样的几个关系式

$$10 = 3 + 7, \quad 20 = 3 + 17, \quad 30 = 13 + 17$$

时，你会发现，3、7、13 和 17 这些数字都是奇质数，偶数 10、20 和 30 都可以表示为两个奇质数的和。其他的偶数又怎么样呢？它们也有类似的性质吗？显然，第一个等于两个奇质数之和的偶数是

$$6 = 3 + 3.$$

接下去，还有

$$8 = 3 + 5,$$
$$10 = 3 + 7 = 5 + 5,$$
$$12 = 5 + 7,$$
$$14 = 3 + 11 = 7 + 7,$$
$$16 = 3 + 13 = 5 + 11.$$

这样下去总是对的吗？无论如何，所观察到的个别情况，可以启发我们提出一个一般性的命题：任何一个大于 4 的偶数都是两个质数之和●。

归纳推理的一般步骤
1. 通过观察个别情况发现某些相同性质；
2. 从已知的相同性质中推出一个明确表述的一般性命题（猜想）。

一般地，如果归纳的个别情况越多，越具有代表性，那么推广的一般性命题就越可能为真。

例 1 用推理的形式表示等差数列 1，3，5，…，$(2n-1)$，…的前 n 项和 S_n 的归纳过程。

解：对等差数列 1，3，5，…，$(2n-1)$，…的前 1、2、3、4、5、6 项和分别进行计算：

●这个命题叫做哥德巴赫猜想，是由数学家哥德巴赫首先提出的，简称"1+1"，这个猜想至今还没有得到证明。我国数学家陈景润对证明此猜想作出了重大的阶段性成果，证明了"1+2"，即大偶数 N 都可表示为 $N = p_1 + p_2$，或 $N = p_1 + p_2 p_3$，其中 p_1、p_2、p_3 都是质数。

GAOZHONGSHUXUE   53

$$S_1 = 1 = 1^2;$$
$$S_2 = 1 + 3 = 4 = 2^2;$$
$$S_3 = 1 + 3 + 5 = 9 = 3^2;$$
$$S_4 = 1 + 3 + 5 + 7 = 16 = 4^2;$$
$$S_5 = 1 + 3 + 5 + 7 + 9 = 25 = 5^2;$$
$$S_6 = 1 + 3 + 5 + 7 + 9 + 11 = 36 = 6^2.$$

等差数列 1，3，5，$\cdots$，$(2n-1)$，$\cdots$ 的前 n 项和 $S_n = n^2$。

图 5.2.3

这属于典型的外显式呈现方式。

此外，人民教育出版社 2007 年 4 月出版的《普通高中课程标准实验教科书·数学（选修 2-2·B 版）》第 49—50 页《微积分与极限思想》也是比较典型的基本思想外显式的教科书呈现方式。

【案例 5.2-3】 微积分与极限思想（见图 5.2.4）。

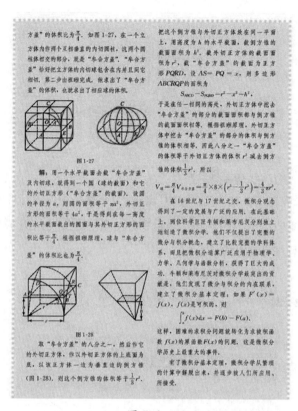

图 5.2.4

评注:正如前文所分析的,基本思想是客观存在的,其存在形式既可以以显性方式存在,同时,其更多的存在形式却是隐含存在于数学知识之中。

相比之下,作为显性内容的数学知识,对学生而言往往是看得见、摸得着的,这也就是目前高中数学课程内容之中的"合情推理"使一部分高中生产生学习困难的原因,正如一些高中生所言的"这些内容是方法性的学习内容,其对象不够明确,学习起来没有'抓手',似乎不好琢磨,一旦举不出合适的例子,我们就更无从下手了"。

的确,作为数学课程内容之一的基本思想,究竟如何在教科书中加以合适呈现,更有利于学生的学习? 目前的确没有定论——甚至说这个问题刚刚引起人们的关注,研究尚属起步阶段。但是,一个基本的原则在于:一切呈现方式要更有利于学生的学习、更有利于学生的习得、内化。

事实上,在案例 5.2-2 中,设计者按照自己对《普通高中数学课程标准(实验)》关于"归纳推理"课程内容设计的理解,按照显性内容的惯用方式、在教科书的正文中加以呈现,凸现这种学习内容如同"三角形""数列"等概念的学习一样,是一种大胆的尝试,其优点在于,将"归纳推理"显性化,对于提升这项内容在日常课程教学中的作用,具有一定帮助。

而案例 5.2-3 则是采取"阅读窗"的方式,在教科书正文内容结束之后以拓展视野的形式凸显微积分与极限思想,在梳理微积分、极限的相关内容之中,将其中蕴含的"以直代曲、从近似走向精确"等微积分思想提升出来,对于感悟能力比较强的学生而言,或许能感悟其中的思想魅力。

究竟采取什么样的方式显性地呈现基本思想,采取上面案例 5.2-1 中的"知识讲解式"——将基本思想当作一种结果性的知识、技能、按照逻辑线索加以"系统阐述"? 还是采取其他方式? 是否还有其他方式? 非常值得人深思。

2. 半隐半显式:融到知识线索之中

按照思想的内涵,数学思想本来就是蕴含在数学知识之中的,而往往不是以显性的方式加以存在的。

【案例 5.2-4】 抽象思想多次渗透的设计思路。

按照数学抽象思维的不同层次,可以设计不同层次的系列教科书内容。为此,需要合理协调不同层次的数学抽象与教学的层次性,把握持久性、同步性、学科性与层次性的原则,即:

第一,借助教科书开展数学日常教学,需要长期坚持渗透数学抽象过程。学生的数学抽象能力不是简单经历几次抽象过程就能够形成的,需要在日常课堂教学中长期坚持,逐级渗透,不宜操之过急。

第二,相同领域课堂教学中需要反复渗透数学抽象过程,保持不同领域之间的同步性。例如,在"数与代数"领域"认识数"与"学习多位数的计算"时,都可以用小棒与计数器帮助学生实现数学抽象过程。"数的认识"是在静态层面上的数学抽象过程,而"多位数的计算"是在动态层面上进行的数学抽象过程。同时,学习相同领域数学知识时,多次反复经历数学抽象过程,也有助于学生实现更高层次的抽象。

第三,在不同领域的数学课程内容中,需要根据各领域特点选择适宜的方法实现数学抽象过程,体现不同学科领域的各自属性。

例如,学习"平面图形的认识"时,可以通过用立体图形的一面印、描边、投影等方式帮助学生经历从立体图形到平面图形的抽象。而这种数学抽象过程与学习计算时的抽象过程是不同的,但"抽象了的东西源于现实世界,是人抽象出来的"却是相同的。

第四,课堂教学中的数学抽象过程,要体现层次性、需要逐级提升。[①] 每一节数学内容,要帮助学生经历相对完整的一次数学抽象过程,但这种抽象过程不能仅停留在一个层面,而要循序渐进、环环相扣,不同层次的数学抽象过程之间既要有联系,也要有区别,这样才有利于促进学生的抽象能力的发展。而这种可能性恰恰给分层次教学提供了良好的机遇,也为抽象思想在数学教科书中予以分层体现、阶梯式上升提供可能。

评注:正如美国芝加哥建筑派的领军人物路易斯·沙利文(L. Sullivan,1856—1924)所言,"形式服从功能"(即英文:Form follows Function)。对于数学教科书而言依然如此——教科书采取何种呈现形式,其本质取决于其功能,取决于期望学生通过学习相关内容之后达成什么样的目标。

在案例5.2-3、案例5.2-4中,为了帮助学生理解抽象思想、归纳思想,在基础知识、基本技能的形成过程之中,采用归纳的方式、立足学生已有的丰富的活动经验,通过创设悬念、步步为营,诱发学生主动参与探索之中,在好奇心的驱使下,自然发现自己所期望的新知,而正是在这样的过程中,学生能主动体验归纳的过程、抽象的过程,自然能积淀直接的经验和体验,感悟其中的基本思想也就在情理之中。

3. 有意的隐藏式(有意的渗透式)

即,采取有意识的隐含方式,渗透重要的基本思想。以"图形的周长"的概念引入为例,小学数学课程标准实验教科书北京师大版采取了如下的方式:

(1) 情境引入

教科书首先通过一个小蚂蚁爬树叶这一情境引入周长的概念,如图5.2.5所

---

① 张胜利,孔凡哲. 数学抽象在数学教学中的应用[J]. 教育探索,2012(1):68-69.

示,从学生的生活实际中寻找学生熟悉的例子,使学生对周长有了直观的认识。

图 5.2.5

（2）动手操作

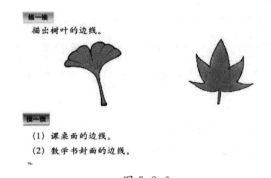

图 5.2.6

如图 5.2.6,通过描树叶的边线以及摸课桌面和数学书封面的边线,让学生对周长有更加深刻的亲身感受和初步体验,加深对周长表象的感性认识,初步感知周长的意义。

（3）实践活动

(1) 量一量你的腰围和头围, 并与同伴说一说。

(2) 量一量一片树叶的周长, 并与同伴说说你的方法。

图 5.2.7

如图 5.2.7,通过实践活动这一环节,让学生再次体验周长的意义,最主要的是通过学生的自主、合作、探究等学习方式,选择自己喜欢的测量方法,加深对周长概念的认识和理解。在这一环节中,最重要的是让学生亲身体验周长就在我们身边,周长的现实意义重大。

就整体而言,这个版本的教科书通过从生活中的不规则图形中抽象出数学中的周长,属于典型的"归纳式"教科书呈现方式。这种做法,期望通过学习让学生获得这样的认识:生活中的不规则图形有很多,不只是规则图形才有周长;图形的周长大量存在于我们的日常生活之中。此外,教科书创设测量周长的多种自然情境,让学生感受测量方法的多样性。

在我们看来,这种编写试图将学生在日常生活(甚至卡通游戏活动)中的、与周长有关的零散的生活经验系统化,从中归纳、抽象出一般图形的周长的概念。更进一步说,"周长"的概念并不是教科书的编者"硬塞给学生"的,而是帮助学生从已有的生活经验、数学活动经验中抽象出来的。[①] 这是典型的建构主义的理念和表达手法。

4. 无意的隐藏式(无意的渗透式)

在传统的小学数学教科书的编写中,每一个新概念的引入,几乎都采取"特例1、特例 2,归纳概括,提出或定义概念"的方式,其目的在于,采取归纳的方式导入新概念,而后,将归纳放置于一边。

【**案例 5.2-5**】　人民教育出版社的小学数学教科书对于"周长"的概念是这样呈现的(如图 5.2.8):

教科书首先呈现八张图形,这里面既有规则图形也有不规则图形,既有生活中的图形,又有从生活中抽象出来的几何图形。通过八张图构成的简单情境,直接引出周长的概念,即"封闭图形一周的长度,就是它的周长"。

与此相对,其他有的版本的教科书采取:通过生活情境引入周长,没有给出周

---

① 孔凡哲. 不同版本教科书的比较及对课程实施的启示[J]. 教育研究与评论(小学教育教学),2009 (4):39-43.

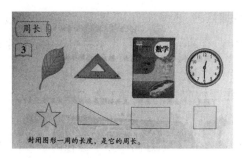

图 5.2.8

长的确切概念(但在情境图中却暗含着周长的概念),主张从一般化的不规则图形引入周长,强调周长的形成过程。特别是,北师大版本对于"周长"的概念更强调归纳的过程,而前面版本的处理手法更接近"演绎式"的概念呈现方式。

　　这就是典型的"无意的隐藏式"。

　　评注:《义务教育数学课程标准(2011年版)》在课程的"总目标"中相对宏观地明确指出,"通过义务教育阶段的数学学习,学生能:……获得适应社会生活和进一步发展所必需的数学的基础知识、基本技能、基本思想、基本活动经验。……",而相应的"课程设计思路"(自然包含教科书的编制)是"义务教育阶段数学课程的设计,……在呈现作为知识与技能的数学结果的同时,重视学生已有的经验,使学生体验从实际背景中抽象出数学问题、构建数学模型、寻求结果、解决问题的过程"。与此同时,在"教材编写建议"中指出,"数学教材为学生的数学学习活动提供了学习主题、基本线索和知识结构,是实现数学课程目标、实施数学教学的重要资源","教材内容的呈现要体现数学知识的整体性,体现重要的数学知识和方法产生、发展和应用过程。"

　　相比之下,《普通高中数学课程标准(实验)》的基本思想指出"数学教育在学校教育中占有特殊的地位,它使学生掌握数学的基础知识、基本技能、基本思想,使学生表达清晰、思考有条理,使学生具有实事求是的态度、锲而不舍的精神,使学生学会用数学的思考方式解决问题、认识世界","高中数学课程应注重提高学生的数学思维能力,这是数学教育的基本目标之一。人们在学习数学和运用数学解决问题时,不断地经历直观感知、观察发现、归纳类比、空间想象、抽象概括、符号表示、运算求解、数据处理、演绎证明、反思与建构等思维过程。这些过程是数学思维能力的具体体现,有助于学生对客观事物中蕴涵的数学模式进行思考和做出判断"。

《普通高中数学课程标准(2017 年版)》针对基本思想指出,"数学抽象是数学的基本思想,是形成理性思维的重要基础,反映了数学的本质特征,贯穿在数学产生、发展、应用的过程中";"通过高中数学课程的学习,学生能获得进一步学习以及未来发展所必需的数学基础知识、基本技能、基本思想、基本活动经验";"用函数理解方程和不等式是数学的基本思想方法";"导数是微积分的核心内容之一,是现代数学的基本概念,蕴含微积分的基本思想,导数定量地刻画了函数的局部变化,是研究函数性质的基本工具";"数学学科核心素养是'四基'的继承和发展。'四基'是培养学生数学学科核心素养的沃土,是发展学生数学学科核心素养的有效载体,教学中要引导学生理解基础知识,掌握基本技能,感悟数学基本思想,积累数学基本活动经验,促进学生数学学科核心素养的不断提升";"用样本空间的数字特征估计总体的数字特征或性质,是统计建模的基本思想和基本手法"。

由此可以推断,针对基本思想的课程呈现(教科书呈现),《义务教育数学课程标准(2011 年版)》《普通高中数学课程标准(实验)》《普通高中数学课程标准(2017 年版)》的核心观点在于:

一是基本思想需要与基础知识、基本技能、基本活动经验同时达成目标;

二是包括基本思想在内的数学思想、数学方法、数学思维能力(乃至一般的数学思维方式),是数学课程重要的过程性目标,要更多地体现在活动之中、过程之中;

三是重要的基本思想的呈现要体现整体性、过程性,呈现内容的素材应贴近学生现实。

上述要求的核心在于,帮助学生更好地"掌握必备的基础知识和基本技能""培养(数学的)抽象思维能力和推理能力""培养创新意识和实践能力;促进学生在情感、态度与价值观等方面的发展",最终能为学生未来生活、工作和学习奠定重要的基础。

应该看到,中国中小学的数学课程标准,对于基本思想的目标要求虽然宏观,但是却相对明确,而对于基本思想究竟如何具体地呈现,仅仅提出诸如结果性内容与过程性内容同步等宏观要求(更确切地说是宏观的建议)。

对于数学的基本思想,教科书究竟如何加以呈现,才能真正体现数学课程的核心目标——帮助学生学会"戴一副数学的眼镜思考问题"?对此,目前中国大陆现行的不同版本的教科书编者自然有自己的理解,有的版本仅仅将基本思想作为数学教科书的"点缀",有的则是有心而为却无力为之——缺乏必要的教科书编制技术,有的则是努力摸索,其中的难点和焦点在于:

(1)究竟是将基本思想独立于其他课程内容而加以呈现?还是将其融入基础知识、基本技能的教科书呈现之中?各自的利弊得失尚不明确。

(2)在数学课程组织结构中,基本思想与基础知识、基本技能、数学的基本活动经验之间的关系究竟如何?是配角——对主角起到辅助作用?还是并列关系?

我们注意到,在前文的案例中,案例5.2-1、案例5.2-2是现行中小学数学教科书中已有的方式,案例5.2-4是现行小学数学教科书中的某些版本的方式,而案例5.2-3则是我们在日常教学中摸索尝试、其效果比较成功的呈现方式。同时,无论是案例5.2-3的方式、还是案例5.2-4的方式,对于数学概念而言,已有的研究表明这种方式是可以成功实现的。

(二)基本思想在教科书中呈现的价值取向分析

基本思想作为数学科学的重要内容之一,是可以在中小学数学课程之中加以具体呈现的。而不同的呈现背后其实都与课程设计者、教材编者的价值取向密切相关,"建构有效的数学教科书……首先要回答的一个问题就是数学教科书所秉持的基本价值是什么,是基于什么样的理念来确定的"①。

1. 演绎式的教科书编写方式是否可以颠覆?

数学新知来源于直观之上的归纳,数学发展依赖于推理。而推理的主要方法是归纳与演绎。归纳推理是人类发现新知的重要思维方式。

然而,长期以来,我国小学数学教科书内容的编排主要采取演绎的方式,即从

---

① 张定强. 论数学教科书的价值观[J]. 数学通报,2011,50(8):5-10.

一般到特殊。我们的小学数学课堂教学也习惯于演绎方式，即先讲一般的，再讲特殊的，而特殊的又常常被放在"拓展提高"环节，当作只有"学得好、学得快"的学生能够尝试的"甜点"，因而，普通学生很难经历从特殊到一般的归纳过程。

因此，培养学生归纳思维水平，就需要将一些课程内容按归纳的方式呈现在小学数学教科书之中。例如，"两位数乘两位数"，其教学重点是"理解两位数乘两位数的算理，并掌握其列竖式计算的方法"。而"巧算"内容，本质上是"两位数乘两位数"，如果将"一个两位数乘11"，如"12×11"作为例题，将用于归纳的"14×11""15×11""17×11""24×11""45×11""36×11""59×11""67×11"等，作为练习，再用一般的算式，如"24×12""33×23"来检验学生是否"理解两位数乘两位数的算理，并会列竖式计算"，这样的设计是不是更恰当一些？

至少，这种设计将使学生在体验观察、发现、猜想、验证的操作中，多次经历归纳思维的过程。

应当注意的是，"巧算"仅仅是提供归纳思维过程的承载体，不必要求学生都必须掌握这种"巧算"的方法，毕竟"巧算"的算式一般都具有特殊性，需要有一定的前提条件。

从知识的价值取向的角度分析，演绎式教科书呈现方式本质上是知识为本的价值取向，旨在系统呈现显性的知识、技能，体现教科书传承人类已有的知识的功能，从而，知识的系统完整、内容的清晰严谨就成为教科书追求的目标。

作为供学生学习的重要载体之一的教科书，其育人功能、特别是提升学生的数学素养的特殊功效，是课程设计、教科书编写关注的核心。在知识为本的教科书编写理念下，学习数学的本质在于获取系统、完整的数学知识，追求数学知识体系的逻辑严谨就成为教科书设计的中心目标，而学生是否能够习得则是次要因素。

2. 思想方法为本取向

思想方法为本的教科书呈现旨在突出显性内容背后的思想方法，体现思想的魅力、方法的威力。

前文中的现行高中数学课程标准实验教科书中的"归纳推理"的相关文本就是典型的"思想方法为本"的课程价值取向。

秉持这种价值取向的教科书设计者往往认为教科书不仅是学生获取数学知识的场所,也是"丰富数学智慧的场所,是提升数学修养、掌握数学话语、拓展数学思维、运用数学知识分析问题、解决问题的适宜舞台"[①]。而国内已出版的著作中以 1990 年出版的《数学智慧的横向渗透:数学思想方法》[②]等为比较有代表性的著述,该书以数学思想、数学方法向自然科学、社会科学中的广泛渗透,以及数学思想、数学方法在数学科学自身发展中的重要作用为主线,用大量经典案例(诸如牛顿用公理化思想建立经典力学,达尔文借鉴公理化思想创建进化论),全面诠释了数学思想、数学方法的魅力。在其中,思想方法自然成为"主角"。

3. 知识技能、思想方法并举

正如《义务教育数学课程标准(2011 年版)》所阐述的,"课程内容……不仅包括数学的结果,也包括数学结果的形成过程和蕴涵的数学思想方法"[③],作为旨在全面呈现基础知识、基本技能、基本思想、基本活动经验的数学教科书,倡导知识技能、思想方法并举。

从历史发展的视角分析,《全日制义务教育数学课程标准(实验稿)》主张再现数学知识、技能的发生发展过程,当时,并没有把思想方法上升到与知识、技能同样的高度;相比之下,《义务教育数学课程标准(2011 年版)》《普通高中数学课程标准(2017 年版)》则是将基本思想放置于与基础知识、基本技能同样的高度,主张基础知识、基本技能、基本思想、基本活动经验并举,成为"四基"。

据此,数学教科书的编写必须有效体现基本思想、基本活动经验、基础知识与基本技能同步呈现的思路,至于具体如何实现,是按照显性的方式加以体现? 还是隐性方式加以体现?

在本文作者看来,对于中小学数学而言,相对理想的方式是半隐半显式、有意渗透式为主,辅以外显式。

之所以坚持这样的观点,其核心在于,数学教科书作为课程实施的重要载体,其根本目的在于突出帮助学生达成既定的数学课程目标,实现其个人在数学上的

发展,为进一步学习、未来工作、生活奠定坚实的基础,其最低的要求就在于,通过数学课程的学习,学会从数学的视角思考问题,学会用数学提升自己的幸福指数、拓展自己的生存空间,在成为未来社会合格公民的前提下,能创造更多的价值养活自己、救济他人、报效社会。从而,作为基本思想的教科书呈现形式,其是否有效的根本检验标准就在于,什么样的方式更有利于帮助学生建构数学理解、更快更好地把握相应的基本思想。

与其同时,基本思想作为隐含在具体的数学内容之中的特定的数学内容,其目标的内隐性更需要学习者达到一定的层次、境界,才可能更好地"参透"其中的奥秘。其学习的难点有二,一方面表现在,必须建立在学习者对于基本思想所依附的具体内容的掌握前提下;另一方面表现为,学习者参悟到其中的基本思想需要一定的思维水平和具体的情境、素材为"抓手"。

为了克服这两个难点,就需要课程设计者、教科书编写者,必须结合具体的基本思想的实际,适时选择恰当的素材和恰当的呈现方式,以有效促进学生感悟基本思想为目标,更好地实现基本思想的数学教科书呈现。

在本文看来,针对基本思想而言,绝对正确、统一规范的教科书呈现方式目前尚未找到(而做出"尚不存在"的判断似乎证据不足)。

(三) 数学教科书中呈现基本思想的基本渠道

"教育不仅承载着传递已有知识的功能,更需要承担起发掘学生潜能、启迪学生智慧、帮助学生学会做人、生存、发展的重任! 只有这样,教育才能担当传承人类文明的重任——在继承人类已有文明的同时,创造新的文明!"[①]

基本思想作为数学课程教材的重要组成部分之一,应当成为数学教科书的重要内容,不仅应该而且必须很好地呈现在教科书之中。

在数学教科书中呈现基本思想,其基本渠道在于:

一是设立专门的章节系统阐述基本思想,诸如目前高中数学课程内容中的"归纳推理"相关内容的呈现,就是这种类型;

二是结合数学概念、公式法则的具体呈现,揉入其中,将概念的抽象过程,公

---

① 孔凡哲.教育究竟能给学生带来什么[J].教育文学,2009(8):4.

式法则的归纳、发现过程，细致入微地呈现出来，再现数学家"原始"思维的情境，既很好地呈现新概念、新公式、新法则和新结论，而且，将数学知识生成过程中的基本思想一并还原出来，在教科书中呈现出来，实现基础知识、基本技能、基本思想与基本活动经验的同步发展。

三是结合"数学化"的过程，在"现实问题数学化"之中，突出呈现数学抽象和建模的思想；在"数学内部规律化"之中，突出数学推理（特别是归纳思想、逻辑推理的思想），其中，在适当的内容（诸如平面几何的"推理论证"）系统呈现公理化思想；在"数学内容现实化"之中，突出数学建模的思想。

四是结合不同领域的内容分别阐述相应的数学思想。在当前的中国义务教育阶段的数学课程内容之中，"数与代数"突出代数抽象、代数推理（即代数归纳、代数逻辑论证）的基本思想，"图形与几何"突出几何抽象、几何推理（即几何归纳、几何逻辑论证）、公理化的基本思想，"统一与概率"突出随机意识、统计推断的基本思想，"综合与实践"突出数学建模的基本思想。

第三节 有利于培养数学核心素养的数学
教学载体及其典型案例分析

数学课堂教学是学生数学核心素养的形成和发展的主要载体。数学抽象、数学推理、数学建模、直观想象、运算能力和数据分析作为关键能力,相对独立、相互交融构成一个有机整体,每个关键能力并非同时全部体现在每一块数学课程教学内容之中,而是各有侧重。发展学生数学学科核心素养,应贯穿于数学教学活动的全过程,同时各有侧重。

一、关键能力培养的典型案例

核心素养的形成,不是依赖单纯的课堂教学,而是依赖学生参与其中的教学活动;不是依赖记忆与理解,而是依赖感悟与思维;它应该是日积月累的、自己思考的经验的积累。

因此,旨在培养核心素养的数学教学,要求教师要抓住知识的本质,创设合适的教学情境,启发学生思考,让学生在掌握所学知识技能的同时,感悟知识的本质,积累思维和实践的经验,形成和发展核心素养。①

【案例 5.3-1】 "圆的概念"(第一课时)。②

1. 创设情境、激趣导入

师:大家喜欢骑自行车吗?

(学生:喜欢)

师:你们一定知道自行车车轮是什么形状的? 车轮为什么要设计成圆形呢?

---

① 史宁中. 推进基于学科核心素养的教学改革[J]. 中小学管理,2016(2):19-21.
② 本案例是由孔凡哲设计并在初中数学课堂中加以执教实践的案例,首次刊载于:孔凡哲,崔英梅. 课堂教学新方式及其课堂处理技巧[M]. 福州:福建教育出版社,2011:第五章.

（出示图片,如图5.3.1,图5.3.2,图5.3.3所示）

图5.3.1　　　　　　　　　图5.3.2　　　　　　　图5.3.3

设计成方形的如何呢? 其中,有什么奥妙呢?

今天我们就来探索这个问题。

设计意图:通过现实生活中实际事例,创设情境,出示问题,一方面可以引起学生的学习兴趣,另一方面为学习新知识做了铺垫。几乎每天都见到、用到的"车轮是圆"其中竟然有某些道理,好奇心驱使学生主动参与到活动中来。

2. 分析任务、提出问题

教师指导学生分析"车轮子为什么通常做成圆的"这个问题所包含的道理:

师:车轮子做成圆的,为什么不能做成方的、椭圆的等其他形状呢?

好的,下面请大家以小组为单位,分组探讨车轮子问题。

3. 动手操作、探究新知

学生利用教师提供的小汽车(可以拆卸车轮子)以及各式各样的车轮子(有方的、椭圆的、梅花瓣形状的、圆的等,如图5.3.2、5.3.3所示),同时,提供直的道路(类似于铁路的铁轨形状的道路)。

在分组讨论、探究过程中,教师参与其中的一些小组的活动。

4. 总结提炼、建立模型

(1)教师组织学生进行大班交流,分析其中的道理

学生1:当车子沿着直线走时,车轴到车轮与地面接触点的距离,决定着车身的高低、是否平稳,圆形的车轮子可以保持车子的平稳运行。

学生2:如果车轮子是方的,当车子沿着直线走时,车轴到车轮与地面接触点的距离,有高有低,这时,车子运行上下起伏,颠簸,既不舒服,也很容易导致车身的破损。如图5.3.4所示。

图 5.3.4

教师(汇总学生的观点):只有当车轮做成圆形时,车子才能平稳运行。而平稳运行的要害在于,车轮的边缘上的每一个点到中心(即车轴所在的位置)的距离保持不变,这样的平面图形在我们的生活中随处可见。大家能否给这样的图形起个名字?

学生纷纷说出自己的主意,"圆",等等。

(教师板书:"圆")

如果一个封闭的平面图形,其边缘上的每一个点到某个点的距离保持不变,那么,这样的图形叫做圆。

教师用课件演示一条线段(即车条)绕着这条线段的一个端点(即车轴)旋转一周,移动的点所形成的封闭图形就构成一个圆。

(2) 教师同时出示圆各部分的名称

在圆的概念中,保持不变的定长叫做圆的半径,定点叫做圆的圆心。

5. 表达交流、解释应用

(1) 联系生活,深化对于圆的概念的理解

师:除了车轮是圆形的,在日常生活中,你还看见过哪些物体是圆形的吗?

学生举例:

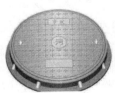

图 5.3.5

如图 5.3.5,下水道的盖子通常做成圆形的,

喷水池的形状通常做成圆形的,

……

教师收集了一些关于圆的图片,并通过屏幕(课件演示)展示给学生。

(2) 操作探究,折出一个圆纸片

① 教师出示问题:如何用纸片折出一个圆纸片?

② 学生自主操作、探索,并进行小组交流、合作:

部分学生用一张纸片对折,二次对折,以后每次对折都经过第一次、第二次对折折痕的交点,折到不能对折为止。沿着边缘某个位置撕(保证撕透每一层),就可以得到一个圆形纸片。

教师适时地指导,并组织个别学生进行全班交流。

③ 教师组织学生回味自己折纸的过程:

将折好的圆形图片,对折后打开,换个方向后再对折打开,看有几条折痕,相交吗? 再折几次,你发现了什么? 为什么这样对折后就可以得到一个圆形纸片?

学生相互交流自己的发现:所有的折痕都相交于一点,这一点在圆的中心。

(3) 给出圆的相关概念

① 教师揭示:这一点我们把它叫做圆心,用字母"O"表示。

② 连一连,认识半径、直径。

连接圆心和圆上任意一点的线段是圆的半径,用字母"r"表示。

③ 教师出示问题:同一个圆里能画出多少条半径? 这些半径的长度会有什么关系呢?

学生通过思考、讨论和实际测量认识到在同一个圆里有无数条半径,所有的半径的长度都相等。

④ 教师给出直径的定义:

通过圆心并且两端都在圆上的线段叫做圆的直径,用字母"d"表示。

⑤ 学生互相指一指直径,并在自己画出的圆里画出一条直径。

⑥ 教师出示问题:

同一个圆里有多少条直径,所有的直径的长度都相等吗?

学生通过思考、讨论和实际测量认识到在同一个圆里有无数条直径,所有的直径的长度都相等。

(4) 探索直径与半径的关系

① 教师出示问题:刚才我们认识了圆心、半径、直径以及半径、直径的特征,那么,在同一个圆里半径和直径之间会有什么关系呢?

② 学生自己先动手测量、比较,然后小组探讨交流。

③ 小组代表发言

小组一:我们通过测量发现直径的长度是半径的 2 倍;

小组二:我们把直径对折过去发现刚好是两个半径的长度,所以认为直径是半径的 2 倍。

④ 教师归纳小结:

在同一个圆里,直径的长度是半径的 2 倍,半径的长度是直径的一半。用字母表示是:$d = 2r$ 或 $r = \dfrac{d}{2}$。

注释(设计意图):这一环节主要以动手操作为主线,通过折一折、量一量、指一指、比一比等活动,让学生自主参与、合作探究、分组交流,给予学生充分展示自我和展开探究活动的空间,让学生在自主探究中发现新知。学生学习的过程是感知的过程,是体验的过程,是感悟的过程,学生在感知、体验、感悟中发现新知,掌握新知。

(5) 动手操作,掌握圆的画法

① 认识圆规,教师介绍圆规各部分的名称。

② 教师在黑板上示范画圆。

③ 学生用圆规画圆,指名学生演示画圆,并让学生边演示边归纳画圆的步骤和方法。

④ 画一个半径是 3 厘米的圆,并用字母标出圆心、半径和直径。画完后同桌互相检验。

⑤ 按要求画圆并观察,你发现了什么?(画 3 个同心圆,3 个大小不等的非同

心圆)让学生观察、讨论、比较归纳：圆心确定圆的位置，半径决定圆的大小。

注释(设计意图)：教师先示范画圆接着让学生试着用圆规画圆，画圆之后，让学生共同概括规律，是从感性到理性的一种提高。同时让学生反复画圆之后，结合画圆的过程体会圆心和半径的作用，便于学生深化对圆心和半径的认识。

⑥ 实践应用，深化知识

a. 辨一辨(对的在括号里打"√"，错的在括号里打"×")：

◇ 两端都在圆上的线段叫做直径。　　　　　　　　　　　(　　)

◇ 画一个直径为 4 厘米的圆，圆规的两脚之间的距离应是 4 厘米。(　　)

◇ 半径 2 厘米的圆比半径 1.5 厘米的圆大。　　　　　　(　　)

◇ 圆的半径是射线。　　　　　　　　　　　　　　　　(　　)

◇ 圆心到圆上任意一点的距离都相等。　　　　　　　　(　　)

b. 回放上课时车轮为什么是圆形的动画，谁能应用今天所学的知识解释茶叶盒的盖子为什么通常要做成圆形？

c. 下面投球比赛中，哪种游戏方式最公平？

注释(设计意图)：通过拓展训练，进一步巩固所学的知识，同时了解学生对知识掌握的情况。让学生亲眼看见圆的知识的应用，真正体会到数学知识就在身边。

6. 总结反思

本节课你学习了什么知识？你有什么收获？

这是一节典型的数学概念课，采取问题驱动式的方式进行，总体设想是按照"问题驱动—建立模型—解释应用—拓展反思"的基本环节，将"圆"的概念学习，藏到"自行车的车轮为什么做成圆的？"的解决过程之中，通过学生探索、分析问题，逐步抽象圆的概念，概括出圆的基本特征"边缘上的任何一点到定点的距离保持不变"；而后再通过解释、应用，深化学生对于圆的认识，实现理解性掌握。学生经历了这样的数学活动，数学抽象能力、问题解决能力会得到进一步培养。

二、 基本思想的培养

【案例 5.3‑2】 归纳思想课堂教学案例。

小学数学"两位数乘两位数"的课程内容中,按照常规进程,在新引入"两位数乘两位数"之后,随后进入综合应用。此时,设计如下的环节,既可以实现综合应用"两位数乘两位数"的目的,也可以很好地呈现归纳思想[①]:

问题　算一算、想一想、猜一猜:

(1)列竖式计算:12×11,14×11,15×11,17×11。

(2)仔细观察每道算式的因数与积,说一说你发现了什么?

通过笔算,从

$$12 \times 11 = 132,$$
$$14 \times 11 = 154,$$
$$15 \times 11 = 165,$$
$$17 \times 11 = 187$$

之中,学生似乎可以发现:

积是一个三位数,百位都是1,十位数字似乎与其中的两位数有关(似乎是这个两位数的两个数位上的数字的和),积的个位数与这个两位数的个位相同。

对学生来说,这是观察上面四道数学题而归纳猜想出的结论,属于第一次"发现"。

但是,这个猜想是否正确呢?有待验证。于是,在此基础上,教科书再给学生出示:

(3)猜一猜 11×24 和 11×45 的结果,可能是多少?再列算式验证自己的猜测。

学生按照刚才的"猜想"会猜:"24×11 的结果应该是"164","45×11 的结果应

① 孔凡哲,崔英梅."巧算"背后的学科韵味——对知识技能教学的重新审视[J]. 人民教育(半月刊),2011(11):44‑46.

该是"195";

然而,学生通过列竖式计算后发现:

$$24 \times 11 = 264,$$

$$45 \times 11 = 495。$$

由于"百位不再是1","猜想"需要修正! 这是经过一次猜想和验证后归纳出的第二次"发现"。

如何修正呢?

在二次发现的基础上,教科书引导学生思考第四问:

(4) 观察上面的 6 个等式,它们有什么共同的特点? 能有什么发现吗? 能验证你的发现吗?

学生很快就能发现,"都是一个两位数乘11",而且"积的百位数字,与两位数的十位数字相同",此时,部分学生可以得出"积是把与 11 相乘的另一个因数分开,中间放它们的和",将其进一步归纳为"两边一拉,中间一加"。这是经过观察得出的第三次"发现"。

在此基础上,再验证我们的猜想,于是,教科书出示第五个问题:

(5) 运用上面发现的规律,自己编一个两位数,比如36,先猜测 11×36 的乘积是多少,并列竖式计算验证猜测。

果真,猜想正确!

当学生感到三次"发现"的结论可以成立时,教科书进一步出示第六问:

(6) 按照你自己的猜想,11×57 的结果会是多少? 再用列竖式的方法验证。

学生们会发现,此时,两位数之和 $5+7$ 是超过 10 的数,前面的"猜想"需要修改!

借助此时的认知冲突,可以引导学生归纳出:只有在"两位数的十位数字与个位数字的和不满十时",才适用"两边一拉,中间一加"的方式。

而"满十"时,这个"十"应该怎么处理呢? 是写成"5 127"还是"627"?

再来分析竖式,学生可以发现,此时十位上的"12"应该向百位进一,要写成"627"。

对于修改后的结论,此时的学生往往会尝试一下,比如计算"11×59""11×67",发现的确是 $11 \times 59 = 649$、$11 \times 67 = 737$。

最终,学生将猜想"两边一位,中间一加"进一步修改为"两边一拉,中间一加,中间满十,百位加 1"。

这是学生根据观察若干个特例(个案)、归纳、猜想、验证、修正的第四次"发现"!

上面的过程是否啰唆?其实,如此"啰唆的过程"并非多余。[①] 让学生经历这样的过程,其真正的意图在于,在巩固"两位数乘两位数"的基础知识、基本技能的教学过程中,让学生多次经历归纳、猜想的思维过程,获得"个案 1,…,个案 n—归纳出一个共性规律,发现—猜想—验证自己的猜想—得出一般的结论"的直接经验和体验,让学生经历一次"数学家式"的思考过程,感受智慧产生的过程,体验创新的快乐。

当然,对于上面的第(6)问(即两位数字之和超过 10 的情况),作为部分学生课后研究的问题更合适,作为全班同学的共性要求可能高了一些。

---

① 崔英梅,孔凡哲.课堂教学"多余环节"的学科审视[J].上海教育科研,2011(8):63-66.

第四节　有利于培养数学核心素养的评价载体及其典型案例分析

数学核心素养是在数学学习和应用的过程中逐步形成和发展的。数学核心素养是具有数学基本特征的思维品质、关键能力以及情感、态度与价值观的、人格的综合体现。

因此,针对数学核心素养的评价,必须遵循基本原则,更好地达成数学课程教学的目标。

一、数学核心素养评价的基本原则

(一) 情境关联原则

人类活动都是在一定情境中展开的,中小学阶段更是如此,学生核心素养的形成和发展与现实世界中的具体情境关系密切。能力是在应用之中体现出来的。核心素养不是无关情境的抽象存在,而是内在要求学习者能在具体的社会场域或文化脉络中实现对各类信息的恰当理解和使用。[①]

核心素养是在特定情境中表现出来的知识、能力和态度,那么只有通过合适的情境才能形成和发展核心素养,也只有通过合适的情境才能进行考查评价。[②]

因此,关注特定的情境,强调通过情境设计整合发展、评价学生的数学核心素养,具体表现为,从各种具体的数学事实中抽象出数学概念、原理、思想、方法、观念;对抽象出的数学概念、原理、思想、方法、观念,能给出具体、简洁、生动的实例,包括生活中的或数学中的例子;还能总结出数学内容之间的内在联系、脉络、结构,形成整体理解。

---

① 张会杰. 核心素养本位的测评情境及其设计[J]. 教育测量与评价,2016(9):9-16.
② 任子朝,陈昂,赵轩. 数学核心素养评价研究[J]. 课程·教材·教法,2018,38(5):116-121.

（二）综合性原则

数学核心素养体现的是学生能够在不同情境下综合利用所学数学知识和技能处理复杂任务的综合能力。

数学核心素养是学习者对其所拥有的数学知识技能、数学能力、数学态度、数学品质等的有效整合，当其内化后，在特定情境之下表现出来的综合素养。数学核心素养综合体现了对数学知识的理解、对技能方法的掌握、对数学思想的感悟、对数学活动经验的积累。

从而，数学学科核心素养的评价离不开数学基础知识、基本技能，但并非局限于知识技能。在高考中，"对数学核心素养的测量（评价）要以知识为基础，以数学思想方法为引领，以情境为载体，注重综合性和层次性"[①]。

《普通高中数学课程标准（2017 年版）》将数学核心素养按照"情境与问题、知识与技能、思维与表达、交流与反思"四个维度，给出了相应的评价标准，这些标准明确了学生完成高中数学学业后其数学核心素养应达到的相应水平。其中：

情境主要是指现实情境、数学情境、科学情境，问题是指在情境中提出的数学问题；"知识与技能"主要是指能够体现相应数学学科核心素养的知识与技能；"思维与表达"主要是指数学的思维品质、表述的严谨性和准确性；"交流与反思"主要是指交流过程中的思维表现，以及交流后的思考结果。

（三）阶段性原则

学生数学核心素养在不同的发展阶段有不同层次的要求和表现。

从而，学生数学核心素养的评价必须按照不同层次、不同水平实施。

《普通高中数学课程标准（2017 年版）》将六个数学学科核心素养水平的综合表现界定为"数学学业质量水平"，每个数学学科核心素养划分为三个水平，数学学科核心素养的每个水平是通过数学学科核心素养的具体表现和体现数学学科核心素养的四个方面进行表述。

（四）个体差异原则

数学核心素养是学生在接受相应学段的教育过程中逐步形成的，而不同的个

---

① 任子朝,陈昂,赵轩.数学核心素养评价研究[J].课程·教材·教法,2018,38(5):116-121.

体在发展过程中其数学素养不是整齐划一的,而是表现出个体的差异性。

因此,数学核心素养评价必须关注个体差异性,尤其在终结性评价之中,甄别学生核心素养的发展水平和个体差异,实现高考等选拔性考试的区分和选拔功能。

二、 数学核心素养的过程性评价及典型案例分析

数学学科核心素养的达成是循序渐进的,基于内容主线对数学的理解与把握也是日积月累的。因此,针对数学核心素养评价的总目标合理分解到日常教学评价的各个阶段,既要关注评价的阶段性,也要关注评价的整体性。

针对数学核心素养的过程性评价,不仅要关注学生当前的数学学科核心素养水平,更要关注学生成长和发展的过程。只有通过观察学生的学习行为和思维过程,才能发现学生思维活动的特征及教学中的问题,及时调整学与教的行为,改进学生的学习方法和思维习惯。① 除了传统的书面测验等评价形式外,还包括课堂观察、数学口试、开放式活动中的表现、课内外作业等评价形式。只有综合运用多种形式的综合评价,才能全面客观地反映学生数学核心素养的达成状况。

【案例 5.4-1】 黄金分割②。

问题 1　黄金分割比是指整体一分为二,较大部分与整体部分的比值等于较小部分与较大部分的比值,其比值约为 0.618。视觉生理学的研究成果表明,符合黄金分割比的物体很容易给人呈现出最佳的视觉美感。世界上许多著名的建筑和美术作品中都包含有黄金分割比,比如古希腊的巴台农神庙、印度的泰姬陵、上海的东方明珠电视塔等(图 5.4.1、图 5.4.2、图 5.4.3)。

---

① 中华人民共和国教育部. 普通高中数学课程标准(2017 年版)[S]. 北京:人民教育出版社,2018:85.
② 本案例由胡典顺等设计,是针对八年级学生的数学测试题,选自:胡典顺,雷沛瑶,刘婷. 数学核心素养的测评:基于 PISA 测评框架与试题设计的视角[J]. 教育测量与评价,2018(10):40-46.

图 5.4.1

图 5.4.2

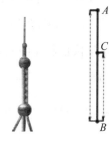
图 5.4.3   图 5.4.4

如图 5.4.3 与图 5.4.4 所示,上海东方明珠电视塔高 468 m,上球体的球心 C 是塔身 AB 的黄金分割点,且上球体的球心到塔底部的距离 BC 比它到塔顶端的距离 AC 长,那么上球体的球心到塔底部的距离 BC 大约是多少米?(结果保留整数部分)。

问题 2 一般认为,如果一个人肚脐以上的高度与肚脐以下的高度之比符合黄金分割比,则这个人更具视觉美感。刘星的姐姐要去参加一个空姐选拔比赛,她的肚脐以上的高度为 70 cm,肚脐以下的高度为 105 cm,她准备穿高约 8.3 cm 的鞋子去参加选拔比赛,你认为她能达到最佳的视觉美感吗?

问题 1 的设计思路

首先,如表 5.4.1 所示,问题 1 的背景立足于社会情境,用了一定的篇幅来介绍黄金分割在建筑中的应用,并辅以美丽的图片,既激发了学生对"黄金分割比"学习的兴趣,又可以让学生体会"黄金分割"在现实世界的广泛应用,从而感受数

表 5.4.1   问题 1 的分类框架

问题形式	□单选题　□复合式选择题　■封闭式回答题　□开放式回答题
数学情境	□个人的　■社会的　□职业的　□科学的
数学内容	□变化与关系　■空间与图形　□数量　□不确定性与数据
数学过程	□数学表述　■数学运用　□数学阐释
基本数学能力	■数学交流　■数学化　□数学表征　□数学推理和论证　□设计问题解决策略　■使用符号、公式、专业语言和运算　□使用数学工具
题目描述	根据实际问题对黄金比例进行应用

学与生活的联系。在考查内容方面,这道题主要考查了学生对"图形与几何"相关知识的掌握情况,这也是我国义务教育阶段学生需要掌握的基础知识。学生解决这道题,需要进行"数学运用",涉及具体的数学基本能力详见表5.4.2。

表5.4.2　问题1中涉及的数学能力

数学交流	问题1需要呈现一个清晰的解答过程,并将数学计算的结果进行表达,这就需要学生具有相应的数学交流能力
数学化	问题1不是抽象的数学应用题,而是以真实存在的东方明珠塔为依托的,要解决这道题,学生首先需要将现实情境进行抽象,进行数学化,找出其中的数量关系,再根据相应要求进行计算,这对学生的数学化能力有很高的要求
使用符号、公式、专业语言和运算	将问题1的背景进行数学化抽象之后,得出的相应数量关系,学生还需要进行简单的数学运算才能得到最后的结果。这也考查了学生使用符号、公式、专业语言和运算的能力

其次,问题1以问答题的形式命题,这就要求学生将答题思路、步骤清晰地呈现出来。阅卷时,教师需要根据学生的解答步骤和解答类型对他们的答题情况进行分类,具体对学生的情况进行分析。这样的试题更加关注学生的思维过程,并不是完全用答案正确与否来对学生进行评判,而是注重数学素养、数学基本能力的发展,着眼于过程性评价,希望通过评价,对不同的学生进行相应的指导,发挥数学评价"泵"的功能而非"筛"的功能。

问题2的设计思路

不同于问题1以社会情境作为题目的背景,问题2的背景则与生活更加贴近,见表5.4.3或许每个人的生活中都有这样一个"爱美的、穿高跟鞋的大姐姐",但是学生可能很少会想到高跟鞋的高度还有这样的玄机,原来数学与生活的联系竟是如此密切。这道题目的改编,将原来枯燥的线段问题变成了有趣的生活问题,并考查了学生面对现实生活中的实际问题时,如何将实际问题数学化,以及利用数学方法去解决实际问题的能力。要解答这道题,学生首先需要就"是否能达到视觉美感"进行回答,然后再利用数学方法对自己的回答进行佐证,即给出合理的理由来解释自己的答案。在问题2中,学生主要经历了"数学阐释"这一较高层次的数学思维过程,涉及的数学基本能力有6种,详见表5.4.4。

表5.4.3　问题2的分类框架

问题形式	□单选题　□复合式选择题　■封闭式问答题　□开放式问答题
数学情境	■个人的　□社会的　□职业的　□科学的
数学内容	□变化与关系　■空间与图形　□数量　□不确定性与数据
数学过程	□数学表述　□数学运用　■数学阐释
基本数学能力	■数学交流　■数学化　■数学表征　■数学推理和论证　■设计问题解决策略　■使用符号、公式、专业语言和运算　□使用数学工具
题目描述	根据实际问题对黄金比例进行应用

表5.4.4　问题1中涉及的数学能力

数学交流	问题2需要学生在现实的问题情境下,对问题解决进行建构,并用正确的数学语言进行交流解释和论证
数学化	在对结论进行论证时,需要进行带小数的比例运算,学生应当理解进行这一数学解答时需要用四舍五入法进行保留的范围和限制
数学表征	在"穿多高的高跟鞋能达到视觉美感"这一现实应用中,学生可以选择不同的数学表达方式去解释自己的结论,去解释数学的结果
数学推理和论证	学生在给出相应的结论、并尝试用数学式子进行论证后,需要自己对论证的过程进行反思,判断自己的论证是支持、反驳或是能描述数学解答的解释和证明
设计问题解决策略	学生为了解释或者证实自己的数学解答,需要自己制定和实施一个策略,通过严密的数学论证对自己的数学解答进行佐证
使用符号、公式、专业语言和运算	学生需要理解问题2的背景与数学解答的表述之间的关系,将问题2的背景抽象为数量关系,以帮助问题的解决。同时,在问题解答的过程中,学生在设计小数的比例时,要具备一定的运算能力,并且知道四舍五入,学会判断最终解答的可行性和局限性

【**案例5.4-2**】　测量学校内、外建筑物的高度。①

1.【**目的**】　运用所学知识解决实际测量高度的问题,体验数学建模活动的完整过程。组织学生通过分组、合作等形式,完成选题、开题、做题、结题四个环节。

2.【**情境**】　给出下面的测量任务:

(1) 测量本校的一座教学楼的高度;

---

① 中华人民共和国教育部.普通高中数学课程标准(2017年版)[S].北京:人民教育出版社,2018:132-136,141-145.

（2）测量本校的旗杆的高度；

（3）测量学校墙外的一座不可及，但在学校操场上可以看得见的物体的高度。

可以每2～3个学生组成一个测量小组，以小组为单位完成；各人填写测量课题报告表（见表5.4.5），一周后上交。

表5.4.5　测量课题报告表

项目名称：＿＿＿＿＿＿＿　　完成时间：＿＿＿＿＿

1. 成员与分工	
姓名	分工
2. 测量对象 例如，某小组选择的测量对象是：旗杆、教学楼、校外的××大厦。	
3. 测量方法（请说明测量的原理、测量工具、创新点等）	
4. 测量数据、计算过程和结果（可以另外附图或附页）	
5. 研究结果（包括误差分析）	
6. 简述工作感受	

3.【教学过程】

教师可以对学生的工作流程提出如下要求和建议。

（1）成立项目小组，确定工作目标，准备测量工具。

（2）小组成员查阅有关资料，进行讨论交流，寻求测量效率高的方法，设计测量方案（最好设计两套测量方案）。

（3）分工合作，明确责任。例如，测量、记录数据、计算求解、撰写报告的分工等。

（4）撰写报告，讨论交流。可以用照片、模型、PPT等形式展现获得的成果。

根据上述要求,每个小组要完成以下工作。

(1) 选题

(本案例活动的选题步骤略去)

(2) 开题

可以在课堂上组织开题交流,让每一个项目小组陈述初步测量的方案,教师和其他同学可以提出质疑。例如:

如果有学生提出要测量仰角来计算高度,教师可以追问:怎么测量? 用什么工具测量? 目的是提醒学生,事先设计出有效的测量方法和实用的测量仪器。

如果有学生提出要通过测量太阳的影长计算高度,教师可以追问:几时测量比较好? 如果学生提出比较测量物和参照物的影长时,教师可以追问:是同时测量好,还是先后测量好? 目的是提醒学生注意测量的细节。

如果有学生提出用照相机拍一张测量对象和参照物(如一个已知身高的人)的合影,通过参照物的高度按比例计算出楼的高度。教师可以追问:参照物应该在哪里? 与测量对象是什么位置关系? 目的是提醒学生注意现实测量与未来计算的关联。

在讨论的基础上,项目小组最终形成各自的测量方案。讨论的目的是让学生仔细想清楚测量过程中将使用的数学模型,这样可以减少实践过程中的盲目性,培养学生良好的思维习惯;同时可以让学生意识到,看似简单的问题,也有许多需要认真思考、认真对待的东西,促进科学精神的形成。

(3) 做题

依据小组的测量方案实施测量。尽量安排各个小组在同一时间进行测量,这样有利于教师的现场观察和管理。教师需要提醒学生,要有分工、合作、责任落实到个人。

在测量过程中,教师要认真巡视,记录那些态度认真、合作默契、方法恰当的测量小组和个人,供讲评时使用。特别要注意观察和发现测量中出现的问题,避免因为测量方法不合理产生较大误差,当学生出现类似的问题时,教师要把问题看作极好的教育契机,启发学生分析原因,引导他们发现出现问题的原因、寻求解决问题的办法。

（4）结题

在每一位学生都完成"测量报告"后，可以安排一次交流讲评活动，遴选的交流报告最好有鲜明的特点，如测量结果准确，过程完整清晰，方法有创意，误差处理得当，报告书写规范等；或者测量的结果出现明显误差，使用的方法不当。交流讲评往往是数学建模过程中最为重要的环节，可以使学生在这一过程中相互借鉴，共同提高。

【分析】　测量高度是传统的数学应用问题，这样的问题有助于培养学生分析解决问题、动手实践、误差分析等方面的能力。测量模型可以用平面几何的方法，例如，比例线段、相似形等；也可以用三角的方法，甚至可以用物理的方法，例如，考虑自由落体的时间等。应鼓励学生在合作学习的基础上，自主设计、自己选择测量方法解决问题。

这样的教学活动，因为问题贴近学生的生活，学生比较容易上手，采用选题、开题、做题、结题四个环节实施数学建模活动，能够使学生在做中学、在学中做，从中体会数学的应用价值，并且展现个性，尝试创新。

【拓展】　鼓励学生提出新的问题，积累数学建模资源。例如：

（1）本市的电视塔的高度是多少米？

（2）一座高度为 H m 的电视塔，信号传播半径是多少？信号覆盖面积有多大？

（3）找一张本市的地图，看一看本市的地域面积有多少平方千米？电视塔的位置在地图上的什么地方？按照计算得到的数据，这座电视塔发出的电视信号是否能覆盖本市？

（4）本市（外地）到北京的距离有多少千米？要用一座电视塔把信号从北京直接发送到本市，这座电视塔的高度至少要多少米？

（5）如果采用多个中继站的方式，用 100 m 高的塔接力传输电视信号，问从北京到本地至少要建多少座 100 m 高的中继传递塔？

（6）考虑地球大气层和电离层对电磁波的反射作用，重新考虑问题（2），（4），（5）。

（7）如果一座电视塔（例如 300 m 高）不能覆盖本市，请你设计一个多塔覆盖方案。

（8）至少发射几颗地球定点的通信卫星，可以使其信号覆盖地球？

（9）如果我国要发射一颗气象监测卫星,监测我国的气象情况,请你设计一个合理的卫星定点位置或卫星轨道。

（10）在网上收集资料,了解有关"北斗卫星导航系统"的内容,在班里做一个相关内容的综述,并发表对这件事的看法。

4.【评价目的】　给出过程性评价,体现如何让学生在交流过程中展现个性、学会交流、归纳总结、发现问题、积累经验、提升素养。

5.【评价过程】　在每一个学生都完成"测量报告"后,安排交流讲评活动。安排讲评的报告应当有所侧重。例如,测量结果准确,测量过程清晰,测量方法有创意,误差处理得当,报告书写认真等;或误差明显而学生自己没有察觉,测量过程中构建的模型有待商榷等。事实表明,这种形式的交流讲评,往往是数学建模过程中学生收获最大的环节。

附件:某个小组的研究报告的展示片段摘录。

测量不可及"理想大厦"的方法

1. 两次测角法

（1）测量并记录测量工具距离地面 h m;

（2）用大量角器,将一边对准大厦的顶部,计算并记录仰角 α;

（3）后退 a m,重复（2）中的操作,计算并记录仰角 β;

（4）楼高 x 的计算公式为:

$$x = \frac{a\tan\alpha\tan\beta}{\tan\alpha - \tan\beta} + h,$$

其中 α, β, a, h 如图 5.4.5 所示。

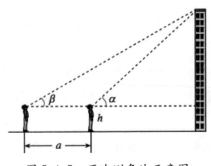

图 5.4.5　两次测角法示意图

2. 镜面反射法

(1) 将镜子(平面镜)置于平地上,人后退至从镜中能够看到房顶的位置,测量人与镜子的距离;

(2) 将镜子后移 a m,重复(1)中的操作;

(3) 楼高 x 的计算公式为

$$x = \frac{ah}{a_2 - a_1},$$

其中 a_1,a_2 是人与镜子的距离,a 是两次观测时镜面之间的距离,h 是人的"眼高",如图 5.4.6 所示。根据光的反射原理,利用相似三角形的性质联立方程组,可以得到这个公式。

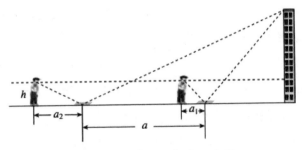

图 5.4.6 镜面反射法示意图

实际数据测量和计算结果,测量误差简要分析:

(1) 两次测角法

实际测量数据:

	第一次	第二次
仰角	67°	52°

后退距离为 25 m,人的"眼高"为 1.5 m,计算可得理想大厦的高度约为 71.5 m,结果与期望值(70 m～80 m)相差不大。误差的原因是铅笔在纸板上画出度数时不够精确。减少误差的方法是几个人分别测量高度及仰角,再求平均值,误差就能更小。

（2）镜面反射法

实际测量数据：

	第一次	第二次
人与镜子的距离	3.84 m	3.91 m

镜子的相对距离为 10 m，人的"眼高"为 1.52 m。计算可得理想大厦的高度约为 217 m，结果与期望值相差较大。

产生误差有以下几点原因：镜面放置不能保持水平；两次放镜子的相对距离太短，容易造成误差；人眼看镜内物像时，两次不一定都看准镜面上的同一个点；人体不一定在两次测量时保证高度不变。

综上所述，要做到没有误差很难，但可以通过某些方式使误差更小，我们准备用更多的测量方法找出理想的结果。

对上面的测量报告，教师和同学给出评价。例如，对测量方法，教师和同学评价均为"优"，因为对不可及的测量对象选取了两种可行的测量方法；对测量结果，教师评价为"良"，同学评价为"中"，因为两种方法得到的结果相差较大。

对测量结果的评价，教师和同学产生差异的原因是，教师对测量过程的部分项目实施加分，包括对自制测量仰角的工具等因素做了误差分析；同学则进一步分析产生误差的主要原因，包括：

（1）测量工具问题。两次测角法的同学，自制量角工具比较粗糙，角度的刻度误差较大；镜面反射法的同学，选用的镜子尺寸太大，造成镜面间距测量有较大误差。

（2）间距差的问题。这是一个普通的问题。间距差 a 值是测量者自己选定的，因为没有较长的卷尺测量距离，有的同学甚至选间距差 a 是 1 m。由于间距太小，两次测量的角度差或者人与镜的距离差太小，最终导致计算结果产生巨大误差。当学生意识到了这个问题后，他们利用运动场 100 m 跑道的自然长度作为间距差 a，使得测量精度得到较大提高。

（3）不少学生用自己的身高代替"眼高"，反映了学生没有很好地理解测量过程中的"眼高"应当是测量的高度,如照片所示。

在结题交流过程中,教师通过测量的现场照片,引导学生发现问题,让学生分析测量误差产生的原因。学生们在活动中意识到,书本知识和实践能力的联系与转化是有效的学习方式。

测量现场的照片和观察说明见图5.4.7。

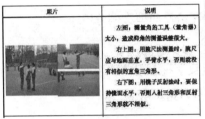

图 5.4.7

【分析】　建模活动的评价要关注结果,更要关注过程。

对测量方法和结果的数学评价可以占总评价的60%,主要由教师作评价。评价依据是现场观察和学生上交的测量报告,关注的主要评价点有:

(1) 测量模型是否有效;

(2) 计算过程是否清晰准确,测量结果是否可以接受;

(3) 测量工具是否合理、有效;

(4) 有创意的测量方法(可获加分);

(5) 能减少测量误差的思考和做法(可获加分);

(6) 有数据处理的意识和做法(可获加分);

……

非数学的评价可以占总评价的40%,主要评价点有:

（1）每一名成员在小组测量和计算过程中的工作状态；

（2）测量过程中解决困难的机智和办法；

（3）讨论发言、成果汇报中的表现等。

非数学的评价主要是在同学之间进行，可以要求学生给出本小组以外其他汇报小组的成绩，并写出评价的简单理由。

三、数学核心素养的终结性评价及典型案例分析

对数学核心素养的评价目的是评价学生数学核心素养的发展状况和达到的水平，不仅对于过程性评价，对终结性评价也是如此。

（一）考查直观想象的测试题

【**案例 5.4-3**】（2019 年高考理科数学全国 Ⅰ 卷第 7 题）已知非零向量 a，b 满足 $|a|=2|b|$，且 $(a-b)\perp b$，则 a 与 b 的夹角为（　　　）。

A. $\dfrac{\pi}{6}$ 　　　　 B. $\dfrac{\pi}{3}$ 　　　　 C. $\dfrac{2\pi}{3}$ 　　　　 D. $\dfrac{5\pi}{6}$

图 5.4.8

【**分析**】　此题以向量为考查内容，而其考查的本质却是直观想象能力，特别是，题目中的信息 $|a|=2|b|$ 很容易误导，而信息 $(a-b)\perp b$ 却提供了解题关键。如果仅仅停留在向量的代数运算形式 $a=b+(a-b)$ 而不进行几何直观，就不能利用"向量 a、b、$a-b$ 构成一个三角形"的事实，而问题恰恰是"求 a 与 b 的夹角"，从而，数形结合、直观想象成为解决问题的关键——利用"向量 a、b、$a-b$ 构成一个三角形"以及信息"$|a|=2|b|$"轻松判断出"向量 a、b、$a-b$ 构成的三角形是一个锐角为 $30°$ 的直角三角形"，如图 5.4.8 所示，从而，a 与 b 的夹角为 $60°$，即 $\dfrac{\pi}{3}$，答案为 B。

【**评析**】　构造数学问题的直观模型、充分利用直观和想象，是解决本类问题的关键。而直观想象作为数学核心素养之一，并非仅仅表现在几何领域，也体现在数学课程内容的各个领域。

（二）考查数学文化的测试题

【案例5.4－4】　中国古建筑的榫卯结构。

（全国Ⅲ卷　理3文3）中国古建筑借助榫卯将木构件连接起来,构件的凸出部分叫榫头,凹进部分叫卯眼,图5.4.9中木构件右边的小长方体是榫头。若如图摆放的木构件与某一带卯眼的木构件咬合成长方体,则咬合时带卯眼的木构件的俯视图可以是（　　）。

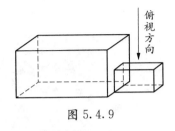

图 5.4.9

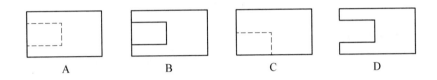

A　　　　　　B　　　　　　C　　　　　　D

【分析】　题目整体来说比较简单,观察图形,可以发现,问题是针对带卯眼的木构件,而题干中明确"凹进部分叫卯眼",其俯视图必定是含有"凹"的图形,而且,"凹"的部分一定是在中央部位,于是,答案C被排除。

而题干中有信息"木构件与某一带卯眼的木构件咬合成长方体",而问题是"咬合时",由木构件的凸出部分嵌入卯眼,嵌入卯眼的凸出部分是看不见的,所以,"空洞"部分应该是虚的。从而,答案B、D都被排除,可知其俯视图为A。

【评析】　这是2018年全国高考数学Ⅲ卷理科卷（文科卷）第3题,题目以中国古建筑借助榫卯连接木构件为背景,很好地考查了三视图的相关内容,考生需要先观察卯眼的直观图,再想象其俯视图,这与以往多数通过所给三视图想象直观图、聚焦直观想象能力的命题方式相比,确实增添了一些新意。

题目以中国传统建筑的"榫卯结构"为背景考察三视图,蕴含典型的中国传统文化和数学文化的考察内容。榫卯是极为精巧的发明,这种构件连接方式,使得中国传统的木结构成为超越了当代建筑排架、框架或者钢架的特殊柔性结构体,能够在地震荷载下通过变形抵消一定的地震能量,减小结构的地震响应。

以榫卯结构为主的木质建筑,不仅传播了中国悠久的文明和智慧,而且,直到今天,这种榫卯结构仍是日常生活中常见家具的重要构件（如图5.4.10右图所示),这与西方的传统建筑以砖石结构为主、而西方的现代建筑则以钢筋混凝土为主的标志性特征有质的差异。

图 5.4.10

【案例 5.4-5】 覆盖问题。①

设桌面上有一个由铁丝围成的封闭曲线,周长是 $2L$。回答下面的问题:

(1) 当封闭曲线为平行四边形时,用直径为 L 的圆形纸片是否能完全覆盖这个平行四边形? 请说明理由。

(2) 求证:当封闭曲线是四边形时,正方形的面积最大。

【目的】 以平面几何为知识载体,以证明"周长一定的四边形中正方形所围面积最大"为数学任务,说明逻辑推理素养水平一、水平二、水平三和数学抽象素养水平一、水平二的表现,体会满意原则和加分原则。

【分析】 虽然问题涉及的知识不难,但由于问题中的封闭曲线是动态的、问题是开放的,因此,需要一定的数学抽象和逻辑推理素养才可能抓住问题的本质。如果学生能够构建过渡性命题、完成概念的抽象过程,并且论证途径清晰、推理过程表述严谨,可以认为达到逻辑推理素养水平三的要求。

(1) 首先,需要从生活语言到数学语言,表达清楚什么是完全覆盖。最初的生活语言可以是,周长为 $2L$ 的平行四边形包含的点都在直径为 L 的圆面内,显然这个层面的表达是无法进行论证的;用数学语言可以表述为,周长为 $2L$ 的平行四边形内的任意一点到圆心的距离不大于 $\dfrac{L}{2}$,可是,这样的表述又脱离了完全覆盖的

---

① 本案例选自(稍加修改):中华人民共和国教育部. 普通高中数学课程标准(2017 年版)[S]. 北京:人民教育出版社,2018:151-153.

背景;因此,需要在表述中加上条件,例如,让平行四边形的对称中心与圆的圆心重合。鼓励学生回顾并表述上面的思维过程。如果学生能够完成前两个过程,根据满意原则,可以认为达到数学抽象素养水平一的要求,如果学生能够完成三个过程,根据加分原则,可以认为达到数学抽象素养水平二的要求。

如果学生能够得到可以完全覆盖的结论,但只是证明了平行四边形对角线的长度不大于L,说明学生已经有了论证的思路,但还没有理解完全覆盖的几何本质,依据满意原则,可以认为达到逻辑推理素养水平一的要求。

如果学生进一步证明平行四边形四个顶点到对称中心距离不大于圆的半径,但没有说明平行四边形内其他点的情况,说明学生理解了完全覆盖的几何本质,但证明过程还不够严谨,依据满意原则,可以认为达到逻辑推理素养水平二的要求。

如果学生能够完整证明平行四边形上的点到对称中心距离都不大于圆的半径,说明学生基本掌握了数学证明,依据加分原则,可以认为达到逻辑推理素养水平三的要求。

(2)可以启发学生,采用列举、筛选的方法考察各种形式的四边形,逐一排除面积较小的四边形,构建一个递进式的证明路径,如图 5.4.11 所示。

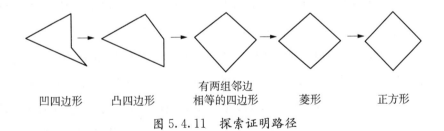

凹四边形　　凸四边形　　有两组邻边相等的四边形　　菱形　　正方形

图 5.4.11　探索证明路径

如果学生能够独立完成上面的过程,说明对较复杂的新问题,能够直观想象、创造性地构建证明路径,依据满意原则,可以认为达到逻辑推理素养水平二的要求,如果学生能够进一步用数学语言严谨地论证所得到的结论,根据加分原则,可以认为达到逻辑推理素养水平三的要求。

第五节 中国学生发展数学核心素养的师资要求分析

核心素养不是直接由教师教出来的,而是在问题情境中、借助问题解决的实践培育起来的。[①]

实施中国学生发展数学核心素养,需要相应的师资要求。正所谓教育教学改革的关键在教师、在课堂、在课程。没有良好的师资作为保障,再好的改革方案也注定不会成功。

一、 自觉践行现代教育理念

(一) 理解智慧的教育发展的必然

社会需要是教育发展的不竭动力,教育发展必须与社会发展同步。的确,在人类相当长的发展过程中,教育的核心任务是继承前人已有的知识,"知识就是力量"是工业时代的必然要求。而知识爆炸、信息海量增长的信息化时代,关注过程、注重能力,聚焦人的全面、健康、和谐、可持续发展,就成为必然。

在信息化时代,特别是"互联网+"时代,面对日趋激烈的国际竞争,特别是教育国际竞争力提升的迫切要求,互联网犹如一个生态的核心,由此衍生出深受其影响的生态链,在这个链条上,有消费、营销、数据、社交、供应等要素,社会的方方面面都在发生深刻变化,世界各国都将"互联网+"上升至国家层面,纷纷建立与当今信息化社会相适应的基础教育新体系,改变严重滞后于信息化社会的知识为本的理念,构建能主动应对信息社会所必需的核心素养新体系,而这个新体系聚焦人的终身可持续发展,定位于个人终身发展和社会发展需要的必备品格和关键

---

① 钟启泉.基于核心素养的课程发展:挑战与课题[J].全球教育展望,2016,45(1):3-9.

能力。[1]

正如中共中央办公厅、国务院办公厅在《关于深化教育体制机制改革的意见》中指出的，"（教育）要注重培养支撑终身发展、适应时代要求的关键能力"。

我国义务教育是进一步提高国民素质、面向大众的基础教育，而普通高中教育旨在促进学生全面而有个性的发展，为学生适应社会生活、高等教育和职业发展作准备，为学生的终身发展奠定基础。无论是义务教育，还是高中教育，培养目标都是提升学生综合素质，着力发展核心素养，使学生具有理想信念和社会责任感，具有科学文化素养和终身学习能力，具有自主发展能力和沟通合作能力。[2]

发展学生的核心素养，实施智慧的教育，是历史的必然，更是时代的召唤。

（二）理解核心素养实施的必然

核心素养是关于学生知识、技能、情感、态度、价值观等多方面要求的综合表现。学生发展核心素养是对学生综合素质具体的、系统化的描述。

学生发展核心素养是对教育方针中所确定的教育培养目标的具体化和细化，是连接宏观教育理念、培养目标与具体教育教学实践的中间环节，是对素质教育内涵的具体阐述。学生发展核心素养深入回答"立什么德、树什么人"的根本问题，用于指导人才培养具体实践。[3] 核心素养使新时期素质教育目标更加清晰，内涵更加丰富，也更加具有指导性和可操作性。

数学教育承载着落实立德树人根本任务、发展素质教育的功能。数学在形成人的理性思维、科学精神和促进个人智力发展的过程中发挥着不可替代的作用。数学教育帮助学生掌握现代生活和进一步学习所必需的数学知识、技能、思想和方法；提升学生的数学素养，引导学生会用数学眼光观察世界，会用数学思维思考世界，会用数学语言表达世界；促进学生思维能力、实践能力和创新意识的发展，探寻事物变化规律，增强社会责任感；在学生形成正确人生观、价值观、世界观等

---

① 孔凡哲. 面对核心素养为本的评价，一线教师可以做些什么？［J］. 小学教学（数学版），2017（2下）：4-8.

② 中华人民共和国教育部. 普通高中课程方案（2017年版）［S］. 北京：人民教育出版社，2018：3.

③ 林崇德. 中国学生发展核心素养：深入回答"立什么德、树什么人"［J］. 人民教育，2016（19）：14-16.

方面发挥独特作用。[①]

只有深入理解核心素养，深入理解核心素养的历史必然，教师才能自觉地将学生发展核心素养的实践付诸行动之中。

二、 主动提升教师通识素养与专业能力

拥有广博的通识素养、专业素养、关键能力，是教师实施教育教学的重要前提和必备基础，对实施核心素养的课程教学来说，也是必需的。毕竟，学生发展所需要的关键能力、必备品格是跨学科、跨专业的。

（一）教师的通识素养

学生发展核心素养是每位学生完成中小学学业之后应该具备的基本素养，是中小学教育的最终培养目标之一，既需要各学科立足本学科开展学科核心素养与学生发展核心素养的培养，更需要学科之间相互协调，共同完成跨学科的核心素养的协同攻关。为此，教师应主动提升自身的通识素养，包括科学素养、人文素养和信息技术素养等。[②]

（二）教师的专业水平和关键能力

《小学教师专业标准（试行）》《中学教师专业标准（试行）》都提出了"育人为本，师德为先，能力为重，终身学习"的基本理念，从专业理念与师德、专业知识、专业能力三个维度提出了教师专业发展的基本要求。

这是教师开展教育教学工作的基本保障，也是教师专业的教育属性的集中体现。

培养学生的关键能力，教师首先应该具备相应的关键能力。尽管目前学术界对于教师专业的关键能力没有定论，但其内涵应随着时代变化而发展。

我国学者提出新时代教师需要具备七个关键能力[③]，即：

社会了解力、本体性知识、本体性能力、动机激发力、学习指导力、能力培养

---

① 中华人民共和国教育部.普通高中课程方案（2017 年版）[S].北京：人民教育出版社，2018：1 - 2.
② 同①71.
③ 钟祖荣.论新时代教师的关键能力[J].教师发展研究，2018，2(2)：45 - 50.

力、评价力。

上述七类关键能力其实是按照不同标准对教师能力的分类，有的属于教师的一般素养，如"社会了解力"；有的属于教师的专业知识，如"本体性知识""本体性能力"；有的属于教师专业发展所需要的能力，如"动机激发力""学习指导力""能力培养力""评价力"。

从欧盟、美国等国际组织、发达国家对教师关键能力的相关要求中，我们可以发现，当代教师的关键能力更多地包括：及时获取知识、创新的能力；塑造学生终身学习的能力；教师应用信息技术的能力、拓展新的教学媒体进而能深刻理解各学科知识间的联系的能力，集中体现为：创新能力、培养学生终身学习的能力，以及运用信息技术实施教学的能力。

其中，创新能力表现为，激发学生好奇心、想象力和创新思维，养成创新人格，鼓励学生勇于探索、大胆尝试、创新创造，其本质是培养学生创新能力的能力。

培养学生终身学习的能力，集中体现为，培养学生独立思考、逻辑推理、信息加工、学会学习、语言表达和文字写作的素养，以及培养学生养成终身学习的意识和能力。

只有具备这些关键能力，教师实施教育教学活动才能培养学生发展所必需的核心素养。

三、 同步完善教师数学专业素养

为了培养学生的数学核心素养，数学教师必须拥有相对完善的数学专业素养，集中表现为整体把握数学学科知识、拥有良好的数学专业能力、积淀丰富的数学活动经验、感悟理解数学思想：

（一）整体把握数学学科知识

提升教师自身的数学基础知识、基本技能的整体水平，需要整体把握义务教育数学、高中数学课程内容的主线脉络，理解各块内容之间的关联，把握数学核心概念的本质，明断数学的通性通法（而非技能技巧），理解与中小学数学关系密切的高等数学、现代数学的相关内容，能够从高观点下理解中小学数学内容的本质。

【案例 5.5－1】　平移、旋转、轴对称作为研究几何图形基本运动的主要方式，是探索几何图形性质的重要手段，特别是，寻求几何图形变化之后，存在哪些不变性质、存在哪些不变量。

　　平移、旋转、轴对称作为三种基本变换形式，虽然现实世界中的几何现象中的平移、旋转的现象，比轴对称现象更常见，但是，轴对称却是中小学几何课程内容首先要学习的，其背后的主要原因就在于，轴对称是最基本的几何变换形式，利用折纸等直观方式可以发现，连续进行两次轴对称，如果两条对称轴相互平行（如图 5.5.1 的左图），其结果等同于一次平移，平移的距离就是两条对称轴之间的距离的两倍；如果两条对称轴相交（如图 5.5.1 的右图），那么，其结果等同于一次旋转，旋转中心就是两条对称轴的交点。利用几何变换的理论可以证明上述结论是正确的。

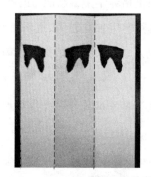

图 5.5.1

【案例 5.5－2】　函数是中小学数学的核心和主线之一。理解六类基本初等函数是函数的主要研究对象（其他函数都是六类基本初等函数的复合）。通过导函数理解六类基本初等函数的性质，通过运算法则理解六类基本初等函数集进而理解一般初等函数，通过矩阵变换和不变量理解几何与代数，通过样本空间和随机变量理解统计与概率。

　　特别地，数学教师必须丰富自己对数学的认识，建立正确的数学观，只有自己深刻理解数学的学科属性、把握数学的科学价值、应用价值、文化价值和审美价值，才能引导学生感悟数学的科学价值、应用价值、文化价值和审美价值，进而实现数学核心素养的培养目标。

(二) 拥有良好的数学专业能力

数学专业能力集中体现为,用数学的眼光发现提出问题、用数学的思维分析解决问题、用数学的语言表达交流问题的能力,这是数学活动所必需的专业能力。

其中,用数学的眼光发现提出问题的能力,其核心在于直观想象、数学抽象,用数学的思维分析解决问题的能力核心在于数学运算、数学推理,用数学的语言表达交流问题的能力核心在于数学建模、数据分析。培养学生的数学关键能力,数学教师自身必须熟练掌握数学的这些专业能力。只有这样,才能引领学生经历数学活动,逐步培养学生的数学关键能力与必备品质。

(三) 积淀丰富的数学活动经验,感悟理解数学思想,理解数学核心素养

数学思想来源于经验,而数学的基本活动经验既包括操作的经验,也包括思维的经验。提升教师自身的数学基本思想、基本活动经验的整体水平,需要教师密切结合中小学教学实际,将中小学数学内容放置到数学科学之中,放置到数学发生发展的历程之中,只有真正理解数学知识产生与发展过程中所蕴含的数学思想,能够通过实例理解和表述数学抽象与数学的一般性、逻辑推理与数学的严谨性、数学模型与数学应用的广泛性之间的必然联系,才能"具备在数学教学中渗透数学基本思想的意识和能力"[①]。

正如大数学家冯·诺伊曼所言,"数学思想一旦被构思出来,这门学科就开始经历它本身所特有的生命"。被构思出来就是他说的抽象,经历他本身所特有的生命,就是推理。事实上,认为数学是一门创造性的、受审美因素支配的学科,比认为数学是一门别的、特别是经验的学科要更确切一些,虽然数学的表达是符号的,但在教学过程中是要有背景的;虽然证明过程是形式的,但在教学过程中要先给出证明的思路,给出证明的直观,然后通过形式来验证这个思路,验证这个直观;虽然体系是公理的,但在教学过程中得到的结论应当通过归纳,学习如何"看"出结论。我们不这样教学,就不能教数学的思想,就不能教创造。[②]

---

① 中华人民共和国教育部.普通高中数学课程标准(2017 年版 2020 年修订)[S].北京:人民教育出版社,2020.
② 史宁中.数学的基本思想[J].数学通报,2011,50(1):1-9.

【案例 5.5‑3】   一位高中数学教师针对数学核心素养培育提出的看法。

一个高中数学教师要想真正面对数学学科核心素养的培育,那就必须建立新的教学观,真正理解核心素养,对自己提出新的要求:

一是高中数学教师必须知道所教知识中蕴含哪些核心素养。这个要求意味着教师要站在核心素养的角度认识课程知识,这对于教师的教学习惯来说是一个新的挑战。

二是高中数学教师必须知道如何抓住核心素养培育的契机。如"圆锥曲线"这一章教学的开始,为了让学生认识到不同圆锥曲线的形成,教师通常会设计一个不同圆锥曲线生成的情境,这个过程就需要教师引导学生观察,譬如看为什么一个平面截一个圆锥面就可以得到不同类型的圆锥曲线。这就是一个从形象到抽象的过程,可以培养学生的数学抽象与逻辑推理能力,也能为建立圆锥曲线模型奠定坚实的基础,因此,这个教学环节需要高度重视,是核心素养的培育契机。

应该说,这位一线老师的理解非常深刻。的确,更新教学理念,明确核心素养对教师提出的要求,可以完成对教师角色的精确定位,从而保证核心素养的落地。[1]

不仅如此,教师拥有扎实的专业素质是培育核心素养的根基。毕竟,核心素养教学中任何对内容的创造、教法的加工,都需要以深刻地理解数学为基础。教师要能够挖掘知识形态下的核心素养,必须具备扎实的数学专业基础,要全面把握数学学科知识,准确把握教材中的重点、难点与关键。[2]

四、丰富完善数学教育理论修养和实践素养

良好的数学教育理论修养和实践素养,是开展数学教育教学实践的前提,理论基础是人们在各种物质性的和精神性的实践活动中的思想观念基础或出发点。

---

[1] 沈俊.高中数学核心素养培育:教师应当作好什么准备[J].数学教学通讯,2019(3):41‑42.
[2] 程华.从数学核心素养培育看教师专业能力提升[J].数学通报,2019,58(5):14‑17,59.

缺少理论支撑的实践是苍白的、无力的。

实施数学核心素养的教育教学实践,需要数学教师拥有良好的数学教育理论修养与实践素养,把握数学教育的价值取向,有效落实数学教育的育人目标。

(一) 深入理解数学教育理论的现代发展

素质教育实施以来,数学教育理论发展迅速。从单一的知识本位教育,发展为知识技能、过程方法、情感态度价值观"三位一体"的教育,进而发展为学生的终身可持续发展,数学教育已经从如何传授给学生更多的知识,发展为,通过哪些知识的培养让学生获得关键能力和必备品格,使得学生在学会学习的同时,懂得如何创新,获得能力的同时具备相应的品格。而这个过程,恰恰体现了数学教育价值的转变,从注重数学教育传承人类文明、传递国家社会主流的文化价值观,注重教育的社会价值,发展为,同时关注数学教育的内在价值和外在价值,亦即:

教育者通过对数学知识文化的理解、传承和创新促进自身完善和发展;发展学生抽象和直观、推理和运算、模型和分析等能力,培养学生的理性思维、应用思维,使学生形成正确的数学价值观、科学观;在沉淀数学文化和总结数学经验的同时,促进数学课程自身的完善和发展。

(数学教育成为)培养具有理性思维能力和批判质疑能力以及创新能力等成员的中介,继承和传递数学思想文化和价值,创生出新的数学思想文化和价值(的载体);培养学生运用数学知识和思想处理社会问题的能力和手段,从而促进学生的社会化发展。[1]

从知识的教育,到过程的教育,到智慧的教育,教育的本来面目渐渐凸现出来。教育不仅承载着传递已有知识的功能,更需要承担起发掘学生潜能,启迪学生终身受用的智慧,帮助学生学会做人、学会生存、学会发展的重任! 只有这样,教育才能担当传承人类文明的历史使命——在继承人类已有文明的同时,创造新的文明![2]

---

[1] 陈世林,杜尚荣.论核心素养背景下中小学数学课程的价值转变[J].中小学教师培训,2018(4):46-49.

[2] 孔凡哲.数学教育究竟能给学生带来什么[J].小学教学(数学版),2013(14):4-5.

（二）把握课程标准

认真研读课程标准，深刻把握相应学段（小学、初中、高中）数学课程标准的目标和内容标准、评价标准（学业质量标准），深刻体会"四基"（基础知识、基本技能、基本思想、基本活动经验）、"四能"（发现与提出问题的能力，分析与解决问题的能力）、"六核"（数学抽象、推理能力、数学建模、直观想象、数学运算、数据分析）与课程内容之间的关系。

不仅如此，就整体而言，修订的数学课程标准更注重学生的可持续发展和终身发展，注重对学生未来发展的充分考量，不仅注重学生的独立思考、主动参与、合作创新的意识，帮助学生获得数学学习的自信心，注重学会学习，而且，注重从联系的视角设置课程内容，从提升课程弹性的视角为师生提供充分的时间和空间，从数学素养提升的视角安排课程教学，进而使数学课程为学生的自主思考、合理规划人生提供服务。①

进入 21 世纪以来，中国中小学数学课程标准在修改中完善、在发展中超越。② 特别是，从基础知识、基本技能，发展为基础知识、基本技能、基本活动经验和基本思想；从分析与解决问题的能力，发展为发现问题、提出问题、分析问题、解决问题的综合能力；从关注知识与技能、过程与方法、情感态度价值观，发展为既关注知识与技能、过程与方法、情感态度价值观，又关注数学课程应该达成的正确价值观念、必备品格和关键能力③，注重知识技能、过程方法、情感态度价值观与数学学科核心素养的整合；从仅仅关注演绎思维、注重结果的教育，发展为同时关注演绎思维与归纳思维、结果与过程并重，即，如何在数学课程教学中真正落实创新意识与能力的培养问题，其中的归纳思维，其核心一方面表现为，归纳是学生获取新知识、新经验的重要手段，对此，课程标准中已经有较好的体现，另一方面则表现为，归纳还是一种重要的思维训练的目的，即归纳思维能力的养成问题，归纳需要与演绎、抽象并行，成为中小学课程教学的核心目标之一。

———————————

① 孔凡哲. 对高中数学课程标准（2017 年版）的理解和认识[J]. 福建基础教育课程，2018(4)：8－12.
② 孔凡哲. 从理念到行为把握方法最重要[N]. 中国教育报，2012－03－08(7).
③ 孔凡哲，史宁中. 中国学生发展的数学核心素养概念界定及养成途径[J]. 教育科学研究，2017(6)：5－11.

（三）提升教科书使用水平

教科书为学生的学习活动提供了基本线索，教科书是实现课程目标、实施教学的重要资源。[①]

就我国中小学教育实际而言，教科书是教师实施教学最重要的参考，是教材系列中最规范、最具代表性的印刷材料，也是教师教和学生学最重要的媒介。教科书是教材的重要组成部分，而教材并非仅限于教科书。提高教师的教科书素养，尤其是切实提高教师使用教科书的水平，是提升课程实施质量的重要渠道。[②]

教科书素养涉及教科书的开发、评价、选择、研究和使用。以学生发展为本的教育改革，要求教科书编制以促进学生学习和发展为中心，尽可能符合学生的认知基础和能力水平。但由于不同群体的学生所处的环境、认知水平、知识基础等诸多方面存在较大差异，这种差异性决定了同一种教科书不可能适合所有的学生。因此，教师参与教科书研制开发，可以使教科书更适合学生已有的知识经验和兴趣需要，提高教科书的适应性，增进学生对教科书的理解，促进学生的和谐发展。

与此同时，提升教师教科书评价意识，也是保障教科书质量的重要手段。[③] 为此，教师应深入研究课程标准的相关内容和要求，以质疑和改进的眼光研究教科书，设计、组合教科书；把握每节课的核心和主线，在深入了解学生的基础之上扬长避短，最大限度地利用现有的资源（特别是教科书资源）。[④]

科学地研究、评价、选择和使用教科书，深入分析、整合和开发教科书，已经成为教师必备的教科书素养。[⑤]

（四）探索数学教学规律，激励学生学习

数学教学具有其自身的规律。遵循数学教学规律实施数学教学，是实施核心

[①] 中华人民共和国教育部.全日制义务教育数学课程标准(实验稿)[S].北京:北京师范大学出版社,2001:59,74,92.

[②] 孔凡哲.教科书质量研究方法的探索[M].北京:人民教育出版社,2008:191.

[③] 孔凡哲,王郢.提升教师教科书评价意识保障教科书质量[J].教育理论与实践,2006,26(10):58-62.

[④] 同②193-194.

[⑤] 孔凡哲,史宁中.教师使用教科书的过程分析与水平测定[J].上海教育科研,2008(3):4-9.

素养培养所必需的。

为此,必须基于理论与实践,不断探索数学教学的规律,特别是不同学段学生学习数学的规律。

数学教学应以发展学生数学核心素养为导向,创设合适的教学情境,启发学生思考,引导学生把握数学内容的本质。

数学教学应激发学生兴趣,调动学生积极性,引发学生的数学思考,鼓励学生主动开展创新性思考和创造性思维;要注重培养学生良好的数学学习习惯,提倡独立思考、自主学习、合作交流等多种学习方式,使学生掌握恰当的数学学习方法,促进学生实践能力和创新意识的发展。

五、 更新发展教育教学实践能力

核心素养是面向学生成长方向提出的要求,最终落脚在学生身上。核心素养只有通过教学实践才能得到落实。

为此,教师必须及时更新发展自己的教育教学实践能力:

首先,提升数学教学设计能力和案例分析能力。

核心素养的教学是以学为中心的教学,关注学生学习思考中的思维过程,充分地了解、尊重学生的思考,充分地激励、引导学生的思维,适时地洞察、把握学生的活动,才能将核心素养的教学设计得更精准、合理。这就需要教师善于运用启发、探究、合作学习等教学方式,给予学生深度思考的更多机会。

其次,必须提升教师的课堂实施能力和反思提高能力。

课堂教学是主渠道,发展学生核心素养,必须将素养目标具体化,要从教知识技能转移到教会学生"学会"和"会学"。培育核心素养必须要在教学实践中,学习和积累优秀的核心素养教学案例,从中提炼可操作的方法,不断在反思中提高。

再次,必须提升信息技术的使用能力,尤其是,必须关注"人工智能＋教育"。

人工智能可以模拟人类教师进行教学,实现知识技能的自动化测量与评价;人工智能通过教育游戏和教育机器人"寓教于乐";网络化的、灵活多样的信息传递的形式,使学生学习门槛逐件弱化(甚至消失),学生随时随地都能学习,借助人工智能为学生提供灵活的、个性化的学习安排,使学生的学习过程和关键能力的形成实现个性化、个别化。

最后,必须提升教师的数学教育研究能力。

扎实的数学专业素质是培育核心素养的根基。教师需要深刻认识数学、理解数学、研究数学,不仅需要研究每一个数学内容的学科本质是什么,而且需要研究学生的认知规律,准确把握学生的思维水平与知识准备状态,设计精准、合理的课堂目标;不仅需要研究数学教学规律,而且,要探索核心素养的教学策略,合理选择和运用教学方式方法;不仅需要研究群体学生数学思维发展的普遍规律,而且需要研究个体学生数学学习的个性差异,选择恰当的方式给学生个性化的指导。

六、 及时提升自身的评价素养与评价能力[①]

从理念到行为把握操作方法最重要。[②] 新的评价目标与方式对教师的教学和学生的学习都提出新挑战。正确运用素养为本的评价是推进学生发展核心素养的重要抓手。

正确运用素养为本的评价,其基本前提是提升教师的评价素养。评价素养不仅包括评价意识、评价能力,而且也包括评价技术等成分。教师的评价素养具体表现为:试题命制(既指学科考试,又包括课堂练习题、课后复习题的编拟等)、试卷编制(包括中小学各种测试卷的方案拟定、试题选编、题量控制、试卷形式、试卷的试测与调试等)、教育教学评价的基本途径和方法(包括即时性评价、表现性评价、档案袋评价法、日常测试、口试和活动性评价、期末试卷的编制、会考升学试卷的命制等)。[③]

---

① 孔凡哲.面对核心素养为本的评价,一线教师可以做些什么?［J］.小学教学(数学版),2017(2下): 4-8.

② 孔凡哲.从理念到行为把握操作方法最重要［N］.中国教育报,2012-03-08(7).

③ 孔凡哲.切实提高每一位中小学教师的评价素养［J］.教育测量与评价(理论版),2011(4):1.

　　遗憾的是,从总体上来看,目前我国中小学教师的评价素养还处在一个相当低的水平。主动学习现代评价理论与常用技术,成为当前亟待解决的一个难题。

(一) 重点学习素养为本与知识为本、能力为本的评价的异同

　　教师是课程教学的具体实施者,提升学生的核心素养,更有效的策略在于,提升中小学教师对于核心素养评价的认识,特别是,整体提升中小学教师对于评价技术的理解和把握水平,尤其是,帮助中小学教师迅速提升核心素养为本的评价技术水准。只有这样,才能将有效提升学生发展核心素养的任务,融入常态的中小学日常教学之中,融入每天的课程教学的评价活动之中,进而,确保核心素养为本的评价付诸实施。

　　针对数学素养或数学核心素养的评价,采用知识为本的结果性评价(诸如惯用的笔试等)很难测出其中的差异,核心素养毕竟不是"知与不知的问题",而涉及能否自觉用数学的意识、能力,涉及能否利用数学发现问题、提出问题并加以分析和解决的综合能力。

　　从评价的焦点和重心看,结果性评价聚焦学生对于知识、技能的知与不知,关注知识之间的关联,虽然也关注知识技能的应用,但更多地关注在本学科中的应用,较少地涉及本学科与其他学科之间的应用、知识技能在现实中的应用。

　　而核心素养评价关注的是基于情境之中的素养(特别是关键能力、思维品质)的测评,关注情境与问题之间的关联,特别是关注真实情境问题的学科化,关注学生从情境之中获取信息,选择恰当方式进行学科表达、阐释,进而解决以往从未见过的真实问题的综合能力,其考察重点在于表达、运用、阐释、反思。这与结果性评价聚焦"知与不知"具有显著区别。

　　其次,从评价的目的而言,结果性评价主要测试学生对所掌握的课程内容的达成状况,比较全面客观地报告学生的成绩(常模参照);而核心素养评价关注的是学生的终身学习能力,包括知识技能基础、学习的内在动力、学习动机、自我信念以及自主学习的能力(掌握的学习方法和学习策略),聚焦于学生利用所学知识技能面对真实挑战的能力。

　　最后,从评价的功能和作用而言,结果性评价以甄别与选拔功能为主(虽然有

时也涉及激励和改进功能);而核心素养评价旨在"指引学生的素质发展方向"①,"能够真正将学生个人的获得与学生个人具备的为社会做贡献的个人条件匹配起来","是一种前瞻性的评价"。②

(二) 重点更新对于核心素养评价的理论与操作技术

特别地,聚焦核心素养,主动研究情境测试的规律,将其主动融入日常教育教学之中。

1. 分析借鉴情境测试的选材特点,注意积淀相关的情境素材

与知识技能相比,素养更多地体现在过程之中。面对真实情境,学生才能更好地体现出其素养、能力。从而,素养测试更需要借助情境。

事实上,许多大型的国际教育评价项目都强调试题的"情境",而测试中的"情境"即试题与现实生活的联系。

PISA引入了试题"情境(situation/context)",其中"context"一词更符合我们平时认为的"情境",它的来源很多,如其他学科、专业或职业领域、日常生活、社区生活和社会等等。美国教育进展评价(National Assessment of Educational Progress,简称NAEP)对阅读的界定中专门提到了情境(Situation)。国际阅读素养进步研究(Progress in International Reading Literacy Study,简称PIRLS)中的阅读目的与PISA描述的Situation的文本用途类似,也是一种情境。

正如PISA网站公布的《PISA2012数学测试框架》③指出的:PISA2012中的问题情境包括四类,一是个人性质的,包括个人、家庭以及同龄人可能遇到的问题或挑战;二是社会的,聚焦于个体所生活的社会环境,包括当地社区、本国乃至全球的问题或挑战;三是职业性的,主要聚焦于工作世界的问题或挑战;四是科学性的,主要是与数学运用相关的自然世界、科技世界的问题或挑战。而各种问题情境中所蕴含的数学内容包括数量、不确定性和数据、变化和关系、空间和形状。

---

① 丁念金.学生评价重心:从学业考试到素质发展评价[J].教育测量与评价(理论版),2013(11):39-44.

② 吕智敏.PISA测评的素质发展评价意蕴[J].当代教育科学,2014(22):21-22,30.

③ OECD. PISA 2012 mathematics framework [EB/OL]. (2016-10-12)[2019-10-03]. http://www.oecd.org/pisa/pisaproducts/46961598.pdf.

《PISA2021数学测试框架》[①]指出的:数学素养是个人在不同真实世界情境下进行数学推理并表示、使用和解释数学来解决问题的能力。它包括使用数学概念、过程、事实和工具来描述、解释和预测现象的能力。它有助于个体作为一个关心社会、善于思考的21世纪建设性公民,了解数学在世界中所起作用以及做出有根据的数学判断和决定。

开展情境测试的特点分析,参照上述问题情境分类与内容分类是必要前提和重要基础。

2. 分析研究情境测试的核心过程和关键环节,将其中的基本素养的培养融入自己的日常教学之中

当前,世界最为成功的情境测试当属PISA。PISA通过问题解决的数学过程"表述、运用、阐释",考察学生在数学推理和运用数学概念、数学步骤、数学事实及数学工具来描述、解释和预测数学现象之中所体现出来的数学素养。其中,涉及8种核心技能(能力),即批判性思维、创造性、研究与探索、自我引导、发起与坚持、信息使用、系统性思考、交流与反思。

将这八种能力的培养融入日常的小学数学课堂教学之中,是培养学生发展数学核心素养的良策(尽管目前大家对数学核心素养的内涵尚未厘清)。

3. 结合日常教学编制情境测试题

情境测试其实经常发生在我们日常的小学数学课堂教学之中,只要细心,就会发现。结合日常教学,可以编制一些情境测试题,下列试题就是几位小学数学教师编制的情境测试题[②]:

【案例5.5-4】 观察题图5.5.2(题图中,四位同学分别坐在一张桌子的东、西、南、北四个方位,桌子上放着一头木雕大象,头朝西尾向东),回答如下问题(或者测试的师生在真实情境中,测试者当场设问):

---

① OECD. PISA2021 Mathematics Framework(Draft)[EB/OL]. (2019-06-26)[2019-10-03]. https://pisa.e-wd.org/files/PISA%202021%20Mathematics%20Framework%20Draft.pdf.
② 孔凡哲,赵晶,马丽.中小学数学口试评价设计的实践操作要领[J].创新人才教育,2016(2):6-11.

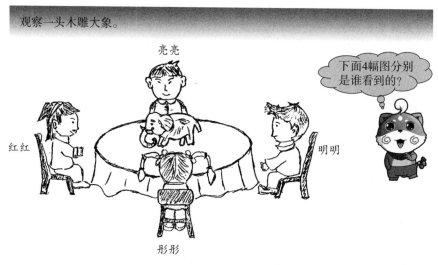

图 5.5.2

（1）在上面的情境中，你看到了什么？图示中的四位同学各自坐在桌子的什么方位？

（2）明明说看到了大象的尾巴，你信吗？为什么？

图 5.5.3

（3）你认为图 5.5.3 中关于大象的四幅图分别是谁观察到的？你是怎么想的？

（4）小马老师也来观赏，她在四个位置的椅子上分别坐下，依次看到了大象的双眼、一只耳朵和右腿、整个屁股，最后又回到最初的位置，你认为小马老师是按顺时针方向走还是按逆时针方向行走的呢？

这个情境题，既可以作为日常教学的即时性评价题，也可以作为单元测试题，其要害在于考察学生对于空间观念的理解、把握状况。

【案例 5.5-5】　一道口试题的修正过程展示。①

原题：口述 $\dfrac{3}{5}+\dfrac{4}{7}=$？

分析："口述 $\dfrac{3}{5}+\dfrac{4}{7}=$？"这个试题的答案唯一、确定，旨在考查学生对异分母分数加法的运算技能的掌握状况，只能区分"会"与"不会"，而无法区分不同层次的表现。

改进：你认为 $\dfrac{3}{5}+\dfrac{4}{7}$ 的最终结果会比 1 大吗？你是怎么想的？

分析：这个问题给学生提供了非常大的发挥空间，既可以考查学生对于分数意义、分数与小数的关系、异分母的加法等的理解程度，又可以给学生自由发挥的空间。

实际测试表明，水平最高的学生能够采取整体思维来迅速判断出其结果大于 1，即就是 $\dfrac{7}{7}$，这里已经有 $\dfrac{4}{7}$，只需要考虑 $\dfrac{3}{5}$ 与 $\dfrac{3}{7}$ 的大小即可。通过"分子相同时分母大的（正）分数反而小"可以知道，$\dfrac{3}{5}$ 比 $\dfrac{3}{7}$ 大。因此 $\dfrac{3}{5}+\dfrac{4}{7}$ 的结果比 1 大。

而水平相对偏低的学生往往采取如下思路。

思路 1：$\dfrac{3}{5}+\dfrac{4}{7}$ 需要通分，公分母是 5 乘以 7，得 35，通分后的分子是 $3\times7+4\times5$，即 $21+20$，得 41，41 比 35 稍大一些，所以，结果比 1 大。

思路 2：$\dfrac{3}{5}+\dfrac{4}{7}$ 的结果肯定比 1 大。其原因是，$\dfrac{3}{5}$ 表示"5 个苹果，你吃掉 3 个，剩下 2 个，吃掉的苹果比一半多"；同样，$\dfrac{4}{7}$ 表示"7 个苹果，你拿走 4 个，剩下 3 个，拿走的比一半多"。所以，$\dfrac{3}{5}+\dfrac{4}{7}$ 的结果比 1 大。

思路 3：$\dfrac{3}{5}+\dfrac{4}{7}$ 的结果肯定比 1 大。其原因是，3 比 5 的一半 2.5 大一点点，$\dfrac{3}{5}$ 肯定比 0.5 大一点点；同样，4 比 7 的一半 3.5 大一点点，肯定比 0.5 大一点点，两个

---

① 孔凡哲，赵晶，马丽. 中小学数学口试评价设计的实践操作要领[J]. 创新人才教育，2016(2)：6-11.

0.5 相加是 1,所以,$\frac{3}{5}+\frac{4}{7}$ 结果比 1 大。

显然,思路 3 比思路 2 所体现的思维水平(特别是体现分数、小数的综合运用能力)稍强一些。当然,还有一些相近水平的思维过程。通过这些思维过程,我们可以清晰地判断学生对于分数及其相关内容的理解水平。

(三) 自觉提升教师自身的教育评价能力,尤其是评价技术水平

数学学科核心素养的达成是循序渐进的,基于内容主线对数学的理解与把握,也是日积月累的。因此,应当把教学评价的总目标合理分解到日常教学评价的各个阶段,关注评价的阶段性。[①]

提升教师自身的教育教学评价能力,需要形成性评价、数学活动评价和终结性评价能力的培养和发展。

1. 培养形成性评价能力

在日常教学中,需要时常开展形成性评价活动,这就是要教师必须拥有形成性评价能力。一些研究[②]表明,教师应具备有效的形成性评价能力:

(1)熟练掌握学生所需要达到的学业标准;

(2)理解学业标准是如何转化成课程材料的,从而能在学生达成标准的进程中提供学习支架;

(3)把课堂层面的成就目标转化成学生可达到、可理解的形态;

(4)把课堂成就目标转化成高质量的课堂评价,从而形成学生能够理解的证据并借此准确地反映学生的成就;

(5)与学生合作进行评价的能力。

形成性评价教学活动要求教师以学生的想法作为根基,组织教学和进行全班讨论。

2. 培养终结性评价能力

数学终结性评价是数学教学活动的重要组成部分。"评价应以课程目标、课程内容和学业质量标准为基本依据,日常教学活动评价,要以教学目标的达成为

---

① 中华人民共和国教育部.普通高中数学课程标准(2017 年版)[S].北京:人民教育出版社,2018:85.

② 史宁中,王尚志.普通高中数学课程标准(2017 年版)解读[M].北京:高等教育出版社,2018:274.

依据。评价要关注学生数学知识技能的掌握，还要关注学生的学习态度、方法和习惯，更要关注学生数学学科核心素养水平的达成"。①

对数学核心素养的测量要以知识为基础、以数学思想方法为引领、以情境为载体，注重综合性和层次性。② 其中，要创设合适的教学情境、提出合适的数学问题。而评价内容包括：情境设计是否体现数学学科核心素养，数学问题的产生是否自然，解决问题的方法是否为通性通法，情境与问题是否有助于学生数学学科核心素养的达成。③

3. 将已有的实践探索纳入核心素养为本的理念之中④

随着基础教育改革发展进程的加快，特别是，深化基础教育课程改革的举措，在中小学教育教学之中，许多实践探索其实非常接近核心素养为本的理念，将这些业已实践探索的理念（诸如数学口试、活动性测试、表现性评价等）纳入核心素养为本的理念之中，就是当前非常值得完成的工作。

（1）数学口试的改进完善

数学口试旨在突破纸笔测试难以考查（以隐性状态出现的）基本思想和基本活动经验，考查学生对过程性内容的掌握情况，对知识技能的理解性掌握程度，以及解决问题策略的选择能力。数学口试聚焦理解性掌握，关注测评学生对数学新知的自我建构过程，促进学生在数学理解上的可持续发展。

一道高质量的数学口试题，需要有好的立意和好的内容，注重能力立意，具备明确的考查目标、主题鲜明的核心内容，并能引发学生积极的、深层次的学科思考。同时，题型新颖、设问巧妙、表述清晰、载体活泼多样、选材背景注重学科之间及学科与生活之间的联系，关注学生现实、符合学生实际。⑤

完善数学口试，使之更加聚焦于核心素养，着重考察学生对于数学的沟通能

① 中华人民共和国教育部.普通高中数学课程标准(2017年版2020年修订)[S].北京:人民教育出版社,2020:84.
② 任子朝,陈昂,赵轩.数学核心素养评价研究[J].课程·教材·教法,2018,38(5):116-121.
③ 中华人民共和国教育部.普通高中数学课程标准(2017年版2020年修订)[S].北京:人民教育出版社,2020:84.
④ 孔凡哲.面对核心素养为本的评价,一线教师可以做些什么?[J].小学教学(数学版),2017(2下):4-8.
⑤ 孔凡哲,赵晶,马丽.中小学数学口试评价设计的实践操作要领[J].创新人才教育,2016(2):6-11.

力,陈述能力,为解决问题设计策略的能力,数学化能力,推理论证的能力,使用符号化的、正式的、技术性的语言和运算的能力,使用数学工具的能力。其中,数学化能力重点是现实问题数学化的能力(亦即数学抽象能力)、数学内容现实化的能力(即将数学内容主动应用到现实中的能力)。

（2）活动性测试的深化发展

与纸笔测试相比,活动性测试更有利于测试学生对于基本思想、基本活动经验的理解和运用水平。设计恰当的数学活动,当面、当时地观察学生思考问题、分析问题和解决问题的全过程,全面而深入地评价学生的数学学习,是数学评价方式创新的重要途径之一。快乐数学节[①]就是一种非常成功的活动性测试:

快乐数学节活动不仅可以展示学生的数学思维和创造才能,对学生数学学习评价方式进行创新,而且通过活动激发学生快乐学数学、快乐用数学的热情,营造"人人参与、快乐学习、智慧成长"的校园氛围。活动版块主要包括徽章、口号的征集活动以及数学游园活动。其中,游园活动主要以数学故事比赛和数学小游戏等组成,包括谜语小站、神奇规律、趣味果冻、趣题乐园、七巧板、小猫钓鱼等。这些游戏涉及数与代数、图形与几何、综合与实践等领域;最后的"奖品兑换"环节涉及统计与概率领域。数学小游戏设计力求涵盖小学低年级数学学习的重点内容,遵循典型性和层次性的原则,以利于对每位学生做出较全面、客观的评价。每个小游戏具体涉及的数学内容不尽相同,评价的侧重点也有所侧重。

连续数年的学校实践证实,快乐数学节是深受师生喜爱的活动,不仅学生盼望、乐在其中,而且教师也可以从中发现学生数学学习的更多有用信息。

（3）表现性评价的常态化

表现性评价能较准确评价学生在真实情境中的问题解决能力及相关素养,因而,在 20 世纪 80、90 年代被明确提出后即受到世界各国广泛青睐。我国 2001 年基础教育改革启动之后开始有关探索,取得不少成功经验。

表现性评价聚焦学生在完成表现性任务过程中的表现情况,是对学生的表现进行观察与评估的过程。常见的表现性评价除纸笔测验外,还可有口头表述、辩

---

① 孔凡哲,等.智慧型学校:创建、经营与发展[M].北京:北京大学出版社,2015.

论、模拟表现、表演、实验、调查以及项目等。正如已有研究①指出的"表现性任务不真实、任务与考查点脱节、缺乏可操作的评分细则"等问题是当前我国中小学表现性评价亟待解决的问题。例如,将如下问题作为表现性评价的题目就会出问题:

某学校师生到距学校30千米的郊外去春游,一部分同学骑自行车先走,过了1.5小时,其余的人乘汽车出发,结果他们同时到达。已知汽车的速度是自行车速度的4倍,求两种车的速度。

正如赵德成指出的②:如果把这道题目看作是考查学生数量关系理解能力的一般性题目,本无可厚非,但从表现性评价的视角来看,这一表现性任务缺乏真实性。因为在真实生活中人们几乎不会遇到这样的数量关系,而实际经常遇到的问题是将本题中的已知与求解互换,亦即,已知去春游地点的距离和两种车的速度,求解自行车出发多久后汽车再出发才能保证两种车同时到达。

将生活中不会遇到的问题转化为表现性任务,显然不能有效考查学生运用数学解释生活现象和解决生活问题的能力。

尽管如此,只要我们正确理解表现性评价的特点和使用范围,基于义务教育数学课程标准开发表现性评价,并按照学段特点选择适切的课程教材内容载体,选择确当的途径付诸实践研究,开发表现性任务,完全可以更好地实施表现性评价。"回收废品""一天中的所有事情"③就是比较成功的实践探索,而制订恰当的评分标准是其中的难点和关键,"一天中的所有事情"④给出的如下评分标准(表5.5.1)就是比较客观的。

表5.5.1   "电视节目调查"表现性人物的评分标准

	水平一(A)	水平二(B)	水平三(C)	水平四(D)
任务分析	能够理解任务的要求和含义	基本理解任务的要求和含义	只能部分理解任务的要求和含义	不能理解任务的要求和含义

① 赵德成.表现性评价:历史、实践及未来[J].课程·教材·教法,2013,33(2):97-103.
② 同①.
③ 脱中菲.小学数学表现性评价的任务设计与开发[J].教育测量与评价(理论版),2009(4):26-28.
④ 同②.

（续表）

	水平一（A）	水平二（B）	水平三（C）	水平四（D）
数学方法	能够找到合适的数学方法来解决问题	能够运用一定的数学方法，但是存在少量错误	能够运用一定的数学方法，但是存在较多的错误	无法运用数学方法
语言组织和表达	信息文字组织有条理，表达清楚	信息文字基本清楚，没有错误	只有部分的信息和文字清楚	信息和文字不具有条理性
计算准确性	没有错误	计算中有少量错误，但是结果正确	计算中有一些错误，导致结论有小错误	计算中有明显的错误，结果不正确
作品的质量	作品具有实用价值，符合实际情况，清晰明了	作品基本符合实际，但是不清晰明了	作品基本符合要求，但是不具备实用价值	作品不符合要求，混乱、不清晰

　　总之，面对中国学生发展核心素养，面对学生发展所必需的数学核心素养，一线教师不仅可以马上行动，做学生发展核心素养的实践物化先行者，而且可以在实施中深化已有的改革，有效促进自身的专业发展。

后 记

历时一年两个月,这本书稿终于完成。

这本书稿是师徒合作的结晶,更是 20 余年针对同一个话题持续不断研究的结果。

2018 年春夏之交,华东师范大学出版社教辅分社倪明社长组织国内专家、由史宁中教授牵头组成《数学核心素养研究丛书》写作团队。我与史宁中教授师徒两人合作完成其中的这本概论。

华东师范大学出版社作为国内知名出版社,不仅编辑出版了大量引领国内学术发展的佳作,享有盛誉,而且该社出版的《一课一练·数学》走出国门,在英国出版了《上海数学·一课一练》(*The Shanghai Maths Project*),更具国际影响。

作者涉足中国学生发展数学核心素养研究由来已久,代表作是我们合作的《中国学生发展的数学核心素养概念界定及养成途径》一文,该文在《教育科学研究》2017 年第 6 期公开发表,在国内引起广泛反响,并由《人大复印报刊资料·初中数学教与学》2017 年第 9 期全文转载。

史宁中教授对中国学生发展数学核心素养的研究早在 1998 年就开始了,其独立完成的《关于教育的哲学》论文在《教育研究》1998 年第 10 期公开发表,就是标志性成果,相关研究一直延续至今,其间几乎没有停顿过,无论是主持审定《九年义务教育全日制初级中学数学教学大纲》(试用修订版)与《全日制普通高中数学教学大纲》(试验修订版),还是主持修改《全日制义务教育数学课程标准》(实验稿)与《普通高中数学课程标准》(实验稿);无论是主持修订《义务教育数学课程标准(2011 年版)》与《普通高中数学课程标准(2017 年版)》,还是主持研制《中学教师专业标准》(试行),抑或连读担任全国中小学数学教材审定委员会主审委员、出任国家教材委员会专家委员,史宁中教授对于数学课程的深度研究几十年如一日,从未间断。

作为史宁中教授数学教育研究团队的主力成员和组织者,我从教的三十六年几乎都与数学教育、数学课程、教学、评价结缘,从担任农村中学数学教师,到担任大学数学教师,从担任全国高考数学命题专家组成员,到担任义务教育数学课程标准研制组核心成员,从担任义务教育数学课程标准实验教科书分册主编、实验教科书主要作者,到加盟史宁中教授数学教育研究团队具体承担教育部基础教育司委托项目"义务教育数学课程、教材国际比较研究",并协助史宁中教授而实际承担国家社会科学基金"十一五"规划 2010 年度教育学重点课题"主要国家高中数学教材比较研究"、承担国家社会科学基金"十二五"规划 2012 年教育学重点课题"中小学理科教材国际比较研究(高中数学)",从担任课程与教学论硕士生导师、博士生导师,到担任九年一贯制学校首任校长,始终在研究数学教育,思考课程教材对数学教育究竟能给学生带来什么,无论是理论研究,还是亲自执教小学、初中、高中数学课堂,我都在身体力行和深度体验践行着教育强国的情怀。

　　书稿由我和史宁中教授合作完成。书稿既系统阐述中国学生发展数学核心素养,同时,也收录了我们关于数学教育理论实践的相关成果,特别是,收录了关于核心素养、关键能力、空间观念、几何直观、基本活动经验、基本思想、数据分析观念、函数思想、方程思想等的核心观点。书稿修改、定稿由我完成,书稿若有疏忽和瑕疵请不吝指教。

国庆 70 周年假期间,于武汉南湖畔

参考文献

［1］ ALSCHULER A, MCMULLEN R, ATKINS S, et al. Collaborative problem solving as an aim of education in a democracy: the social uteracy project ［J］. Journal of applied behavioral science. 1977,13(3):315 - 327.

［2］ DEACON T W. The neural circuitry underlying primate calls and human language ［J］. Human evolution, 1989(5).

［3］ DEHAENE S. The organization of brain activations in number comparison: event-related potentials and the additive factors method ［J］. Journal of cognitive neuroscience, 1996(8).

［4］ GALLUP G. Chimpanzees: self-recognition ［J］. Science, 1970(2).

［5］ GORDON, J, HALASZ G, KRAWCZYK M, et al. Key competences in Europe: opening doors for lifelong learners across the school curriculum and teacher education ［R］. CASE network reports, 2009(87).

［6］ GREIFF S. Some thoughts on the assessment of Collaborative Problem Solving ［A］. London: Pearson expert group meeting on Collaborative Problem Solving, Rozhledy, 1964:693(2011 - 12 - 12) ［2016 - 12 - 28］. http://orbilu. uni. lu/handle/ 10993/3580.

［7］ OECD. PISA 2012 Mathematics Framework ［EB/OL］. (2016 - 10 - 12) ［2019 - 10 - 03］. http://www. oecd. org/pisa/pisaproducts/46961598. pdf.

［8］ OECD. PISA 2021 Mathematics Framework(Draft)［EB/OL］. (2019 - 06 - 26)［2019 - 10 - 03］. https://pisa. e-wd. org/files/PISA％202021％20Mathematics％20Framework％ 20Draft. pdf.

［9］ OECD. The definition and selection of key competencies: executive summary ［R/ OL］. (2005 - 05 - 27). http://www. oecd. org/dataoecd/47/61/3507367. pdf.

［10］ OECD. The PISA 2015 draft collaborative problem solving framework ［R/OL］. (2013 - 09 - 17)［2016 - 10 - 01］. http://www. oecd. org/pisa.

［11］ OHKUBO K. P1 - 14 A study on teaching composition for children with PDD focus on collaborative problem solving ［J］. Journal of clinical investigation, 1926,3(1):65 - 108.

［12］ RAIDL M H, LUBART T I. An empirical study of intuition and creativity ［J］. Imagination, cognitive and personality, 2000/2001, 20(3): 217 - 230.

［13］ SARICH V M, WILSON A C. Immunological time scale for hominid evolution ［J］. Science, 1967: 1200 - 1203.

[14] SCHIEFELE U. Topic interest and levels of text. comprehenslon//RENNINGER K A, HIDI S, KRAPP A. The role of interest in learning and development [M]. Hillsdale, NJ: Lawrence Erlbaum Associates, 1992:151-182.

[15] WILSON A C, SARICH V M. A Molecular Time Scale for Human Evolution [M]. Proceeding of the National Academy of Sciences of the United States of America, 1969,63(4): 1088-1093.

[16] 阿达玛. 数学领域中的发明心理学[M]. 陈植萌,肖奚安,译. 南京:江苏教育出版社,1989.

[17] 阿蒂亚. 数学的统一性[M]. 袁向东,编译. 大连:大连理工大学出版社,2009.

[18] 爱因斯坦. 爱因斯坦文集:第1卷[M]. 许良英,李宝桓,赵中立,等译. 北京:商务印书馆,1976.

[19] BAARS B J, GAGE N M. 认知、脑与意识-认知神经科学导论[M]. 北京:科学出版社,2008.

[20] BRANCH R, WILLSON R. 认知行为疗法[M]. 陈彦辛,译. 2版. 北京:人民邮电出版社,2013.

[21] 毕鸿燕,方格. 4—6岁幼儿空间方位传递性推理能力的发展[J]. 心理学报,2001(3):238-243.

[22] 波普尔. 猜想与反驳:科学知识的增长[M]. 傅季重,纪树立,周昌忠,等译. 上海:上海译文出版社,1986.

[23] 蔡清田. 课程改革中素养与能力[J]. 教育研究月刊,2010(12):93-114.

[24] 曹才翰. 中学数学教学概论[M]. 北京:北京师范大学出版社,1990.

[25] 查有梁,李以渝. 数学智慧的横向渗透——数学思想方法论[M]. 成都:四川教育出版社,1990.

[26] 陈爱华. 论直觉思维的生成及其作用[J]. 徐州师范大学学报(哲学社会科学版),2009(3):87-91.

[27] 陈大波. 关系映射反演法(RMI原则)[J]. 宁德师专学报(自然科学版),2004,16(1):3-5,7.

[28] 陈世林,杜尚荣. 论核心素养背景下中小学数学课程的价值转变[J]. 中小学教师培训,2018(4):46-49.

[29] 陈泽宇. 农村初中学生数学学习状况调查报告[J]. 数学大世界(下旬),2016(2):4-5.

[30] 程华. 从数学核心素养培育看教师专业能力提升[J]. 数学通报,2019,58(5):14-17,59.

[31] 辞海编辑委员会. 辞海(第六版彩图本)[M]. 上海:上海辞书出版社,2009.

[32] 辞海编辑委员会. 辞海[M]. 上海:上海辞书出版社,1999.

[33] 崔英梅,孔凡哲. 课堂教学"多余环节"的学科审视[J]. 上海教育科研,2011(8):63-66.

[34] 达尔文. 人类的由来[M]. 潘光旦,胡寿文,译. 北京:商务印书馆,2008.

[35] 丹齐克. 数:科学的语言[M]. 苏仲湘,译. 上海:上海教育出版社,2000.

[36] 邓生庆,任晓明. 归纳逻辑的百年历程[M]. 北京:中央编译出版社,2006.

[37] 笛卡儿. 探求真理的指导原则[M]. 管震湖,译. 北京:商务印书馆,1991.

[38] 丁念金. 学生评价重心:从学业考试到素质发展评价[J]. 教育测量与评价(理论版),2013(11):39-44.

[39] 董奇,张红川. 估算能力与精算能力:脑与认知科学的研究成果及其对数学教育的启示[J]. 教育研究,2002(5):46-51.

[40] 董山峰. 数学离普通人很遥远吗?[N]. 光明日报,2002-08-16.

[41] 杜文平,陶文中. 北京市初中学生数学学习状况的调查报告[J]. 北京教育学院学报,1999(4):65-71.

[42] 弗赖登塔尔. 数学教育再探——在中国的讲学[M]. 刘意竹,杨刚,等译. 上海:上海教育出版社,1999.

[43] 弗赖登塔尔. 作为教育任务的数学[M]. 陈昌平,唐瑞芬,等编译. 上海:上海教育出版社,1995.

[44] 付军,朱宏. 关于数学思维方式与数学建模的研究[J]. 吉林师范大学学报(自然科学版),2006(4):76-77.

[45] 高德胜. 人格教育在美国的回潮[J]. 比较教育研究,2002(6):25-29.

[46] 顾明远. 教育大辞典[Z]. 上海:上海教育出版社,1998.

[47] 顾沛. 数学文化[M]. 北京:高等教育出版社,2008.

[48] 核心素养研究课题组. 中国学生发展核心素养[J]. 中国教育学刊,2016(10):1-3.

[49] 胡典顺,雷沛瑶,刘婷. 数学核心素养的测评:基于 PISA 测评框架与试题设计的视角[J]. 教育测量与评价,2018(10):40-46.

[50] 胡作玄,邓明立. 大有可为的数学[M]. 石家庄:河北教育出版社,2006.

[51] 姜成林. 归纳逻辑的创始人——培根[J]. 逻辑与语言学习,1983(5):41-42.

[52] 卡尔文. 大脑如何思维[M]. 杨雄里,梁培基,译. 上海:上海科学技术出版社,2007.

[53] 卡西尔. 人文科学的逻辑[M]. 沉晖,海平,叶舟,译. 北京:中国人民大学出版社,2004.

[54] 康德. 纯粹理性批判[M]. 李秋零,译. 北京:人民出版社,2004.

[55] 克莱因 M. 古今数学思想:第四册[M]. 北京大学数学系数学史翻译组,译. 上海:上海科学技术出版社,1981.

[56] 克鲁捷茨基. 中小学生数学能力心理学[M]. 李伯黍,洪宝林,艾国英,等译. 上海:上海教育出版社,1983.

[57] 孔凡哲,崔英梅. 课堂教学新方式及其课堂处理技巧[M]. 福州:福建教育出版社,2011.

[58] 孔凡哲,崔英梅. "巧算"背后的学科韵味——对知识技能教学的重新审视[J]. 人民教育(半月刊),2011(11):44-46.

[59] 孔凡哲,等.智慧型学校:创建、经营与发展[M].北京:北京大学出版社,2015.

[60] 孔凡哲,史亮.几何课程设计方式的比较分析——直观几何、实验几何与综合几何课程设计的国际比较[J].数学通报,2006(10):7-11.

[61] 孔凡哲,史宁中.对《数学课程标准(2011版)》的解读[J].福建教育(小学版),2012(6):30-33.

[62] 孔凡哲,史宁中.关于几何直观的含义与表现形式——对《义务教育数学课程标准(2011年版)》的一点认识[J].课程·教材·教法,2012,32(7):92-97.

[63] 孔凡哲,史宁中.教师使用教科书的过程分析与水平测定[J].上海教育科研,2008(3):4-9.

[64] 孔凡哲,史宁中.中国学生发展的数学核心素养概念界定及养成途径[J].教育科学研究,2017(6):5-11.

[65] 孔凡哲,王艳萍.几何直观与空间观念的差异及教学侧重点[J].新世纪小学数学,2012(6).

[66] 孔凡哲,王郢.提升教师教科书评价意识保障教科书质量[J].教育理论与实践,2006,26(10):58-62.

[67] 孔凡哲,严家丽.基本思想在数学教科书中的呈现形式的研究[C]//首届华人数学教育会议论文集.北京:北京师范大学:2014.

[68] 孔凡哲,曾峥.数学学习心理学[M].2版.北京:北京大学出版社,2012.

[69] 孔凡哲,张丹丹,赵娜.北师版小学数学中CPS的呈现及其与课程标准的一致性分析[J].新世纪小学数学,2018(5).

[70] 孔凡哲,张丹丹,周青.合作问题解决在人教版小学数学教科书中的呈现及与课程标准的一致性分析[J].课程·教材·教法,2019(2):92-99.

[71] 孔凡哲,赵晶,马丽.中小学数学口试评价设计的实践操作要领[J].创新人才教育,2016(2):6-11.

[72] 孔凡哲,赵娜.合作问题解决视角下的数学课程标准的定量研究——基于PISA2015CPS测评框架[J].数学教育学报,2017,26(3):30-38.

[73] 孔凡哲,朱秉林.数学情感及其规律[J].数学教育学报,1993(2):62-66.

[74] 孔凡哲.不同版本教科书的比较及对课程实施的启示[J].教育研究与评论(小学教育教学),2009(4):39-43.

[75] 孔凡哲.从理念到行为把握操作方法最重要[N].中国教育报,2012-03-08(7).

[76] 孔凡哲.对高中数学课程标准(2017年版)的理解和认识[J].福建基础教育课程,2018(4):8-12.

[77] 孔凡哲.对两名优秀中学生数学学习状况的调查分析[J].中学数学教学参考,2000(1-2):33-34.

[78] 孔凡哲.基本活动经验的含义、成分与课程教学价值[J].课程·教材·教法,2009(3):33-38.

［79］孔凡哲.基本思想的含义、作用与渗透［J］.福建教育（小学版）,2012(9):44-46.

［80］孔凡哲.教科书质量研究方法的探索［M］.北京:人民教育出版社,2008.

［81］孔凡哲.教育究竟能给学生带来什么［J］.教育文学,2009(8):4.

［82］孔凡哲.面对以核心素养为本的评价,一线教师可以做些什么?［J］.小学教学（数学版）,2017(2下):4-8.

［83］孔凡哲.切实提高每一位中小学教师的评价素养［J］.教育测量与评价（理论版）,2011(4):1.

［84］孔凡哲.数学教育究竟能给学生带来什么［J］.小学教学（数学版）,2013(14):4-5.

［85］孔凡哲.学会数学化切实提升数学学科素养［J］.小学数学教师,2015(6):19-24.

［86］孔凡哲.中日课堂教学对比诠释及其启示（上）［J］.小学教学（数学版）,2009(4):51-52.

［87］孔凡哲.中日课堂教学对比诠释及其启示（下）［J］.小学教学（数学版）,2009(5):52-54.

［88］李明.新时代"人的全面发展"的哲学逻辑［N］.光明日报,2019-02-11.

［89］李奕娜,刘同舫.工具与文化之间的数学品格——模式观的数学本体论下对数学意义的探索［J］.自然辩证法通讯,2013,35(1):82-86.

［90］利基R.人类的起源［M］.吴汝康,吴新智,林圣龙,译.上海:上海科学技术出版社,2007.

［91］梁漱溟.东西文化及其哲学［M］.北京:商务印书馆,2005.

［92］林崇德,罗良.情境教学的心理学诠释——评李吉林教育思想［J］.教育研究,2007(2):72-76,82.

［93］林崇德.21世纪学生发展核心素养研究［M］.北京:北京师范大学出版社,2016.

［94］林崇德.中国学生发展核心素养:深入回答"立什么德、树什么人"［J］.人民教育,2016(19):14-16.

［95］刘晓霞.满意度研究中的指标权重确定［J］.市场研究（网络版）,2004(6).

［96］刘义民.国外核心素养研究及启示［J］.天津师范大学学报（基础教育版）,2016(2).

［97］吕智敏.PISA测评的素质发展评价意蕴［J］.当代教育科学,2014(22):21-22,30.

［98］罗俊丽,李军庄.数学家成材之路对数学教育的启示［J］.数学教育学报,2007(1):25-28.

［99］罗素.西方哲学史［M］.北京:商务印书馆,1997.

［100］马克思,恩格斯.马克思恩格斯全集:第23卷［M］.中共中央马克思恩格斯列宁斯大林著作编译局,译.北京:人民出版社,1972.

［101］马克思,恩格斯.马克思恩格斯全集:第3卷［M］.中共中央马克思恩格斯列宁斯大林著作编译局,译.北京:人民出版社,1960.

［102］马克思,恩格斯.马克思恩格斯选集:第1卷［M］.中共中央马克思恩格斯列宁斯大林著作编译局,译.北京:人民出版社,1972.

[103] 尼斯贝特.思维的版图[M].李秀霞,译.北京:中信出版社,2006.

[104] 欧阳绛.略论数学思维[J].科学技术与辩证法,1986(4):61-65.

[105] 潘玉树.西方科学起源与欧式几何学[J].牛顿杂志,2003(11):1-5.

[106] 琼斯.达尔文的幽灵[M].李若溪,译.北京:中国社会出版社,2004.

[107] 丘维声.代数学的发展与数学的思维方式[J].数学通报,2006,45(12):25-26.

[108] 丘维声.数学的思维方式与创新[M].北京:北京大学出版社,2011.

[109] 丘维声.用数学的思维方式教数学[J].中国大学教学,2015(1):9-14.

[110] 全国人民代表大会.中华人民共和国宪法[Z].《中华人民共和国宪法修正案》第四十
六条2018年3月11日第十三届全国人民代表大会第一次会议通过[2019-05-
04].http://www.moe.cn/s78/A02/moe_905/201805/t20180508_335334.html.

[111] 任子朝,陈昂,赵轩.数学核心素养评价研究[J].课程·教材·教法,2018,38(5):
116-121.

[112] 沙雷金.直观几何[M].吕乃刚,译.上海:华东师范大学出版社,2001.

[113] 沈俊.高中数学核心素养培育:教师应当作好什么准备[J].数学教学通讯,2019(3):
41-42.

[114] 史宁中,孔凡哲.关于数学的定义的一个注[J].数学教育学报,2006,15(4):37-38.

[115] 史宁中,柳海民.素质教育的根本目的与实施路径[J].教育研究,2007(8):10-
14,57.

[116] 史宁中,王尚志.普通高中数学课程标准(2017年版)解读[M].北京:高等教育出版
社,2018.

[117] 史宁中.关于教育的哲学[J].教育研究,1998(10):9-13,44.

[118] 史宁中.关于数学的反思[J].东北师大学报(哲学社会科学版),1997(2):3.

[119] 史宁中.人是如何认识和表达空间的?[J].小学教学(数学版),2019(3):13-16.

[120] 史宁中.试论教育的本原[J].教育研究,2009(8):3-10.

[121] 史宁中.试论人的基于本能的认知[J].东北师大学报(哲学社会科学版),2020(5):
1-8,192.

[122] 史宁中.数学的抽象[J].东北师大学报(哲学社会科学版),2008(5):169-181.

[123] 史宁中.数学的基本思想[J].数学通报,2011,50(1):1-9.

[124] 史宁中.数学思想概论(第1辑)——数量与数量关系的抽象[M].长春:东北师范大
学出版社,2008.

[125] 史宁中.数学思想概论(第2辑)——图形与图形关系的抽象[M].长春:东北师范大
学出版社,2009.

[126] 史宁中.推进基于学科核心素养的教学改革[J].中小学管理,2016(2):19-21.

[127] 史宁中.学科核心素养的培养与教学——以数学学科核心素养的培养为例[J].中小
学管理,2017(1):35-37.

[128] 史宁中.宅兹中国:周人确定"地中"的地理和文化依据[J].历史研究,2012(6):4-

15,191.

[129] 孙晓天,孔凡哲,刘晓玫. 空间观念的内容及意义与培养[J]. 数学教育学报,2002,11(2):50-53.

[130] 孙晓天. 关于必备品格问题的几点思考[J]. 小学教学(数学版),2018(7-8):20-23.

[131] 泰勒. 课程与教学的基本原理[M]. 罗康,张阅,译. 北京:中国轻工业出版社,2014:8.

[132] 脱中菲. 小学数学表现性评价的任务设计与开发[J]. 教育测量与评价(理论版),2009(4):26-28.

[133] 王允庆. 脑科学对教育的启示[J]. 中小学教育管理,2014(6):14-16.

[134] 吴笑平. 浅谈幼儿方位知觉的发展[J]. 心理学探新,1981(2):98-99.

[135] 谢狂飞. 美国品格教育研究[D]. 上海:复旦大学,2012.

[136] 徐利治,朱剑英,朱梧槚. 数学科学与现代文明(上)[J]. 自然杂志,1997,19(1):5-10.

[137] 徐利治. 数学方法论选讲[M]. 武汉:华中工学院出版社,1983.

[138] 徐利治. 谈谈我的一些数学治学经验[J]. 数学通报,2000(5):1-4.

[139] 徐文彬. 试论小学数学的必备品格[J]. 江苏教育,2017(33):16-18.

[140] 徐云鸿,王红艳. 数学品格——数学核心素养的应有之义(上)[J]. 小学数学教师,2018(2):40-43.

[141] 许琴,罗宇,刘嘉. 方向感的加工机制及影响因素[J]. 心理科学进展,2010,18(8):1208-1221.

[142] 亚历山大洛夫. 数学——它的内容、方法和意义:第一卷[M]. 孙小礼,赵孟养,裘光明,等译. 北京:科学出版社,1984.

[143] 杨豫晖,吴姣,宋乃庆. 中国数学文化研究述评[J]. 数学教育学报,2015,24(1):87-90.

[144] 禹东川. 如何将脑科学研究成果转化应用于教育实践?[J]. 中小学教育管理,2018(5):17-20.

[145] 张奠宙,孔凡哲,黄健弘,等. 小学数学研究[M]. 北京:高等教育出版社,2009.

[146] 张定强. 论数学教科书的价值观[J]. 数学通报,2011,50(8):5-10.

[147] 张定强. 数学课改新视点:数学思维方式的培养[J]. 数学教学研究,2014,33(2):2-6,27.

[148] 张恭庆. 谈数学职业[J]. 数学通报,2009(7):1-7.

[149] 张华. 论核心素养的内涵[J]. 全球教育展望,2016(4):10-24.

[150] 张会杰. 核心素养本位的测评情境及其设计[J]. 教育测量与评价,2016(9):9-16.

[151] 张胜利,孔凡哲. 数学抽象在数学教学中的应用[J]. 教育探索,2012(1):68-69.

[152] 张胜利. 数学概念的教科书呈现研究——以初中数学为例[D]. 长春:东北师范大学,2011.

[153] 赵德成. 表现性评价:历史、实践及未来[J]. 课程·教材·教法,2013,33(2):

97－103.

[154] 赵娜,孔凡哲,史宁中.中美中小学数学课程标准的定量比较研究——基于合作问题解决(CPS)的视角[J].教育理论与实践,2017,37(19):46－52.

[155] 中共中央办公厅国务院办公厅.关于深化教育体制机制改革意见[R].中共中央办公厅国务院办公厅,2017.

[156] 中国社会科学院语言研究所词典编辑室.现代汉语词典[M].北京:商务印书馆,2002.

[157] 中国社会科学院语言研究所词典编辑室.现代汉语大词典[M].北京:商务印书馆,1980.

[158] 中华人民共和国教育部.教育部关于全面深化课程改革落实立德树人根本任务的意见[R/OL].(2014－03－30)http://old.moe.gov.cn/publicfiles/business/htmlfiles/moe/s7054/201404/167226.html.

[159] 中华人民共和国教育部.普通高中课程方案(2017年版)[S].北京:人民教育出版社,2018.

[160] 中华人民共和国教育部.普通高中课程方案(2017年版2020年修订)[S].北京:人民教育出版社,2020.

[161] 中华人民共和国教育部.普通高中数学课程标准(2017年版)[S].北京:人民教育出版社,2018.

[162] 中华人民共和国教育部.普通高中数学课程标准(2017年版2020年修订)[S].北京:人民教育出版社,2020.

[163] 中华人民共和国教育部.全日制义务教育数学课程标准(实验稿)[S].北京:北京师范大学出版社,2001.

[164] 中华人民共和国教育部.义务教育数学课程标准(2011年版)[S].北京:北京师范大学出版社,2012.

[165] 钟启泉.核心素养的"核心"在哪里——核心素养研究的构图[N].中国教育报,2015－04－01(7).

[166] 钟启泉.基于核心素养的课程发展:挑战与课题[J].全球教育展望,2016,45(1):3－9.

[167] 钟祖荣.论新时代教师的关键能力[J].教师发展研究,2018,2(2):45－50.

[168] 周春荔,张景斌.数学学科教育学[M].北京:首都师范大学出版社,2001.

[169] 周治金,赵晓川,刘昌.直觉研究述评[J].心理科学进展,2005,13(6):745－751.

[170] 朱崇林.从核心素养角度看初中数学思维方式的培养[J].数学教学通讯,2017(11)(中旬):58.

[171] 朱智贤,林崇德.思维发展心理学[M].北京:北京师范大学出版社,2002.

人名索引